Technical And Vocational Education

高职高专计算机系列

Photoshop CS5 案例教程（第2版）

Photoshop CS5 Case Tutorial

郭万军 李辉 ◎ 主编

韦金安 陈景 付达杰 ◎ 副主编

人民邮电出版社

北京

图书在版编目（CIP）数据

Photoshop CS5案例教程 / 郭万军，李辉主编. -- 2版. -- 北京 : 人民邮电出版社，2013.4（2017.1重印）
工业和信息化人才培养规划教材. 高职高专计算机系列
ISBN 978-7-115-30811-5

Ⅰ. ①P… Ⅱ. ①郭… ②李… Ⅲ. ①图象处理软件－高等职业教育－教材 Ⅳ. ①TP391.41

中国版本图书馆CIP数据核字(2013)第015985号

内 容 提 要

本书内容以上机操作为主，重点培养学生的实际动手能力。全书共分10章，包括基本概念与基本操作，图像的选取与合成，绘画和编辑图像，应用路径绘制生日贺卡，色彩校正制作个人写真集，应用图层、蒙版来设计海报及各种广告，利用滤镜制作各种特效，运用文字设计画册，以及综合运用各种工具及菜单命令制作包装和手提袋、进行网络主页设计和网络广告设计等。每个案例包括设计目的、内容和操作步骤，使读者能够明确每个案例需要掌握的知识点和操作方法，突出对读者实际操作能力的培养。

本书可作为高职高专院校计算机图形图像处理课程的上机教材，也可作为 Photoshop 初学者的自学参考书。

工业和信息化人才培养规划教材——高职高专计算机系列

Photoshop CS5 案例教程（第2版）

◆ 主　　编　郭万军　李　辉
　副 主 编　韦金安　陈　景　付达杰
　责任编辑　桑　珊
◆ 人民邮电出版社出版发行　　北京市丰台区成寿寺路11号
　邮编　100164　　电子邮件　315@ptpress.com.cn
　网址　http://www.ptpress.com.cn
　北京隆昌伟业印刷有限公司印刷
◆ 开本：787×1092　1/16
　印张：17　　　　2013年4月第2版
　字数：434千字　　2017年1月北京第6次印刷

ISBN 978-7-115-30811-5

定价：36.00元

读者服务热线：(010) 81055256　印装质量热线：(010) 81055316
反盗版热线：(010) 81055315

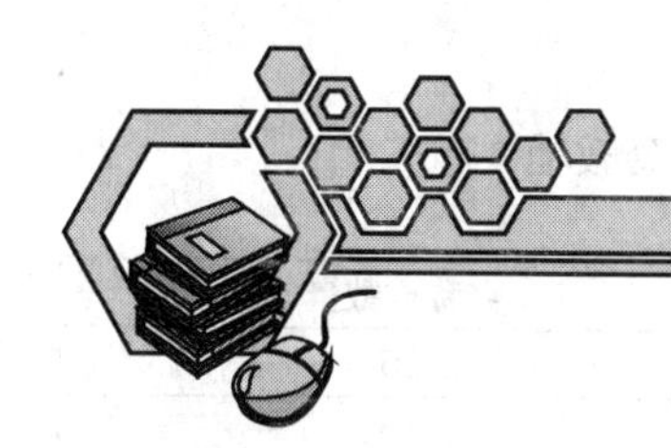

第 2 版前言

Photoshop 是 Adobe 公司推出的计算机图形图像处理软件，也是迄今为止适用于 Windows 和 Macintosh 平台的最优秀、使用面最广泛的图像处理软件。它凭借强大的功能，使设计者可以随心所欲地对图像进行自由创作。

本书以 Photoshop CS5 中文版为平台，以制作各种案例为主，通过大量的上机练习，使学生掌握 Photoshop CS5 的基本操作方法和应用技巧。

本书以章为基本写作单元，由浅入深、循序渐进地介绍图像处理基本知识，以及实际工作中各类平面设计作品的设计方法，学生只要按照书上的步骤操作，就能够掌握每个练习包含的知识点和技巧。除了教学项目外，本书还专门安排了实训，以帮助学生在课堂上及时巩固所学内容。另外，每章最后还安排了适量习题，以帮助学生在课后进一步掌握和巩固所学知识。

本书中每章都包含一个相对独立的教学主题和重点，并通过多个"任务"来分解完成，而每一个任务又通过若干重点操作来具体细化。每章中包含以下经过特殊设计的结构要素。

- 目的：简要说明学习目的，让学生对该练习内容有一个大体的认识。
- 内容：简要说明操作工具、操作命令、制作方法等。
- 操作步骤：包括详细的操作步骤及应该注意的问题提示。

对于本书，教师一般可用 28 课时来讲解教材上的内容，再配以 44 课时的上机时间，即可较好地完成教学任务。总的课时数约为 72 课时，教师也可根据实际需要进行调整。各章的上机参考教学课时见下列的课时分配表。

章　节	课程内容	课时分配
第 1 章	基本概念与基本操作	2
第 2 章	选取与图像合成	4
第 3 章	绘画和编辑图像	4
第 4 章	应用路径绘制生日贺卡	6
第 5 章	色彩校正制作个人写真集	4
第 6 章	海报及各种广告设计	6
第 7 章	特效制作	4
第 8 章	画册设计	6
第 9 章	包装和手提袋设计	4
第 10 章	网站及网页广告设计	4
上机课时总计		44

本书由郭万军、李辉任主编，韦金安、陈景、付达杰任副主编。参加编写工作的还有沈精虎、黄业清、宋一兵、谭雪松、向先波、冯辉、计晓明、滕玲、董彩霞、管振起等。

由于编者水平有限，书中难免存在错误和不妥之处，敬请广大读者批评指正。

编　者

2012 年 11 月

《Photoshop CS5 案例教程》教学辅助资源及配套教辅

素材类型	名称或数量	素材类型	名称或数量
教学大纲	1 套	课堂实例	65
电子教案	10 单元	课后实例	19
PPT 课件	10 个	课后答案	19

素材类型	名称或数量
第 1 章 基本概念与基本操作	启动及退出 Photoshop CS5
	显示与隐藏控制面板
	拆分与组合控制面板
	新建文件填充图案后保存
	打开文件修改后另存
	查看打开的图像文件
	制作大头贴效果
	图像合成效果
	为照片添加边框
第 2 章 选取与图像合成	利用【快速选择】工具选取图像
	利用【魔棒】工具选取图像
	利用【磁性套索】工具选取图像
	利用【色彩范围】命令选择图像
	设计开业海报
	椭圆选框工具练习
	套索工具练习
	移动复制操作练习
	设计手机广告
第 3 章 绘画和编辑图像	修复面部皮肤
	去除额头位置的头发
	去除多余图像
	去除图像背景
	合成图像
	消除眼部皱纹
	修整眉毛
	更换背景
	绘制油画效果
	制作景深效果
	自定义画笔并应用
	更换蓝天背景
	制作婚纱相册效果
第 4 章 应用路径绘制生日贺卡	绘制生日贺卡
	从背景中选择人物
	制作霓虹灯效果
	绘制雪人
	绘制瓷盘
	绘制卡通画
	制作新年贺卡
	制作生日贺卡
	制作写真集画面（一）
	制作写真集画面（二）
	调整金秋色调
第 5 章 色彩校正制作个人写真集	调整霞光色调
	调整曝光过度的照片
	调整曝光不足的照片
	矫正照片颜色
	美白皮肤并润色
	黑白照片彩色化
	制作婚纱相册效果（一）
	制作婚纱相册效果（二）
第 6 章 海报及各种广告设计	蛋糕店海报设计
	高炮广告设计
	展架广告设计
	报纸广告设计
	设计音乐会海报
	设计电影海报
第 7 章 特效制作	梦幻背景效果制作
	烟雾效果字制作
	绘制孔雀羽毛扇
	制作爆炸效果
	制作星空效果
	制作蘑菇云效果
	制作蛇皮效果字
第 8 章 画册设计	设计封面和封底
	设计内一页
	设计内二页
	设计内三页
	宣传单页设计
	折页设计
	设计地产广告宣传单
	设计房地产的宣传折页
第 9 章 包装和手提袋设计	设计包装盒正面效果
	设计包装盒平面展开图
	制作包装盒的立体效果
	制作手提袋效果
	光盘设计
	制作包装贴
	设计月饼包装
	设计茶叶包装
第 10 章 网站及网页广告设计	设计网站主页
	美食广告设计
	淘宝广告设计
	美食网站主页设计
	教育网站主页设计

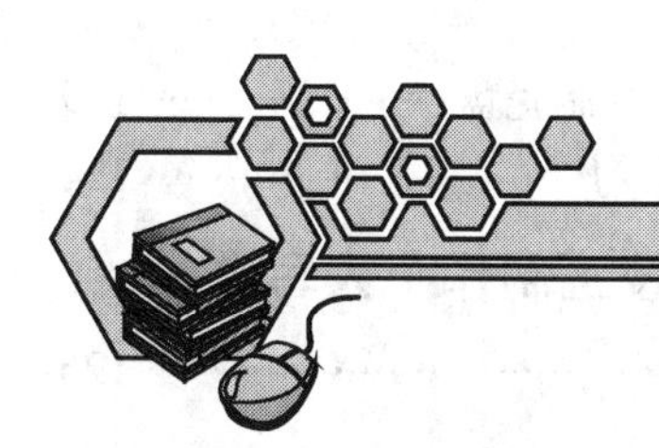

目 录

第1章 基本概念与基本操作

Photoshop 是由 Adobe 公司推出的图形图像处理软件，其功能强大、操作灵活，自推出之日起就得到了广大专业人士的青睐，被广泛应用于平面广告设计、包装设计、网页设计、数码照片艺术处理等行业。为了让初学者更多地了解这个软件，本章首先带领读者认识 Photoshop 的相关知识，然后再对 Photoshop CS5 的界面进行详细的介绍，为读者今后的学习打下基础。

1.1 认识 Photoshop

就像利用画笔和颜料在纸上绘画一样，Photoshop 也是一种将用户想要绘制的图像在计算机上表现出来的工具。它的应用范围非常广，从修复照片到制作精美的相册，从简单的图案绘制到专业的平面设计或网页设计等，利用 Photoshop 可以优质高效地完成这些工作。

1.1.1 位图图像和矢量图

根据图像的存储方式不同，图像可以分为位图图像和矢量图。

通过 Photoshop 创建的图像为位图图像，这类图像也叫做栅格图像，是由很多个色块（像素）组成的。当对位图图像进行放大且放大到一定的程度后，用户看到的将是一个一个的色块，如图 1-1 所示。

图 1-1 位图图像放大前后的对比效果

位图图像的清晰度与分辨率的大小有关，分辨率越高，则图像越清晰，反之图像越模糊。对于高分辨率的彩色图像，用位图存储所需的存储空间较大。

通过 Illustrator、PageMaker、FreeHand、CorelDRAW 等绘图软件创建的图形都是矢量图，这类图是由线条和图块组成的，又称为向量图形。当对矢量图进行放大时，无论放大多少倍，图形仍能保持原来的清晰度，且色彩不失真，如图 1-2 所示。

图 1-2　矢量图放大前后的对比效果

矢量图中保存的是线条和图块的信息，图形文件大小与尺寸大小无关，只与图形的复杂程度有关，即图形中所包含线条或图块的数量，因此图形越简单占用的磁盘空间越小。

1.1.2　Photoshop 的应用领域

Photoshop 的应用领域主要有平面广告设计、产品包装设计、网页设计、CIS 企业形象设计、室内外建筑装潢效果图绘制、工业造型设计、家纺设计及印刷制版等。

- 平面广告设计行业包括招贴设计、POP 设计、各种室内和室外媒体设计、DM 广告设计、杂志设计等。
- 包装设计行业包括食品包装、化妆品包装、礼品包装及书籍装帧等。
- 网页设计行业包括界面设计及动画素材的处理等。
- CIS 企业形象设计行业包括标志设计、服装设计及各种标牌设计等。
- 装潢设计行业包括各种室内外效果图的后期处理等。通过 Photoshop 对效果图进行后期处理，可以使单调乏味的建筑场景产生真实、细腻的效果。

通过 Photoshop，用户可以快速地绘制出设计方案，并创造出很多只有用计算机才能表现的设计效果，Photoshop 不失为设计师的得力助手。

1.2　熟悉 Photoshop CS5 的工作界面

Photoshop CS5 作为专业的图像处理软件，应用的领域非常广泛，从修复照片到制作精美的图片，从工作中的简单图案设计到专业的平面设计或网页设计，该软件几乎是无所不能。本节就来认识一下这个强大的软件。

1.2.1　启动及退出 Photoshop CS5

目的：学习 Photoshop CS5 的正确启动与退出，并学习调用控制面板和调整软件窗口大小的方法。

内容：启动 Photoshop CS5，然后将【动画】面板调出，再依次将软件窗口最小化、最大化和还原调整并安全退出。

操作步骤

1. 在计算机中安装了 Photoshop CS5 后，单击桌面任务栏中的 开始 按钮，在弹出的菜单中依次选择【程序】/【Adobe Design Premium CS5】/【Adobe Photoshop CS5】命令，即可启动该软件。

2. 启动 Photoshop CS5 之后，界面布局如图 1-3 所示。

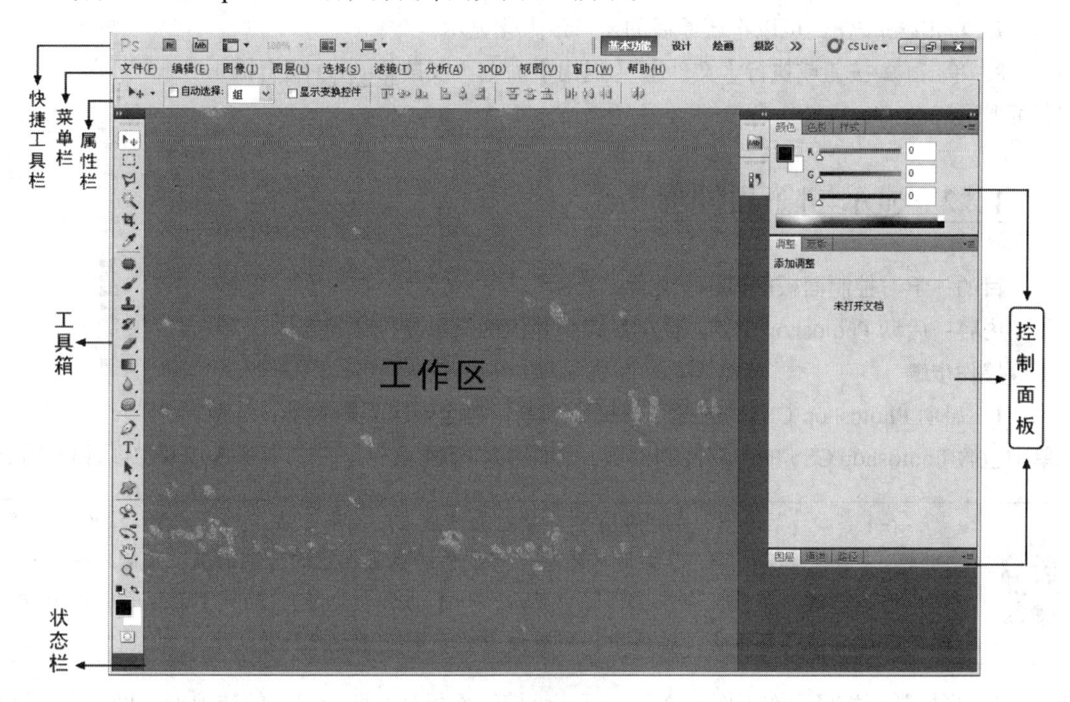

图 1-3　界面布局

Photoshop CS5 的界面按其功能可分为快捷工具栏、菜单栏、属性栏、工具箱、状态栏、控制面板和工作区等几部分。下面介绍各部分的功能和作用。

- 在快捷工具栏中显示的是软件名称、各种快捷按钮和当前图像窗口的显示比例等。
- 单击任意一个菜单，将会弹出相应的下拉菜单，其中包含若干子命令，选择任意一个子命令即可执行相应的操作。
- 属性栏显示工具箱中当前选择工具按钮的参数和选项设置。在工具箱中选择不同的工具按钮，属性栏中显示的选项和参数也各不相同。
- 工具箱中包含各种图形绘制和图像处理工具，如对图像进行选择、移动、绘制、编辑和查看的工具，在图像中输入文字的工具、3D 变换工具以及更改前景色和背景色的工具等。

- 状态栏位于图像窗口的底部，显示图像的当前显示比例和文件大小等信息。在比例窗口中输入相应的数值，就可以直接修改图像的显示比例。
- 利用控制面板可以对当前图像的色彩、大小显示、样式以及相关操作等进行设置和控制。
- 工作区是指 Photoshop CS5 工作界面中的大片灰色区域，工具箱、图像窗口和各种控制面板都在工作区内。当新建或打开图像文件后，图像窗口也将显示在工作区中。

3. 在 Photoshop CS5 标题栏右上角单击按钮，可以使窗口变为最小化状态，其最小化图标会显示在系统的任务栏中。

4. 在系统的任务栏中单击最小化后的图标，Photoshop CS5 窗口将还原为最大化显示。

5. 在 Photoshop CS5 标题栏右上角单击按钮，可以使窗口变为还原状态。还原后，窗口右上角的 3 个按钮即变为形态。

6. 当 Photoshop CS5 窗口显示为还原状态时，将鼠标光标放置在 Photoshop CS5 的标题栏中，按住鼠标左键并拖曳，可调整窗口在桌面上的位置。

7. 单击按钮，可以将还原后的窗口最大化显示。

8. 单击按钮或执行【文件】/【退出】命令（或按 Ctrl+Q 组合键），即可退出 Photoshop CS5。

1.2.2 显示与隐藏控制面板

目的：学习控制面板的显示与隐藏。

内容：启动 Photoshop CS5，观察各控制面板的显示与隐藏状态。

操作步骤

1. 启动 Photoshop CS5。选择【窗口】菜单，将会弹出下拉菜单，该菜单中包含 Photoshop CS5 的所有控制面板，如图 1-4 所示。

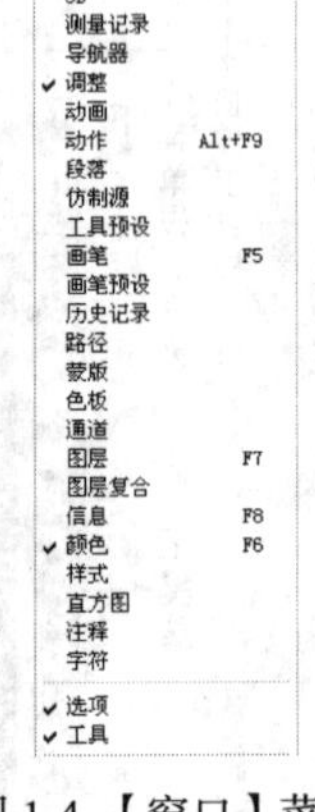

图 1-4 【窗口】菜单

在【窗口】菜单中，左侧带有✔符号的表示该控制面板已在工作区中显示，如【调整】面板和【颜色】面板等，单击带有✔符号的命令则隐藏相应的控制面板；左侧不带✔符号的命令表示该控制面板未在工作区中显示，如【动画】面板、【动作】面板等，选择相应的命令即可使其显示在工作区中，同时该命令左侧将显示✔符号。

2. 当控制面板显示在工作区之后，每一组控制面板都有两个以上的选项卡。例如，【颜色】面板上包含【颜色】、【色板】和【样式】3 个选项卡，如果需要显示【色板】面板，可将鼠标指针移动到【色板】选项卡上单击，即可使其显示。读者使用这种方法可以快捷地显示或隐藏控制面板，而不必去【窗口】菜单中选择了。

3. 在默认状态下，控制面板都是以组的形式堆叠在工作区右侧的，单击面板上方向左的双向箭头，可以展开控制面板。单击面板上方向右的双向箭头，可以将控制面板隐藏，只显示按钮图标，这样可以节省绘图区域以显示更大的绘制文件窗口。

反复按 Shift+Tab 组合键，可以将工作界面中的所有控制面板进行隐藏或显示操作。

1.2.3　拆分与组合控制面板

目的： 学习控制面板的拆分与组合操作。

内容： 将【色板】面板从【颜色】面板组中拆分出来，再将【色板】面板组合回到【颜色】面板组中。

操作步骤

1. 确认【颜色】面板组在工作区中显示，将鼠标光标移动到【色板】选项卡上按住鼠标左键不放，并拖曳至如图 1-5 所示的位置。

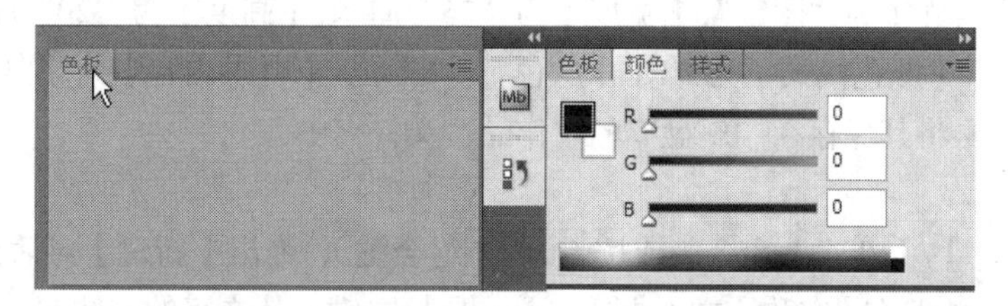

图 1-5　拖曳【色板】选项卡时的拆分状态

2. 释放鼠标左键，拆分后的【色板】面板状态如图 1-6 所示。

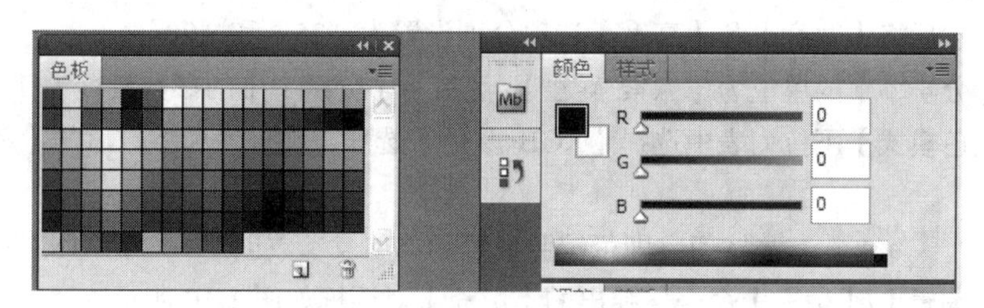

图 1-6　拆分后的【色板】面板

至此，实现了对【色板】面板的拆分，下面再来介绍控制面板的组合方法。

3. 接上例。将鼠标光标移动到【色板】面板的选项卡上，按下鼠标左键不放并拖曳【色板】选项卡到【颜色】面板组如图 1-7 所示的位置。

4. 当面板组周围显示蓝色的边框时释放鼠标，【色板】面板即与【颜色】面板组重新组合，组合后的控制面板形态如图 1-8 所示。

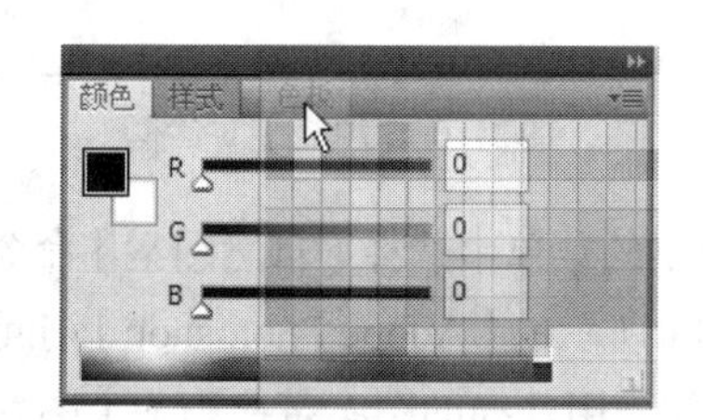

图 1-7　拖曳组合控制面板时的状态

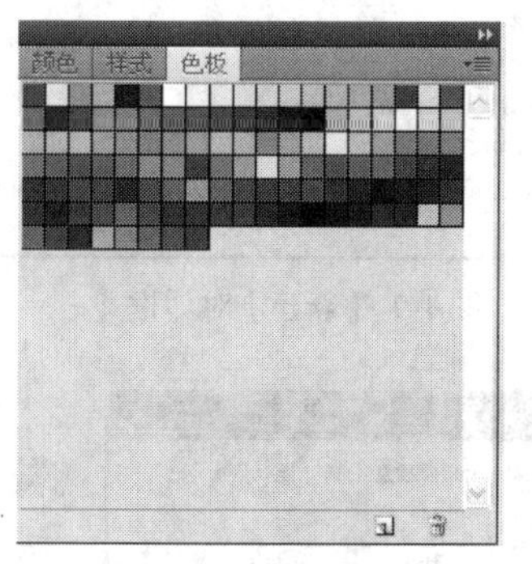

图 1-8　组合后的控制面板形态

1.3 文件基本操作

熟练掌握图像文件的基本操作，是提高图像处理工作效率最有效的方法，本节将介绍有关图像文件的一些基本操作命令。

1.3.1 新建文件填充图案后保存

目的：学习新建指定尺寸的文件并为其填充图案，然后保存。

内容：新建【名称】为“图案”,【宽度】为“25”厘米,【高度】为“20”厘米,【分辨率】为“72”像素/英寸,【颜色模式】为“RGB 颜色”、“8”位,【背景内容】为“白色”的文件。然后为其填充图案，再将其保存在“D 盘”的“作品”文件夹中。

操作步骤

1. 执行【文件】/【新建】命令（或按 Ctrl+N 组合键），弹出【新建】对话框。

2. 将鼠标光标放置在【名称】文本框中，单击鼠标左键并从文字的右侧向左侧拖曳，将文字反白显示，然后任选一种文字输入法，输入“图案”文字。

3. 单击【宽度】或【高度】选项右侧【单位】选项后面的按钮，在弹出的下拉列表中选择【厘米】选项，然后将【宽度】和【高度】选项分别设置为“25”和“20”。

4. 确认【分辨率】的单位为【像素/英寸】，然后将【分辨率】的参数设置为“72”。

5. 在【颜色模式】下拉列表中选择【RGB 颜色】选项，设置各项参数后的【新建】对话框如图 1-9 所示。

6. 单击 确定 按钮，即可按照设置的选项及参数创建一个新的文件。

7. 执行【编辑】/【填充】命令，弹出的【填充】对话框如图 1-10 所示。

8. 在【使用】下拉列表中选择【图案】选项，然后单击下方的【自定图案】按钮，在弹出的【图案选项】面板中单击右上角的按钮。

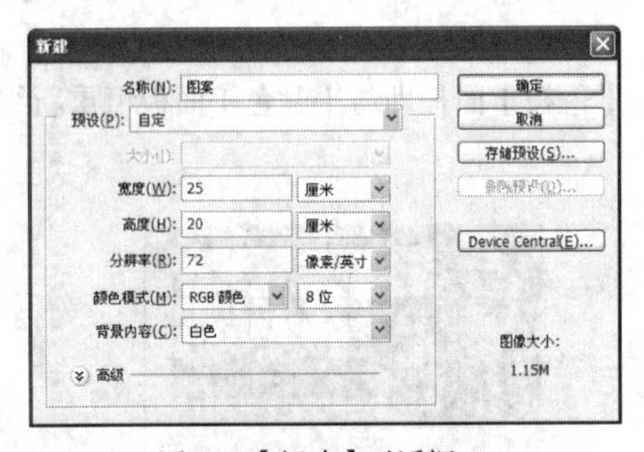

图 1-9 【新建】对话框

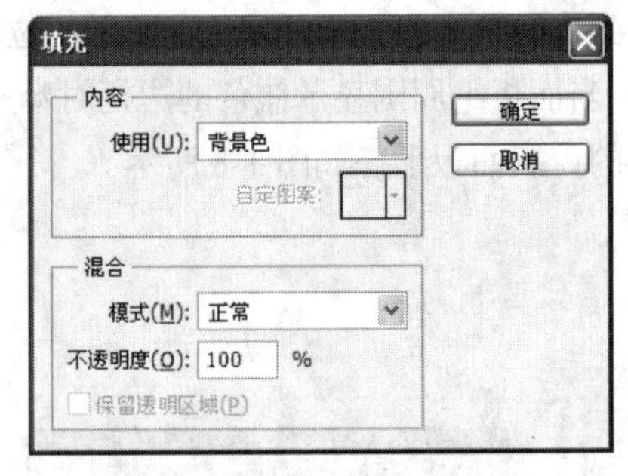

图 1-10 【填充】对话框

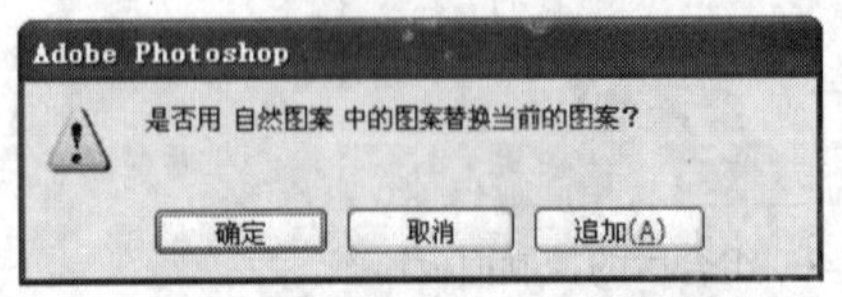

图 1-11 【Adobe Photoshop】询问面板

9. 再在弹出的菜单中选择【自然图案】命令，在再次弹出的如图 1-11 所示的【Adobe Photoshop】询问面板中单击 确定 按钮，用选择的图案替换当前【图案选项】面板中的图案。

10. 在【图案选项】面板中选择如图 1-12 所示的图案，然后单击 确定 按钮，填充图案后的效果如图 1-13 所示。

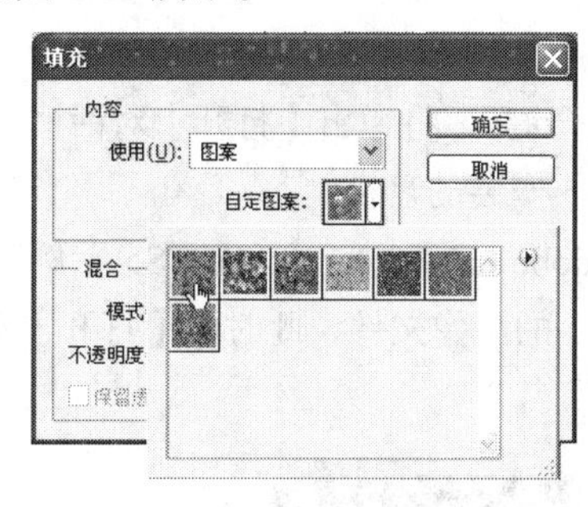

图 1-12　选择的图案

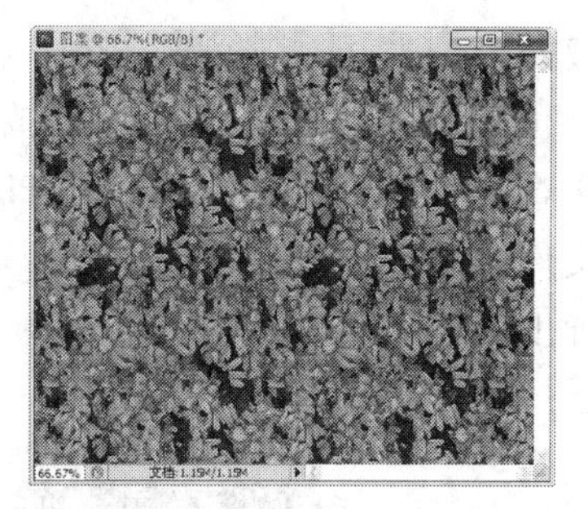

图 1-13　填充图案后的效果

11. 执行【文件】/【存储】命令，弹出【存储为】对话框。

12. 在【存储为】对话框的【保存在】下拉列表中选择 本地磁盘 (D:) 保存，在弹出的新【存储为】对话框中单击【新建文件夹】按钮，创建一个新文件夹，然后在创建的新文件夹中输入“作品”，作为文件夹名称。

13. 双击刚创建的“作品”文件夹将其打开，然后在下方的【格式】选项窗口中选择“Photoshop (*.PSD;*.PDD)”，如图 1-14 所示。

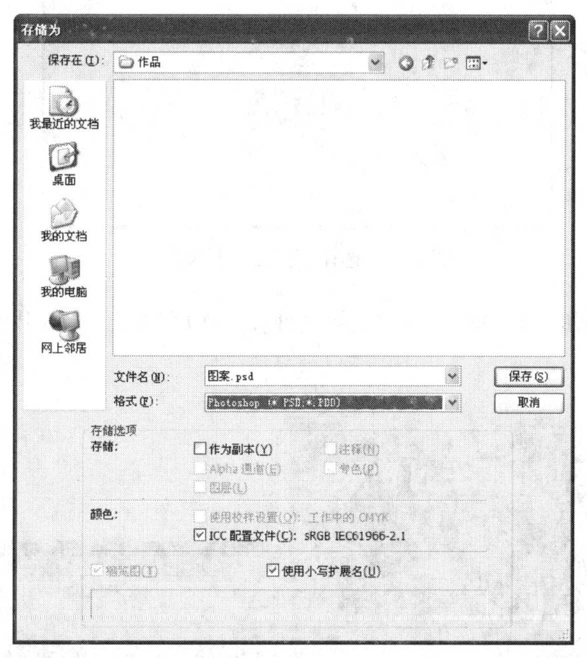

图 1-14 【存储为】对话框

14. 单击 保存(S) 按钮，即可将填充图案的文件保存，且名称为“图案.psd”。

1.3.2　打开文件修改后另存

目的：学习打开文件及保存文件的方法。

内容：将 Photoshop CS5 软件自带的“图层复合.psd”文件打开，显示隐藏的图层后命名为“复合修改.psd”保存。

操作步骤

1. 执行【文件】/【打开】命令（或按 Ctrl+O 组合键），将弹出【打开】对话框。

2. 在【查找范围】下拉列表中选择 Photoshop CS5 安装的盘符。

3. 在文件列表窗口中依次双击“Program Files\Adobe\Adobe Photoshop CS5\示例”文件夹。

4. 在弹出的示例文件中选择名为“图层复合.psd”的图像文件，此时的【打开】对话框如图 1-15 所示。

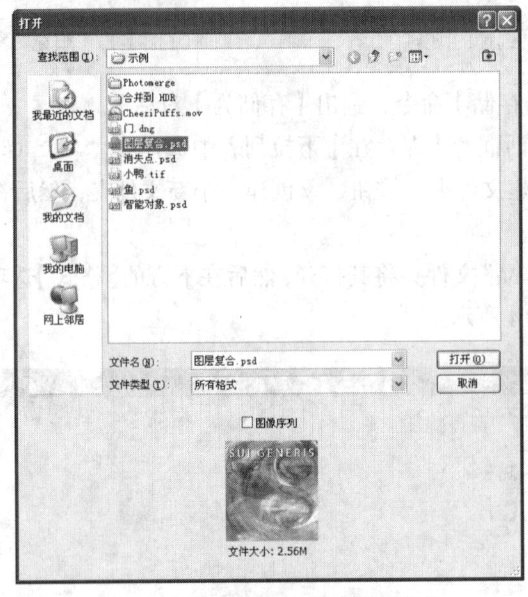

图 1-15　选择要打开的图像文件

5. 单击 打开(O) 按钮，即可将选择的图像文件在工作区中打开。打开的图像与【图层】面板形态如图 1-16 所示。

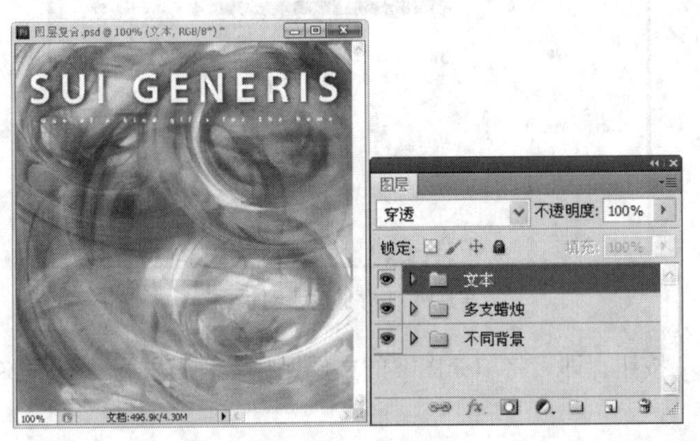

图 1-16　打开的图像与【图层】面板形态

6. 将鼠标光标移动到【图层】面板中“不同背景”前面的▶处单击，将该图层组展开，如图 1-17 所示。

7. 将鼠标光标移动到如图 1-18 所示的位置单击，将该图层在画面中显示，如图 1-19 所示。

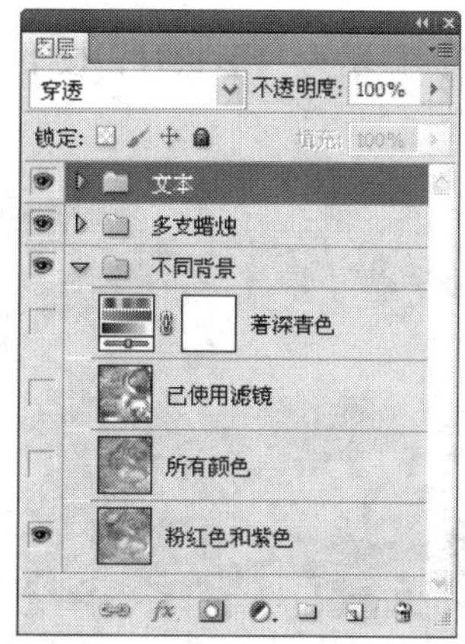

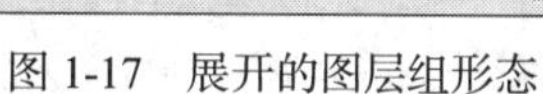
图 1-17　展开的图层组形态

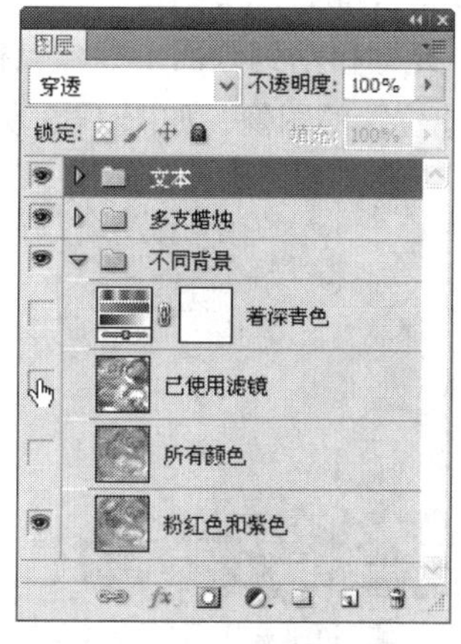

图 1-18　鼠标光标放置的位置

图 1-19　显示图像后的效果

8. 用与步骤 6 和步骤 7 相同的方法，将“多支蜡烛”图层组展开，并将“多支大蜡烛”图层组显示，【图层】面板及图像效果如图 1-20 所示。

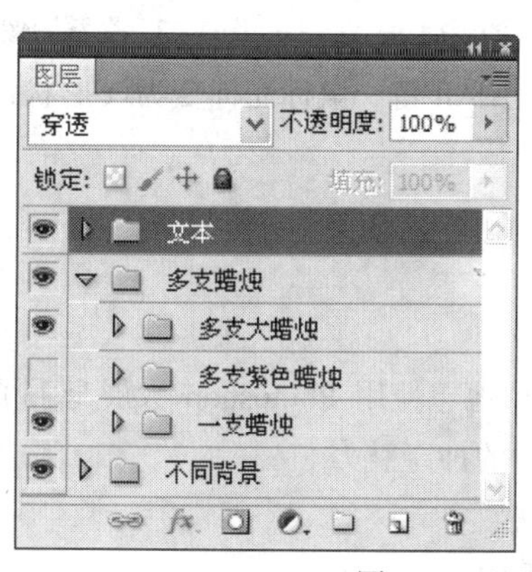

图 1-20　显示的图层及图像效果

9. 执行【文件】/【存储为】命令，弹出【存储为】对话框，在【文件名】文本框中输入“复合修改”作为文件名。

10. 输入文件名称后，单击 保存(S) 按钮，即可将修改后的图像另命名保存。

1.3.3　查看打开的图像文件

目的：学习利用【缩放】工具和【抓手】工具查看图像。

内容：将图像文件打开后，利用【缩放】工具将图像放大显示，然后利用【抓手】工具平移图像，以查看其他区域。

操作步骤

1. 执行【文件】/【打开】命令，将素材文件中“图库\第 01 章”目录下名为“风景.jpg”的文件打开。

2. 选择【缩放】工具，在打开的图片中按住鼠标左键并向右下角拖曳，将出现一个虚线形状的矩形框，如图 1-21 所示。

3. 释放鼠标左键，放大后的画面形态如图 1-22 所示。

4. 选择【抓手】工具，将鼠标光标移动到画面中，当鼠标光标显示为形状时，按下鼠标左键并拖曳，可以平移画面观察其他位置的图像，如图 1-23 所示。

图 1-21 拖曳鼠标光标时的状态

图 1-22 放大后的画面

图 1-23 平移图像窗口状态

5. 选择工具，将鼠标光标移动到画面中，按住 Alt 键，鼠标光标变为形状，单击鼠标左键可以将画面缩小显示，以观察画面的整体效果。

1.4 制作大头贴效果

通过前面对软件的介绍，想必读者已经迫不及待地想使用 Photoshop 大展身手了。下面将带领读者制作一个大头贴效果，来体会一下 Photoshop 的神奇魅力。

目的：初步了解 Photoshop 基本设计工具的用法。

内容：本例用到的素材及制作的大头贴效果如图 1-24 所示。

图 1-24 用到的素材图片及处理后的效果

操作步骤

1. 选择菜单栏中的【文件】/【打开】命令，在弹出的【打开】对话框中依次选择素材文件中“图库\第 01 章”目录，然后单击“大头贴边框.jpg”文件，再按住 Ctrl 键，单击“儿童.jpg”文件，将两个文件同时选中。

2. 单击 打开(O) 按钮，打开的图像文件如图 1-25 所示。

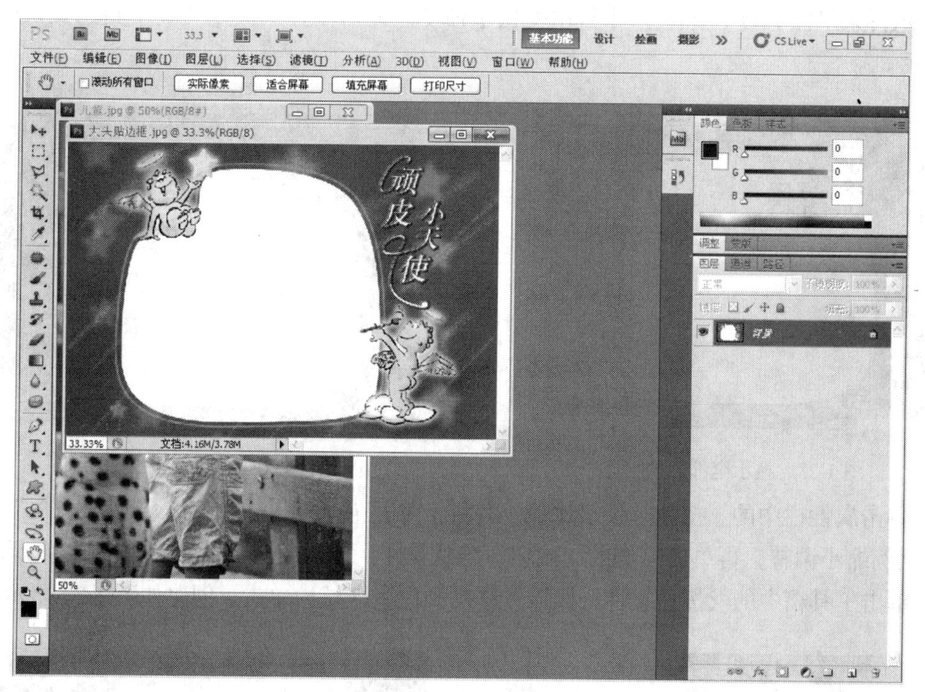

图 1-25　打开的图像文件

3. 单击工具箱中的按钮，将鼠标指针移动到打开的“大头贴边框.jpg”文件中按下鼠标左键并向“儿童.jpg”文件中拖曳，状态如图 1-26 所示。

4. 释放鼠标后，即可将图像移动复制到“儿童.jpg”文件中，如图 1-27 所示。

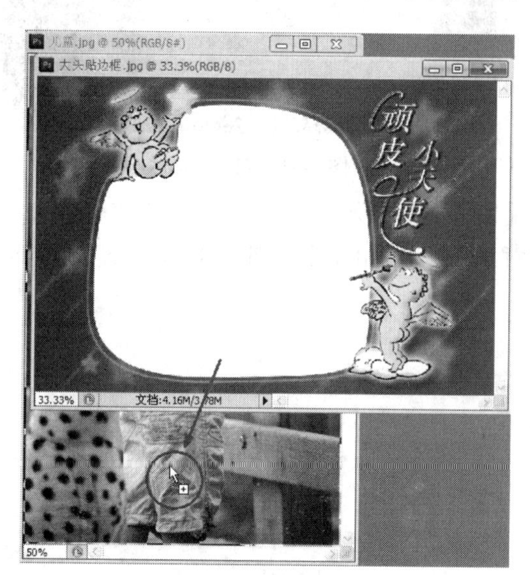

图 1-26　移动复制图片时的状态

图 1-27　复制的图像

由于“大头贴边框.jpg”文件比“儿童.jpg”文件大，因此，将图像移动到“儿童”文件中后，图像并没有完全显示。

5. 执行菜单栏中的【图像】/【显示全部】命令，将画面在文件中全部显示，如图 1-28 所示。

6. 执行菜单栏中的【编辑】/【自由变换】命令，此时图像的周围将显示自由变换框，如图 1-29 所示。

图 1-28　显示全部后的形态

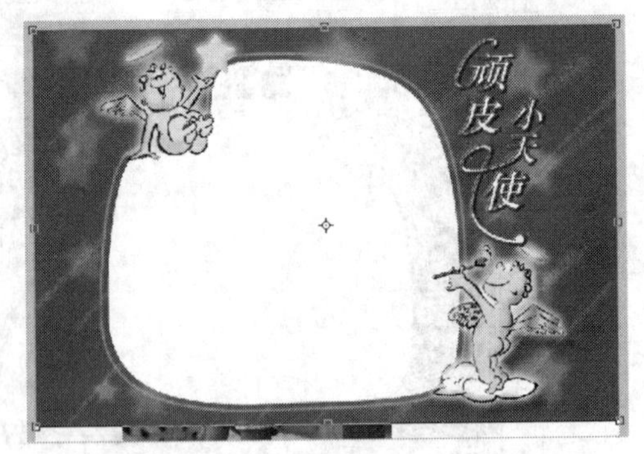

图 1-29　显示的自由变换框

7. 单击属性栏中的按钮，锁定比例，并将【W】(或【H】)的参数设置为“60%”，对图像进行等比例缩小调整，再单击右侧的按钮，确认操作，图片缩小后的形态如图 1-30 所示。

8. 单击工具箱中的按钮，将鼠标指针移动到白色区域内单击，创建如图 1-31 所示的选区。

图 1-30　图像调整大小后的形态

图 1-31　创建的选区

9. 按 Delete 键，将选区内的图像删除，效果如图 1-32 所示。

10. 将鼠标光标移动到【图层】面板中的“背景”层上单击，状态如图 1-33 所示，将背景层设置为工作层。

图 1-32　删除图像后的效果

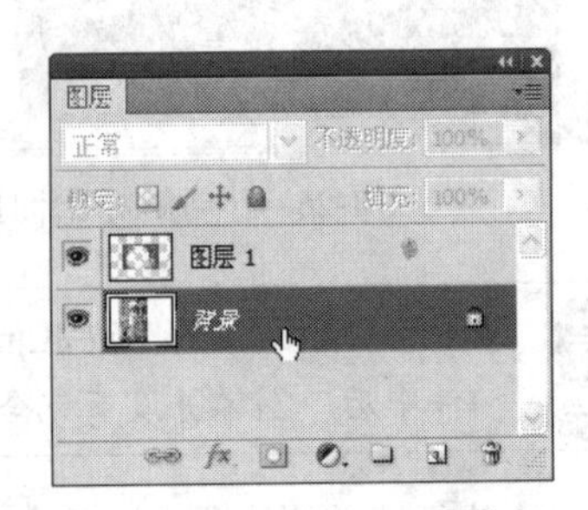

图 1-33　鼠标光标放置的位置

11. 执行菜单栏中的【选择】/【全部】命令，将图像选中。

利用【选择】/【全部】命令生成的选区，是以“背景”层中图像的大小为标准进行全选。

12. 执行菜单栏中的【选择】/【变换】/【水平翻转】命令，将背景层中的图像在水平方向上翻转，状态如图 1-34 所示。

13. 利用工具将翻转后的图像移动至如图 1-35 所示的位置，注意，此处不要去除选区。

图 1-34　水平翻转后的效果

图 1-35　图像移动后的位置

14. 按住 Ctrl 键，然后将鼠标光标移动到【图层】面板中如图 1-36 所示的图层缩览图上单击，创建“图层 1”选区，形态如图 1-37 所示。

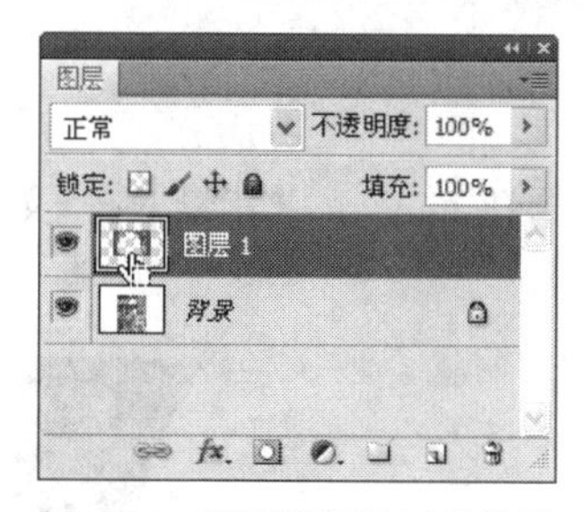

图 1-36　鼠标光标放置的位置

图 1-37　创建的选区

15. 执行菜单栏中的【图像】/【裁剪】操作，将选区外边缘以外的图像裁剪掉，生成的大头贴效果如图 1-38 所示。

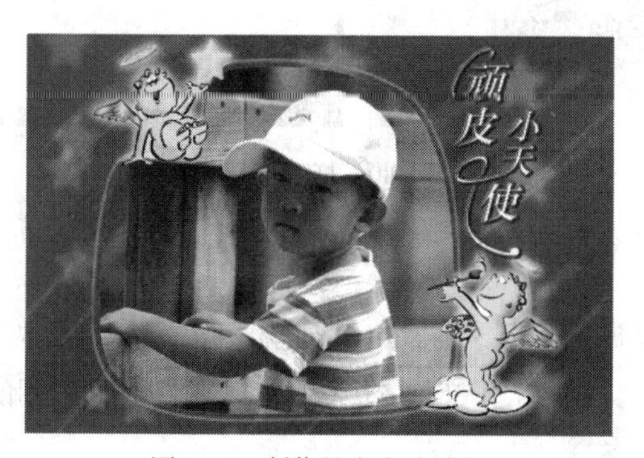

图 1-38　制作的大头贴效果

16. 选择菜单栏中的【文件】/【存储为】命令（快捷键为 Shift+Ctrl+S 组合键），在弹出的【存储为】对话框中，选择合适的存储路径，然后将文件命名为“大头贴.psd”保存。

1.5 课堂实训

目的：学习利用菜单命令复制和粘贴图像的方法。

内容：打开素材文件中“图库\第 01 章”目录下名为“男孩.jpg”和“背景.jpg”的文件，然后利用【拷贝】和【贴入】命令来粘贴图像，制作如图 1-39 所示的图像合成效果。

图 1-39　图像合成效果

操作步骤

1. 按 Ctrl+O 组合键，在弹出的【打开】对话框中将“男孩.jpg”和“背景.jpg”文件同时选择并打开，如图 1-40 所示。

图 1-40　打开的图片

2. 将“男孩.jpg”文件设置为工作文件，然后执行【选择】/【全部】命令（快捷键为 Ctrl+A 组合键），将图片全选。

3. 执行【编辑】/【拷贝】命令（快捷键为 Ctrl+C 组合键），将选择的图片复制。

4. 将“背景.jpg”文件设置为工作文件，选择 工具，在画面中间的白色区域单击鼠标左键，添加如图 1-41 所示的选区。

5. 执行【编辑】/【选择性粘贴】/【贴入】命令（快捷键为Alt+Shift+Ctrl+V组合键），将复制的图片粘贴至选区内，如图1-42所示。

图1-41 添加的选区

图1-42 贴入的图片

6. 执行【编辑】/【变换】/【水平翻转】命令，将图像在水平方向上翻转，效果如图1-43所示。

7. 执行【编辑】/【变换】/【缩放】命令，给图片添加变换框，然后将鼠标光标放置到变换框右下角的控制点上，当鼠标光标显示为双向箭头时按下鼠标左键并向左上方拖曳，将图像调小。

8. 用相同的缩放图像方法，将鼠标光标放置变换框左上方的控制点上，按下鼠标左键并向右下方拖曳，将变换框调整至如图1-44所示的大小。

图1-43 水平翻转后的效果

图1-44 图像调整后的形态

9. 单击属性栏中的✔按钮，确定图片的大小调整。

10. 按Shift+Ctrl+S组合键，将此文件另命名为“合成图像.psd”保存。

知识链接

图像的复制和粘贴操作主要包括【剪切】、【拷贝】和【粘贴】等命令，它们在实际工作中被频繁使用。在使用时要注意配合使用，如果要复制图像，就必须先将复制的图像通过【剪切】或【拷贝】命令保存到剪贴板上，然后再通过【粘贴】命令将剪贴板上的图像粘贴到指定的位置。

- 【剪切】命令：将图像文件中被选择的图像保存至剪贴板上，并在原图像中删除。
- 【拷贝】命令：将图像文件中被选择的图像保存至剪贴板上，原图像仍继续保留。
- 【合并拷贝】命令：该命令主要用于图层文件。可将选区中所有层的内容复制到剪贴板中。进行粘贴时，会将其合并为一层粘贴。

- 【粘贴】命令：将剪切板中的内容作为一个新图层粘贴到当前图像文件中。
- 【选择性粘贴】命令：使用【选择性粘贴】中的【原位粘贴】、【贴入】和【外部粘贴】命令，可以根据需要在复制图像的原位置粘贴图像，或者有所选择的粘贴复制图像的某一部分。
- 【清除】命令：将选区中的图像删除。

1.6 课后练习

打开素材文件中“图库\第 01 章”目录下名为“照片.jpg”和“边框.jpg”的文件，如图 1-45 所示，然后利用本章所学习的工具和命令设计出如图 1-46 所示的照片效果。

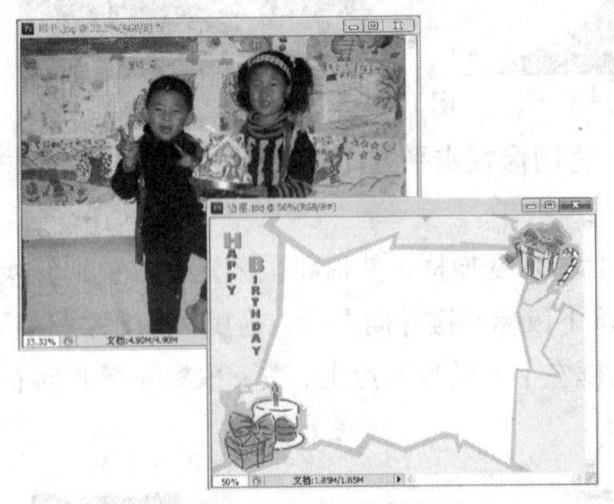

图 1-45　打开的素材图片

图 1-46　制作的照片效果

第2章 选取与图像合成

本章以设计开业海报为例，详细介绍各种选区工具、【选择】菜单命令、【移动】工具及【变换】命令和【对齐与分布】命令的运用。本章运用的工具和命令比较多，但都是实际工作中最基础、最常用的，希望读者能认真学习并将其掌握。

2.1 选择工具

在利用 Photoshop 对图像局部及指定位置进行处理时，需要先用选区工具将其选择出来。Photoshop CS5 提供的选区工具有很多种，利用它们可以按照不同的形式来选定图像进行调整或添加效果。

2.1.1 选框工具

选框工具组中有 4 种选框工具，分别是【矩形选框】工具、【椭圆选框】工具、【单行选框】工具和【单列选框】工具。默认情况下，处于选择状态的是工具，将鼠标光标放置到此工具上，按住鼠标左键不放或单击鼠标右键，即可展开隐藏的工具组。

一、【矩形选框】工具的使用方法

【矩形选框】工具主要用于绘制各种矩形或正方形选区。选择工具后，在画面中的适当位置按下鼠标左键并拖曳，释放鼠标左键后即可创建一个矩形选区，如图 2-1 所示。

二、【椭圆选框】工具的使用方法

【椭圆选框】工具主要用于绘制各种圆形或椭圆形选区。选择工具后，在画面中的适当位置按下鼠标左键并拖曳，释放鼠标左键后即可创建一个椭圆形选区，如图 2-2 所示。

图 2-1　绘制的矩形选区

图 2-2　绘制的椭圆形选区

三、【单行选框】和【单列选框】工具的使用方法

【单行选框】工具和【单列选框】工具主要用于创建 1 像素高度的水平选区和 1 像素宽度的垂直选区。选择或工具后，在画面中单击即可创建单行或单列选区。

用【矩形选框】和【椭圆选框】工具绘制选区时，按住 Shift 键拖曳鼠标光标，可以绘制以按下鼠标左键位置为起点的正方形或圆形选区；按住 Alt 键拖曳鼠标光标，可以绘制以按下鼠标左键位置为中心的矩形或椭圆选区；按住 Alt+Shift 组合键拖曳鼠标光标，可以绘制以按下鼠标左键位置为中心的正方形或圆形选区。

选框工具组中各工具的属性栏完全相同，如图 2-3 所示。

图 2-3　选框工具属性栏

（1）选区运算按钮。

在 Photoshop CS5 中除了能绘制基本的选区外，还可以结合属性栏中的按钮将选区进行相加、相减和相交运算。

- 【新选区】按钮：默认情况下此按钮处于激活状态，即在图像文件中依次创建选区，图像文件中将始终保留最后一次创建的选区。
- 【添加到选区】按钮：激活此按钮或按住 Shift 键，在图像文件中依次创建选区，后创建的选区将与先创建的选区合并成为新的选区。
- 【从选区减去】按钮：激活此按钮或按住 Alt 键，在图像文件中依次创建选区，如果后创建的选区与先创建的选区有相交部分，则从先创建的选区中减去相交的部分，剩余的选区作为新的选区。
- 【与选区交叉】按钮：激活此按钮或按住 Shift+Alt 组合键，在图像文件中依次创建选区，如果后创建的选区与先创建的选区有相交部分，则把相交的部分作为新的选区；如果创建的选区之间没有相交部分，系统将弹出【Adobe Photoshop】警告对话框，警告未选择任何像素。

（2）选区羽化设置。

在绘制选区之前，在【羽化】文本框中输入数值，再绘制选区，可使创建选区的边缘变得平滑，填色后产生柔和的边缘效果。图 2-4 所示为无羽化选区和设置羽化后填充红色的效果。

在设置【羽化】选项的参数时，其数值一定要小于要创建选区的最小半径，否则系统会弹出警告对话框，提示用户将选区绘制得大一点，或将【羽化】值设置得小一点。

当绘制完选区后，执行【选择】/【修改】/【羽化】命令（快捷键为Shift+F6组合键），在弹出的如图2-5所示的【羽化选区】对话框中，设置适当的【羽化半径】选项值，单击 确定 按钮，也可对选区进行羽化设置。

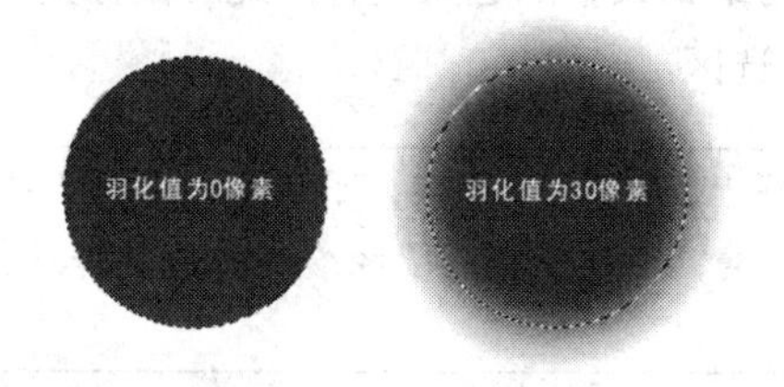

图2-4 设置不同的【羽化】值填充红色后的效果

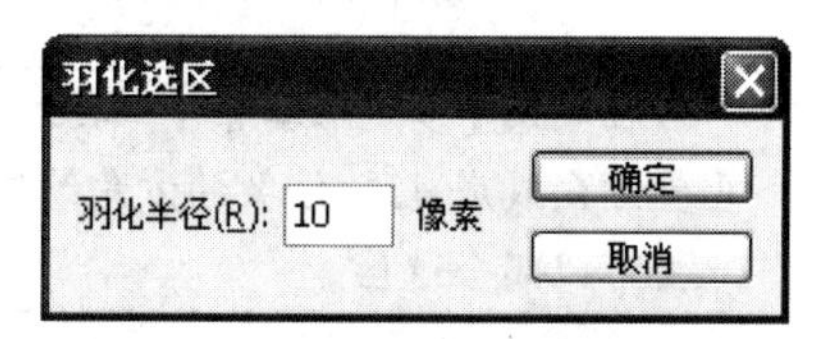

图2-5 【羽化选区】对话框

羽化半径值决定选区的羽化程度，其值越大，产生的平滑度越高，柔和效果也越好。另外，在进行羽化值的设置时，如文件尺寸与分辨率较大，其值相对也要大一些。

（3）【消除锯齿】选项。

Photoshop中的位图图像是由像素点组成的，因此在编辑圆形或弧形图形时，其边缘会出现锯齿现象。在属性栏中勾选【消除锯齿】复选框，即可通过淡化边缘来产生与背景颜色之间的过渡，使锯齿边缘得到平滑。

（4）【样式】选项。

在属性栏的【样式】下拉列表中，有【正常】、【约束长宽比】和【固定大小】3个选项。

- 选择【正常】选项，可以在图像文件中创建任意大小或比例的选区。
- 选择【约束长宽比】选项，可以在【样式】选项后的【宽度】和【高度】文本框中设定数值来约束所绘选区的宽度和高度比。
- 选择【固定大小】选项，可以在【样式】选项后的【宽度】和【高度】文本框中设定将要创建选区的宽度和高度值，其单位为像素。

（5）调整边缘。

创建选区后单击 调整边缘... 按钮，将弹出【调整边缘】对话框，通过设置该对话框中的相应参数，可以创建精确的选区边缘，从而可以更快且更准确地从背景中抽出需要的图像。

2.1.2 套索工具

套索工具是一种使用灵活、形状自由的选区绘制工具，该工具组包括【套索】工具、【多边形套索】工具和【磁性套索】工具。下面介绍这3种工具的使用方法。

一、【套索】工具的使用方法

选择【套索】工具，在图像轮廓边缘任意位置按下鼠标左键设置绘制的起点，拖曳鼠标光标到任意位置后释放鼠标左键，即可创建出形状自由的选区。套索工具的自由性很大，在利用套索工具绘制选区时，必须对鼠标有良好的控制能力，才能绘制出满意的选区。此工具一般用于修改已经存在的选区或绘制没有具体形状要求的选区。

二、【多边形套索】工具的使用方法

选择【多边形套索】工具，在图像轮廓边缘任意位置单击设置绘制的起点，拖曳鼠标光标到合适的位置，再次单击设置转折点，直到鼠标光标与最初设置的起点重合（此时鼠标光标的下面多了一个小圆圈），然后在重合点上单击即可创建出选区。

在利用【多边形套索】工具绘制选区的过程中，按住 Shift 键，可以控制在水平方向、垂直方向或成 45° 倍数的方向绘制；按 Delete 键，可逐步撤销已经绘制的选区转折点；双击可以闭合选区。

三、【磁性套索】工具的使用方法

选择【磁性套索】工具，在图像边缘单击设置绘制的起点，然后沿图像的边缘拖曳鼠标光标，选区会自动吸附在图像中对比最强烈的边缘，如果选区的边缘没有吸附在想要的图像边缘，可以通过单击添加一个紧固点来确定要吸附的位置，再拖曳鼠标光标，直到鼠标光标与最初设置的起点重合时，单击即可创建选区。

【套索】工具组的属性栏与选框工具组的属性栏基本相同，只是【磁性套索】工具的属性栏增加了几个新的选项，如图 2-6 所示。

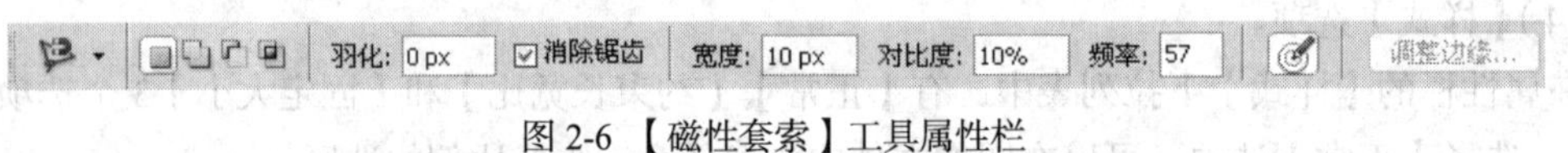

图 2-6 【磁性套索】工具属性栏

- 【宽度】：决定使用【磁性套索】工具时的探测范围。数值越大，探测范围越大。
- 【对比度】：决定【磁性套索】工具探测图形边界的灵敏度。该数值过大时，将只能对颜色分界明显的边缘进行探测。
- 【频率】：在利用【磁性套索】工具绘制选区时，会有很多的小矩形对图像的选区进行固定，以确保选区不被移动。此选项决定这些小矩形出现的次数。数值越大，在拖曳过程中出现的小矩形越多。
- 【压力】按钮：安装了绘图板和驱动程序此选项才可用，它主要用来设置绘图板的笔刷压力。设置此选项时，钢笔的压力增加，会使套索的宽度变细。

2.1.3 快速选择和魔棒工具

对于图像轮廓分明、背景颜色单一的图像来说，利用【快速选择】工具或【魔棒】工具来选择图像，是非常不错的方法。下面来介绍这两种工具的使用方法。

一、【快速选择】工具

【快速选择】工具是一种非常直观、灵活和快捷的选择图像中面积较大的单色区域的工具。其使用方法为：在需要添加选区的图像位置按下鼠标左键，然后移动鼠标光标，即可将鼠标光标经过的区域及与其颜色相近的区域添加一个选区。

【快速选择】工具的属性栏如图 2-7 所示。

图 2-7 【快速选择】工具属性栏

- 【新选区】按钮：默认状态下此按钮处于激活状态，此时在图像中按下鼠标左键并拖曳可以绘制新的选区。
- 【添加到选区】按钮：当使用按钮添加选区后会自动切换到激活状态，按下鼠标左键并在图像中拖曳，可以增加图像的选择范围。
- 【从选区减去】按钮：激活此按钮，可以将图像中已有的选区按照鼠标拖曳的区域来减少被选择的范围。
- 【画笔】：用于设置所选范围区域的大小。
- 【对所有图层取样】：勾选此复选框，在绘制选区时将应用到所有可见图层。
- 【自动增强】：勾选此复选框，添加的选区边缘会减少锯齿的粗糙程度，且自动将选区向图像边缘进一步扩展调整。

二、【魔棒】工具的使用方法

【魔棒】工具主要用于选择图像中面积较大的单色区域或相近颜色的区域。【魔棒】工具使用方法非常简单，只需在要选择的颜色范围内单击，即可将图像中与鼠标光标落点相同或相近的颜色全部选择。

【魔棒】工具的属性栏如图 2-8 所示。

图 2-8 【魔棒】工具属性栏

- 【容差】：决定创建选区的范围大小。数值越大，创建选区的范围越大。
- 【连续】：勾选此复选框，只能选择图像中与鼠标单击处颜色相近且相连的部分；若不勾选此项，则可以选择图像中所有与鼠标单击处颜色相近的部分，如图 2-9 所示。

（a）原图　　（b）勾选　　（c）不勾选

图 2-9　勾选与不勾选【连续】复选框时创建的选区

- 【对所有图层取样】：勾选此复选框，可以选择所有可见图层中与鼠标光标单击处颜色相近的部分；若不勾选此项，则只能选择该工作层中与鼠标光标单击处颜色相近的部分。

2.1.4　编辑选区

在图像中创建了选区后，有时为了绘图的需要，我们要对已创建的选区进行编辑修改，使之更符合作图要求。本节就来介绍对选区进行编辑修改的一些操作方法，包括移动选区、取消选区、修改选区和羽化选区等。

一、移动选区

在图像中创建选区后，无论当前使用的是哪一种选区工具，将鼠标光标移动到选区内，此时鼠标光标变为 形状，按下鼠标左键拖曳即可移动选区的位置。按键盘上的→、←、↑或↓任意一个方向键，可以按照 1 个像素单位来移动选区的位置；如果按住 Shift 键再按方向键，可以一次以 10 像素单位来移动选区的位置。

二、取消选区

当图像编辑完成，不再需要选区时，可以执行【选择】/【取消选择】命令将选区取消，最常用的还是通过按快捷键 Ctrl+D 来取消选区，此快捷键在处理图像时会经常用到。

三、修改选区

执行【选择】/【修改】子菜单下的命令，即可对选区进行修改。

（1）边界：执行此命令，可以在弹出的【边界选区】对话框中设置选区向内或向外扩展，扩展的选区将重新生成新的选区。

（2）平滑：该命令用于将选区的边缘进行平滑设置，执行此命令，可以在弹出的【平滑选区】对话框中设置选区的边角平滑度。

（3）扩展：执行此命令，可以在弹出的【扩展选区】对话框中设置选区的扩展量，确认后，选区将在原来的基础上扩展。

（4）收缩：执行此命令，可打开【收缩选区】对话框，在对话框中进行设置后即可将原选区进行收缩。

（5）羽化：该命令可以将选区进行羽化处理，执行此命令，在打开的【羽化】对话框中设置羽化值后，即可将选区进行羽化处理。

原选区与分别执行上述命令后的形态如图 2-10 所示。

（a）绘制的选区　（b）边界　（c）平滑

（d）扩展　（e）收缩　（f）羽化

图 2-10　绘制的选区及修改后的形态

2.2 移动工具

【移动】工具是图像处理操作中应用最频繁的工具。利用它可以在当前文件中移动或复制图像，也可以将图像由一个文件移动复制到另一个文件中，还可以对选择的图像进行变换、排列、对齐与分布等操作。

2.2.1 【移动】工具

利用【移动】工具移动图像的方法非常简单，将鼠标光标放在要移动的图像内拖曳，即可移动图像的位置。在移动图像时，按住 Shift 键可以确保图像在水平、垂直或 45° 的倍数方向上移动；配合属性栏及键盘操作，还可以复制和变形图像。

【移动】工具的属性栏如图 2-11 所示。

图 2-11 【移动】工具的属性栏

默认情况下，【移动】工具属性栏中只有【自动选择】选项和【显示变换控件】选项可用，右侧的对齐和分布按钮只有在满足一定条件后才可用。勾选【自动选择】复选框后，在移动图像时将自动选择图层或组。

- 选择【组】选项，移动图像时，会同时移动该图层所在的图层组。
- 选择【图层】选项，移动图像时，将移动图像中光标所在位置上第一个有可见像素的图层。

2.2.2 变换图像

勾选属性栏中的【显示变换控件】复选框，图像文件中会根据当前层（背景层除外）图像的大小出现虚线的定界框。定界框的四周有 8 个小矩形，称为调节点；中间的符号为调节中心。将鼠标光标放置在定界框的调节点上按住鼠标左键拖曳，可以对定界框中的图像进行变换调节。

在 Photoshop CS5 中，变换图像的方法主要有 3 种。一是直接利用【移动】工具并结合属性栏中的 显示变换控件 选项来变换图像；二是利用【编辑】/【自由变换】命令来变换图像；三是利用【编辑】/【变换】子菜单命令变换图像。但无论使用哪种方法，都可以得到相同的变换效果。各种变换形态的具体操作如下。

一、缩放图像

将鼠标光标放置到变换框各边中间的调节点上，当鼠标光标显示为↔或↕形状时，按下鼠标左键左右或上下拖曳，可以水平或垂直缩放图像。将鼠标光标放置到变换框 4 个角的调节点上，当鼠标光标显示为↘或↗形状时，按下鼠标左键并拖曳，可以任意缩放图像。此时，按住 Shift 键可以等比例缩放图像；按住 Alt+Shift 组合键会以变换框的调节中心为基准等比例缩放图像。以不同方式缩放图像时的形态如图 2-12 所示。

图 2-12　以不同方式缩放图像时的形态

二、旋转图像

将鼠标光标移动到变换框的外部，当鼠标光标显示为↰或↶形状时拖曳鼠标光标，可以围绕调节中心旋转图像，如图 2-13 所示。若按住 Shift 键旋转图像，可以使图像按 15° 角的倍数旋转。

图 2-13　旋转图像

在【编辑】/【变换】命令的子菜单中选择【旋转 180 度】、【旋转 90 度（顺时针）】、【旋转 90 度（逆时针）】、【水平翻转】或【垂直翻转】等命令，可以将图像旋转 180°、顺时针旋转 90°、逆时针旋转 90°、水平翻转或垂直翻转。

三、斜切图像

执行【编辑】/【变换】/【斜切】命令，或按住 Ctrl+Shift 组合键调整变换框的调节点，可以将图像斜切变换，如图 2-14 所示。

四、扭曲图像

执行【编辑】/【变换】/【扭曲】命令，或按住 Ctrl 键调整变换框的调节点，可以对图像进行扭曲变形，如图 2-15 所示。

图 2-14　斜切变换图像

图 2-15　扭曲变形

五、透视图像

执行【编辑】/【变换】/【透视】命令，或按住 Ctrl+Alt+Shift 组合键调整变换框的调节点，可以使图像产生透视变形效果，如图 2-16 所示。

图 2-16　透视变形

六、变形图像

执行【编辑】/【变换】/【变形】命令，或激活属性栏中的【在自由变换和变形模式之间切换】按钮，变换框将转换为变形框，通过调整变形框来调整图像，如图 2-17 所示。

在属性栏中的【变形】下拉列表中选择一种变形样式，还可以使图像产生各种相应的变形效果，如图 2-18 所示。

图 2-17　变形图像

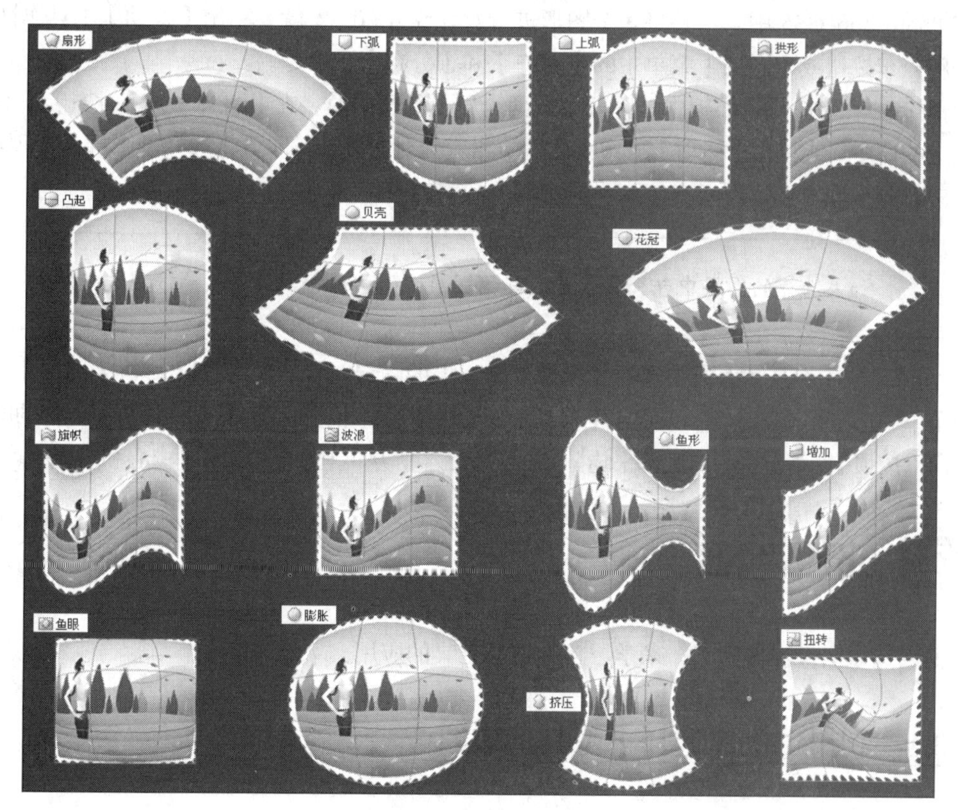

图 2-18　各种变形效果

执行【编辑】/【自由变换】命令，属性栏如图 2-19 所示。

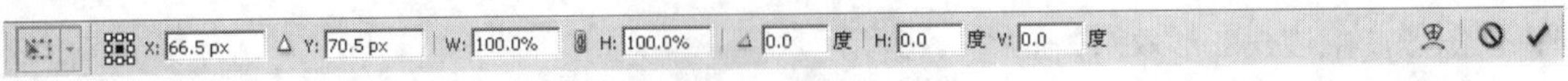

图 2-19 【自由变换】属性栏

- 【参考点位置】图标：中间的黑点表示调节中心在变换框中的位置，在任意白色小点上单击，可以定位调节中心的位置。另外，将鼠标光标移动至变换框中间的调节中心上，待鼠标光标显示为形状时拖曳，可以在图像中任意移动调节中心的位置。
- 【X】、【Y】：用于精确定位调节中心的坐标。
- 【W】、【H】：分别控制变换框中的图像在水平方向和垂直方向缩放的百分比。激活【保持长宽比】按钮，可以保持图像的长宽比例来缩放。
- 【旋转】按钮：用于设置图像的旋转角度。
- 【H】、【V】：分别控制图像的倾斜角度，【H】表示水平方向，【V】表示垂直方向。
- 【在自由变换和变形之间切换】按钮：激活此按钮，可以将自由变换模式切换为变形模式；取消其激活状态，可再次切换到自由变换模式。
- 【取消变换】按钮：单击按钮（或按 Esc 键），将取消图像的变形操作。
- 【进行变换】按钮：单击按钮（或按 Enter 键），将确认图像的变形操作。

2.2.3 对齐和分布图层

在 Photoshop CS5 中，当要将多个图形进行对齐或分布时，就要利用【移动】工具属性栏中的对齐和分布按钮或【图层】菜单中的【对齐】和【分布】子命令。

- 对齐：在【图层】面板中选择两个或两个以上的图层时，在【图层】/【对齐】子菜单中选取相应的命令，或单击【移动】工具属性栏中相应的对齐按钮，即可将选择的图层进行顶对齐、垂直居中对齐、底对齐、左对齐、水平居中对齐或右对齐。

如果选择的图层中包含背景层，其他图层中的内容将以背景层为依据进行对齐。

- 分布：在【图层】面板中选择 3 个或 3 个以上的图层时（不含背景层），在【图层】/【分布】子菜单中选取相应的命令，或单击【移动】工具属性栏中相应的分布按钮，即可将选择的图层在垂直方向上按顶端、垂直中心或底部平均分布，或者在水平方向上按左边、水平中心和右边平均分布。

2.3 选取图像

下面以选取图像操作为例，来学习各种选择工具的应用。

2.3.1 利用【快速选择】工具选取图像

目的：学习利用【快速选择】工具选取图像。

内容：打开图库素材，利用工具选取需要的图像。素材图片及选择后的效果如图 2-20 所示。

图 2-20　素材图片及选择后的效果

操作步骤

1. 打开素材文件中“图库\第 02 章”目录下的“花 01.jpg”文件。

2. 选择工具，确认属性栏中激活了按钮，将鼠标光标移动到花瓣位置处，按下鼠标左键并拖曳，如图 2-21 所示，创建选区。

3. 依次沿花瓣图形拖曳鼠标光标，将花瓣全部选择，状态如图 2-22 所示。

图 2-21　拖曳鼠标状态

图 2-22　创建的选区

利用工具将花瓣区域放大显示，观察选取的范围，会发现花瓣上方有白色区域也被选取，如图 2-23 所示。下面来对选区进行编辑。

4. 单击属性栏中的按钮，在弹出的【画笔笔头】设置面板中，设置选项及参数，如图 2-24 所示。

图 2-23　选取的多余图像

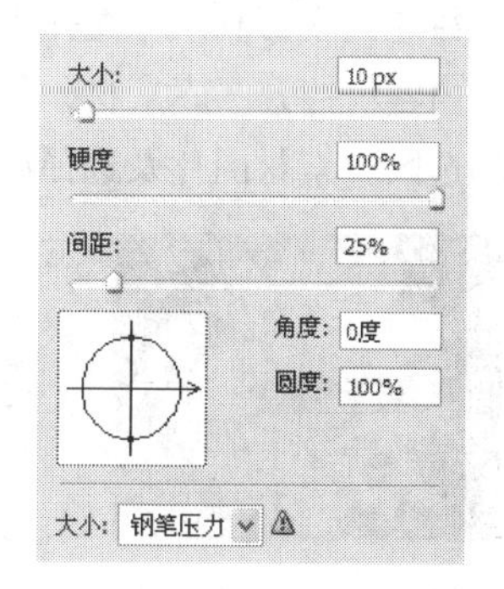

图 2-24　设置的画笔笔头参数

5. 单击属性栏中的按钮，然后将鼠标光标移动到如图 2-25 所示的位置单击，即可对选区进行修改，效果如图 2-26 所示。

图 2-25 鼠标光标放置的位置

图 2-26 选区修改后的形态

创建的选区形态如图 2-27 所示。

6. 执行【图层】/【新建】/【通过拷贝的图层】命令（快捷键为 Ctrl+J 组合键），将选区内的图像通过复制生成新的图层，【图层】面板如图 2-28 所示。

7. 单击【图层】面板中“背景”层前面的图标，可将该图层的图像隐藏，只保留选取出的图像。

图 2-27 创建的选区

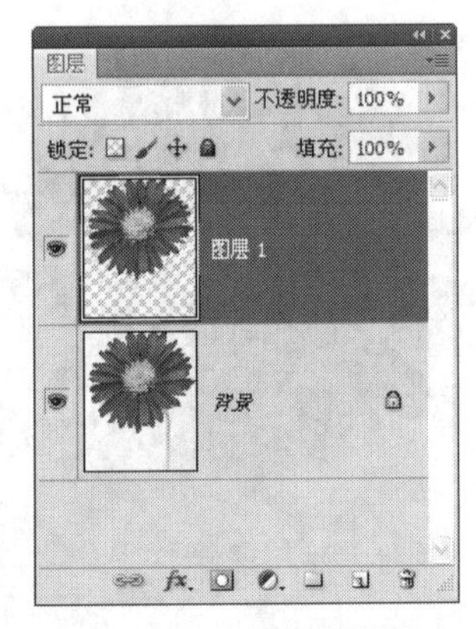

图 2-28 生成的新图层

8. 按 Shift+Ctrl+S 组合键，将此文件另命名为“选取花 01.psd”保存。

2.3.2 利用【魔棒】工具选取图像

目的：学习利用【魔棒】工具选取图像。

内容：打开图库素材，利用工具选取背景中颜色相同或相似的区域，然后反选即可得到需要的选区。素材图片及选择后的效果如图 2-29 所示。

图 2-29 素材图片及选择后的效果

操作步骤

1. 打开素材文件中“图库\第 02 章”目录下的“花 02.jpg”和“花 03.jpg”文件。

2. 将“花 02.jpg”文件设置为工作状态，然后选择工具，并设置属性栏选项及参数如图 2-30 所示。

图 2-30 【魔棒】工具属性栏

3. 将鼠标光标移动到如图 2-31 所示的位置单击，生成选区形态如图 2-32 所示。

图 2-31　鼠标光标放置的位置

图 2-32　生成的选区形态

4. 激活属性栏中按钮，然后将鼠标光标移动到如图 2-33 所示的位置单击，添加选区，形态如图 2-34 所示。

图 2-33　鼠标光标放置的位置

图 2-34　添加的选区

5. 用与步骤 4 相同的方法，依次在未选取的区域单击，加载选区，最终形态如图 2-35 所示。

6. 执行【选择】/【反向】命令（快捷键为 Shift+Ctrl+I 组合键），将选区反选，形态如图 2-36 所示。

图 2-35　创建的选区

图 2-36　反选后的选区形态

7. 按 Ctrl+J 组合键将选区内的图像通过复制生成一层，然后将背景层隐藏，效果如图 2-37 所示。

8. 按 Shift+Ctrl+S 组合键，将此文件另命名为“选取花 02.psd”保存。

9. 将“花 03.jpg”文件设置为工作状态，用与以上相同的图像选取方法，将花图像选取，并另命名为“选取花 03.psd”保存，创建的选区形态如图 2-38 所示。

图 2-37 隐藏背景层后的效果

图 2-38 选取的图像

2.3.3 利用【磁性套索】工具选取图像

目的： 学习利用【磁性套索】工具选取图像。

内容： 打开图库素材，利用工具将图像放大显示，然后利用工具选取需要的图像。素材图片及选择后的效果如图 2-39 所示。

图 2-39 素材图片及选择后的效果

操作步骤

1. 打开素材文件中“图库\第 02 章”目录下的“蝴蝶.jpg”文件。

2. 选择工具，将鼠标光标移动到图像文件中拖曳，将蝴蝶图像放大显示，状态如图 2-40 所示。

3. 选择工具，将鼠标光标移动到如图 2-41 所示的位置单击，确定绘制选区的起点。

图 2-40　放大显示图像状态

图 2-41　鼠标光标放置的位置

4. 沿要选取的蝴蝶边缘移动鼠标光标，系统会自动生成紧固点吸附于图像的边缘，如图 2-42 所示。

5. 当移动鼠标光标至蝴蝶的下方时，将出现不能自动吸附图像边缘的情况，此时可依次在要吸附的位置单击，用手工添加紧固点的方法确定选区的边界，如图 2-43 所示。

图 2-42　自动生成的紧固点

图 2-43　手工添加的紧固点

6. 再次沿蝴蝶图像的轮廓边缘移动（或单击鼠标）直至起点位置，在起点位置单击闭合线形，生成的选区如图 2-44 所示。

7. 按 Ctrl+J 组合键将选区内的图像通过复制生成一层，然后将背景层隐藏，效果如图 2-45 所示。

图 2-44　生成的选区

图 2-45　选取的蝴蝶

8. 按 Shift+Ctrl+S 组合键，将此文件另命名为“选取蝴蝶.psd”保存。

2.3.4 利用【色彩范围】命令选择图像

目的：学习利用【色彩范围】命令选择指定的颜色。

内容：打开图库素材，利用【色彩范围】命令选择照片中的橙色，即选取需要的飘带图像，素材图片及选择后的效果如图 2-46 所示。

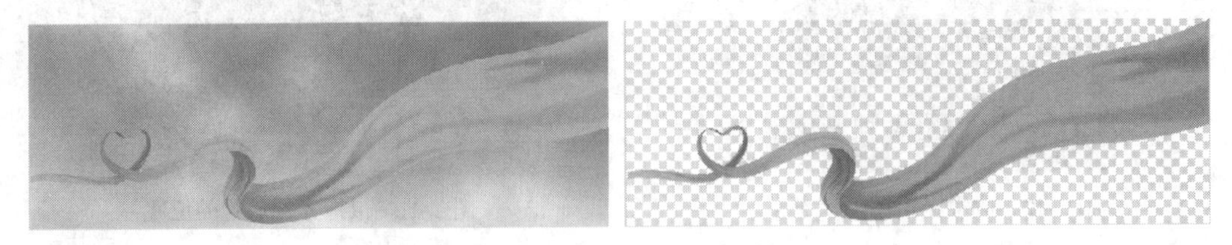

图 2-46 图库素材及选择后的效果

操作步骤

1. 打开素材文件中“图库\第 02 章”目录下的“飘带.jpg”文件。
2. 执行【选择】/【色彩范围】命令，弹出【色彩范围】对话框，如图 2-47 所示。

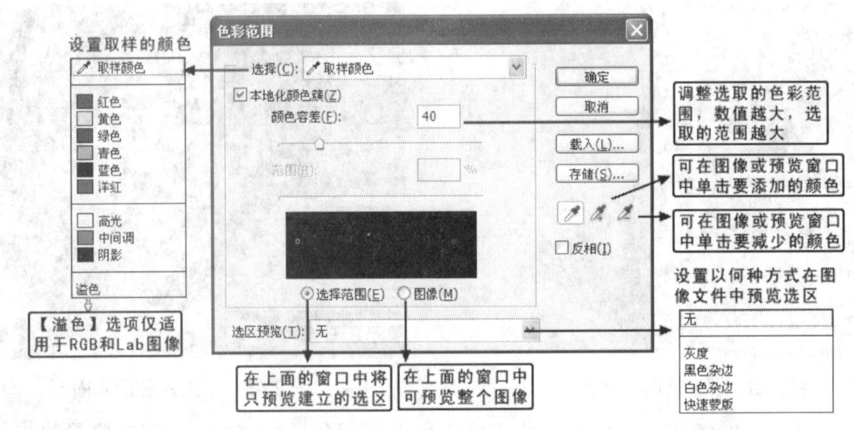

图 2-47 【色彩范围】对话框

3. 确认【色彩范围】对话框中的按钮和【选择范围】选项处于选择状态，将鼠标指针移动到图像中如图 2-48 所示的位置单击，吸取色样。
4. 在【色彩范围】对话框中设置【颜色容差】参数为“200”，此时对话框形态如图 2-49 所示。

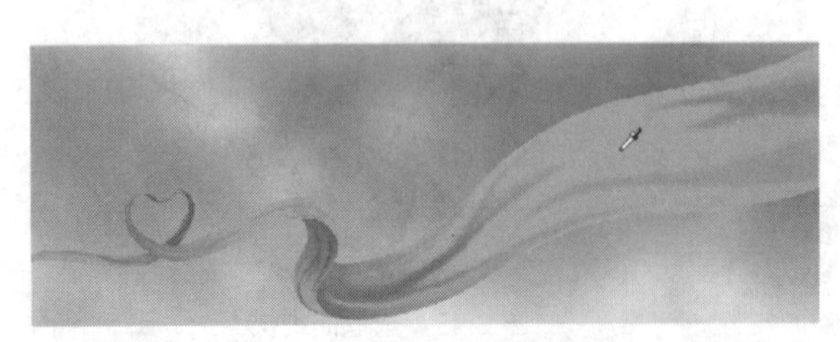

图 2-48 鼠标光标放置的位置

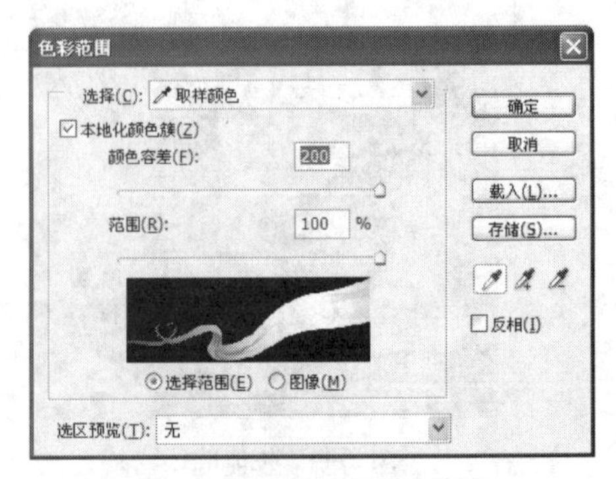

图 2-49 【色彩范围】对话框

提示　【色彩范围】对话框的预览窗口中，显示为白色的区域为选取的图像，显示黑色的区域为不选取的图像，如果显示为灰色，将选取出有透明效果的图像。

5. 激活对话框中的按钮，将鼠标光标移动到如图 2-50 所示的位置单击，添加此处的颜色信息。

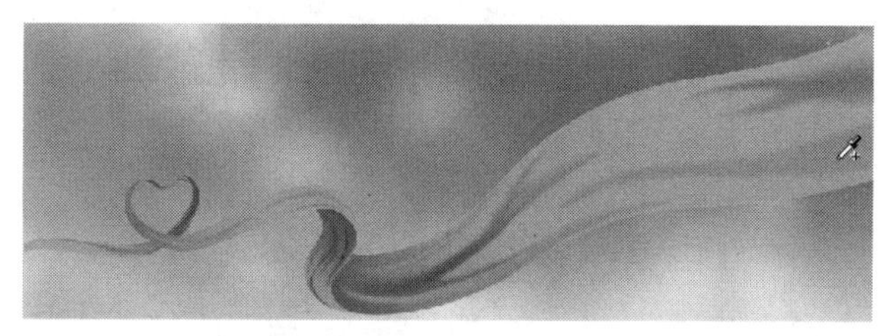

图 2-50　鼠标光标放置的位置

6. 依次移动鼠标光标至其他灰色区域单击，直至【色彩范围】对话框的预览窗口中显示出如图 2-51 所示的图像效果。

7. 单击 确定 按钮，生成的选区如图 2-52 所示。

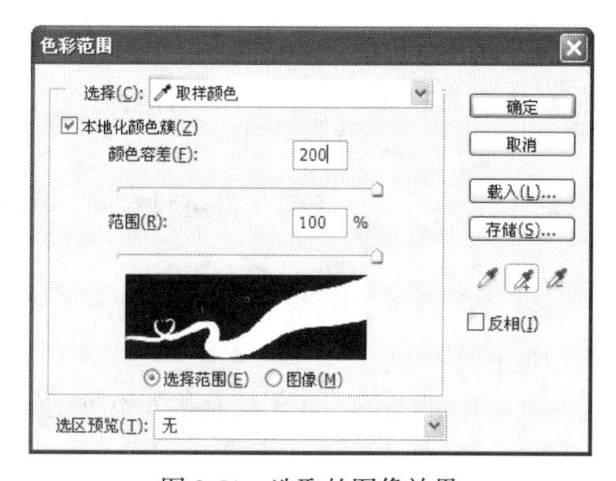

图 2-51　选取的图像效果

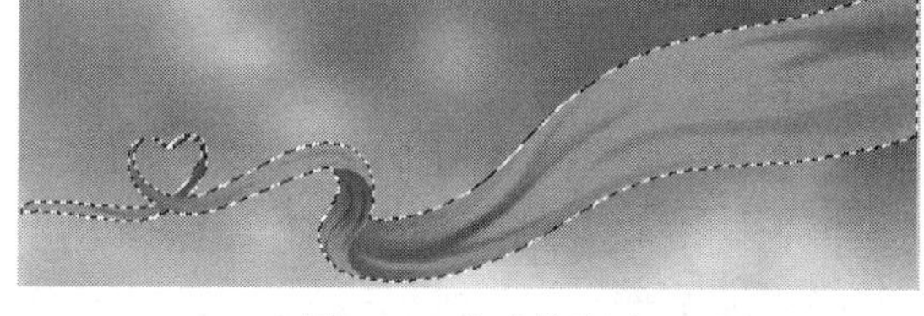

图 2-52　生成的选区

8. 按 Ctrl+J 组合键将选区内的图像通过复制生成一层，然后将背景层隐藏，效果如图 2-53 所示。

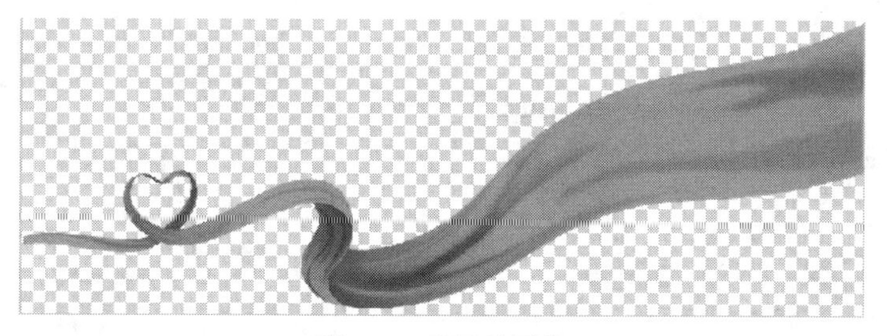

图 2-53　选取的图像

9. 按 Shift+Ctrl+S 组合键，将此文件另命名为“选取飘带.psd”保存。

2.4　设计开业海报

下面将上一节选取的图像进行组合来设计如图 2-54 所示的开业海报。

图 2-54　设计的开业海报

2.4.1　制作海报背景

目的：学习利用选择工具绘制图形，以及利用【移动】工具将多个文件中的图像合并到一个图像文件中。

内容：打开素材文件，然后绘制图形，并利用【移动】工具将多个图像文件进行合并，制作的海报背景如图 2-55 所示。

操作步骤

1. 打开素材文件中“图库\第 02 章”目录下的“底纹.jpg”文件。
2. 选择⬚工具，将鼠标光标移动到图像的下方位置拖曳，绘制出如图 2-56 所示的矩形选区。

图 2-55　制作的海报背景

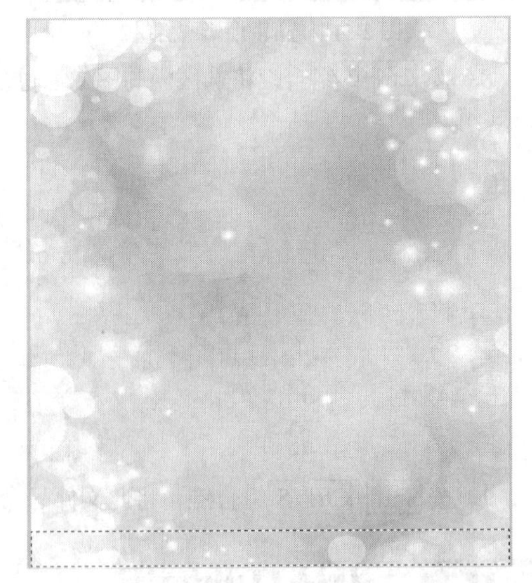

图 2-56　绘制的矩形选区

3. 按住 Shift 键，继续在选区的左上方位置拖曳鼠标光标添加选区，状态如图 2-57 所示。

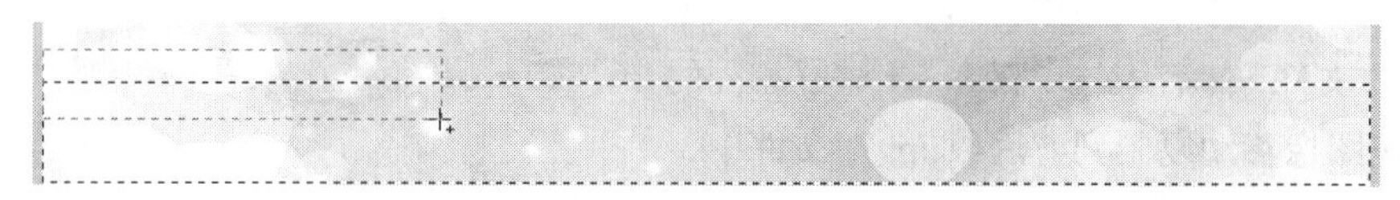

图 2-57　加选区状态

4. 选择◯工具，按住 Shift 键，在如图 2-58 所示的位置拖曳鼠标光标，绘制椭圆形选区。

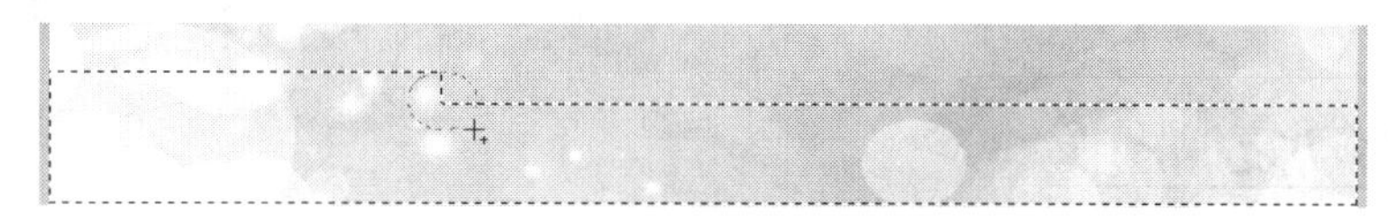

图 2-58　绘制椭圆形选区

5. 释放鼠标左键后，生成的选区形态如图 2-59 所示。

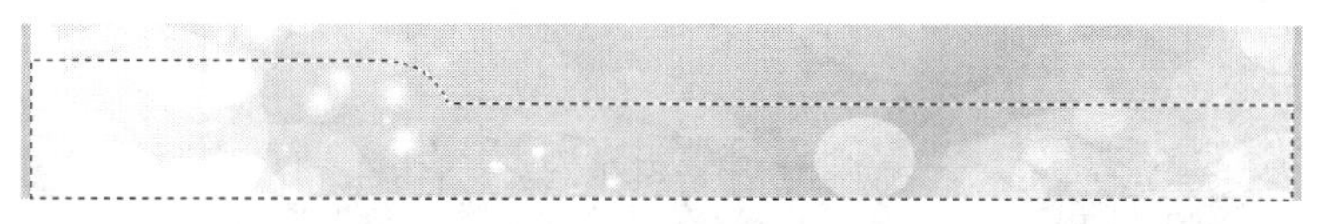

图 2-59　生成的选区形态

6. 单击工具箱中的前景色色块，在弹出的【拾色器（前景色）】对话框中，将颜色设置为紫色（R:185,G:15,B:175），然后单击 确定 按钮。

7. 在【图层】面板中单击下方的 按钮，新建一个图层“图层 1”，然后按 Alt+Delete 组合键，将设置的前景色填充至选区中，如图 2-60 所示。

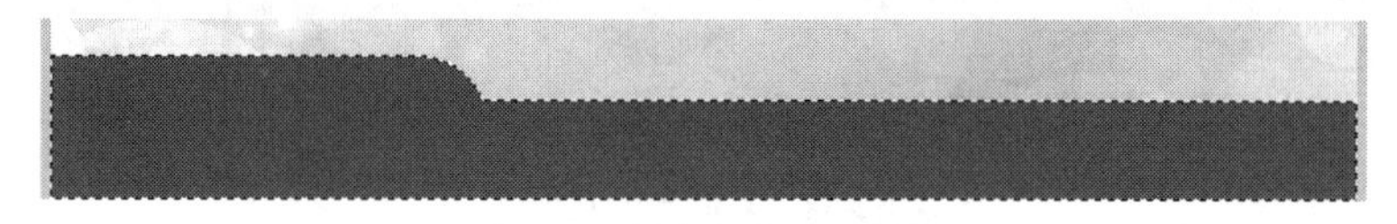

图 2-60　填充颜色后的效果

8. 将 2.3.4 小节保存的“选取飘带.psd”文件打开，然后选择 工具，再将鼠标光标移动到“选取飘带.psd”文件中，按下鼠标左键并向“底纹.jpg”文件中拖曳，状态如图 2-61 所示，释放鼠标左键后，即可将飘带移动复制到底纹文件中。

9. 将鼠标光标移动到飘带图形上，按下鼠标左键并拖曳，可调整飘带在图像文件中的位置，将其调整至如图 2-62 所示的位置。

图 2-61　移动图像状态

图 2-62　飘带调整后的位置

10. 打开素材文件中“图库\第 02 章”目录下的“花.psd”文件，然后用与步骤 8～步骤 9 相同的方法，将花图像移动复制到“底纹.jpg”文件中，并调整至如图 2-63 所示的位置。

11. 按 Ctrl+S 组合键，将此文件命名为“开业海报.psd”保存。

图 2-63 花图像放置的位置

2.4.2 移动复制图像

目的：学习利用【移动】工具复制图像。

内容：利用【移动】工具并结合键盘中的 Alt 键，把单个花图形复制为平铺图案效果，如图 2-64 所示。

图 2-64 复制出的花图案

操作步骤

1. 接上例。
2. 打开 2.3.1 小节保存的“选取花 01.psd”文件，然后利用 工具将其移动复制到开业海报文件中，并放置到如图 2-65 所示的位置。
3. 将鼠标光标移动到花图像位置，然后按住 Alt 键，此时鼠标光标变为黑色三角形，下面重叠带有白色的三角形，如图 2-66 所示。

图 2-65 花图像放置的位置

图 2-66 鼠标光标形态

4. 在不释放 Alt 键的同时，向右拖曳鼠标光标，此时的鼠标光标将变为白色的三角形形状，释放鼠标左键后，即可完成图片的移动复制操作，且在【图层】面板中将自动生成“图层 4 副本”层，复制出的图像及【图层】面板如图 2-67 所示。

图 2-67　复制出的图像及【图层】面板

5. 执行【编辑】/【自由变换】命令（快捷键为 Ctrl+T），在复制图像的周围将显示自由变换框，然后将鼠标光标放置到变换框右上角的控制点上，当鼠标光标显示为双向箭头时按下并向左下方拖曳，将图像缩小调整。

6. 将鼠标光标移动到变换框内，按下鼠标左键并拖曳，可调整图像的位置，将其移动到如图 2-68 所示的位置。

7. 单击属性栏中的✓按钮，完成图像的大小调整，然后用移动复制图像的方法，将其再向右移动复制，如图 2-69 所示。

图 2-68　图像缩小后的形态

图 2-69　移动复制出的图像

8. 再次执行【编辑】/【自由变换】命令，在复制图像的周围显示自由变换框，然后将其缩小调整，并将鼠标光标放置到变换框右上角位置，当鼠标光标显示为旋转符号时向下拖曳，将图像旋转调整，如图 2-70 所示。

注意，在调整图像的大小时，要将鼠标光标放置到变换框的控制点上，要旋转图像时，是要将鼠标光标放置到变换框的外侧。

9. 单击属性栏中的✓按钮，完成图像的大小及角度调整，然后将其移动到画面的右上角位置，如图 2-71 所示。

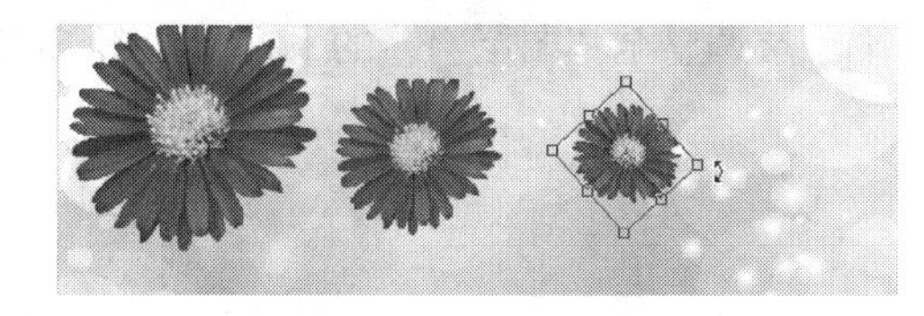

图 2-70　调整图像状态

图 2-71　图像放置的位置

10. 在【图层】面板中，单击“图层 4”，将该图层设置为工作层，然后用与以上相同的移动复制图像并调整的方法，再次复制花图形，然后移动到如图 2-72 所示的位置。

图 2-72　复制出的花图形

在移动复制图像之前，先将“图层 4”设置为工作层，是因为要复制大的图像再将其调小；如果在小图像的基础上复制图像，再利用【自由变换】命令将图像调大，图像将变得模糊。这一点，希望读者注意。

11. 再次移动复制图像，并调整大小及角度，然后在【图层】面板中，将该图层的【不透明度】参数设置为“50%”，效果如图 2-73 所示。

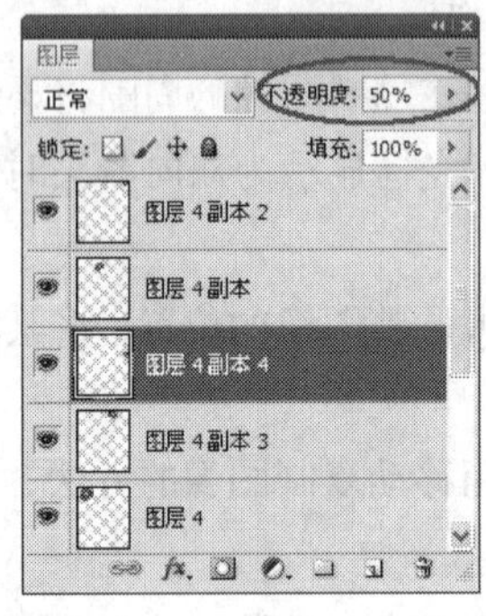

图 2-73　设置的参数及图像效果

12. 打开 2.3.2 小节保存的“选取花 02.psd”文件，然后利用工具将其移动复制到开业海报文件中。

13. 执行【图层】/【排列】/【置为顶层】命令，将生成的图层调整至所有图层的上方，然后将其移动到如图 2-74 所示的位置。

14. 用移动复制图层的方法将花形图再向左移动复制，如图 2-75 所示。

图 2-74　花图形放置的位置

图 2-75　复制出的图形

15. 在【图层】面板中生成的“图层 5 副本”层上按下鼠标左键并向下拖曳，至如图 2-76 所示的位置和状态时释放鼠标左键，将“图层 5 副本”层调整至“图层 4”的下方，如图 2-77 所示，画面效果如图 2-78 所示。

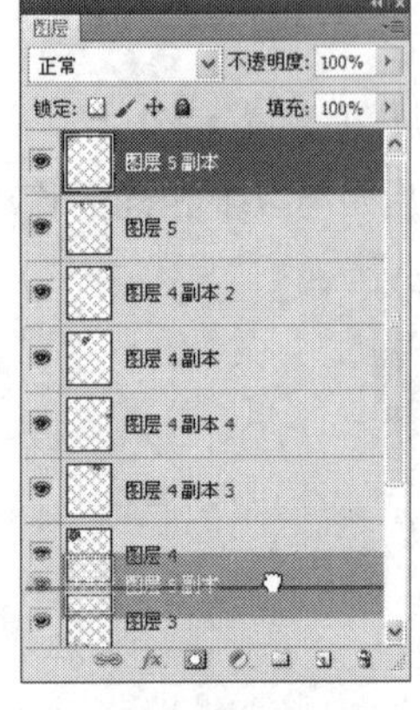

图 2-76　调整图层状态

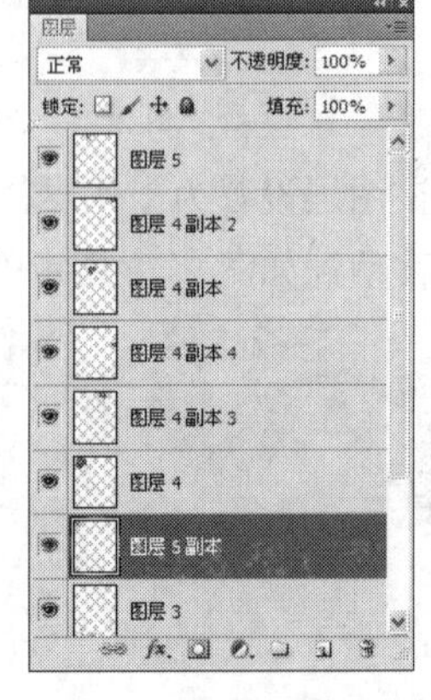

图 2-77　调整后的形态

图 2-78　图像调整堆叠顺序后的效果

16. 将“图层 5”设置为工作层，然后依次复制出如图 2-79 所示的花图形。

17. 打开 2.3.2 小节保存的“选取花 03.psd”文件，然后利用工具将其移动复制到开业海报文件中，并利用与上面相同的移动复制操作，依次复制出如图 2-80 所示的花图形。

图 2-79　复制出的花图形

图 2-80　复制出的花图形

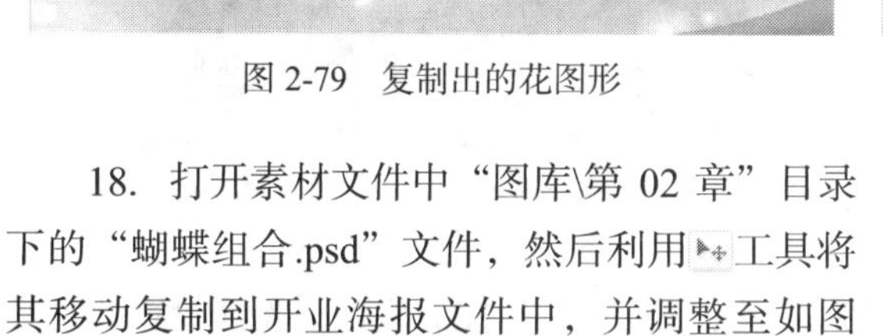

18. 打开素材文件中“图库\第 02 章”目录下的“蝴蝶组合.psd”文件，然后利用工具将其移动复制到开业海报文件中，并调整至如图 2-81 所示的位置。

19. 按 Ctrl+S 组合键，保存文件。

图 2-81　蝴蝶图形放置的位置

2.4.3　输入文字

目的：学习利用【文字】工具输入文字并编辑。

内容：利用【文字】工具在海报文件中输入文字并编辑，制作出如图 2-82 所示的海报效果。

图 2-82　输入的文字

操作步骤

1. 接上例。

2. 选择T工具，并单击属性栏中的按钮，然后在弹出的【字符】面板中设置各选项，如图 2-83 所示。

3. 将鼠标光标移动到画面中单击，确定输入文字的起点，然后选择合适的中文输入法，依次输入“盛大开业”文字，输入后单击属性栏中的✓按钮，即可完成文字的输入操作，文字效果如图 2-84 所示。

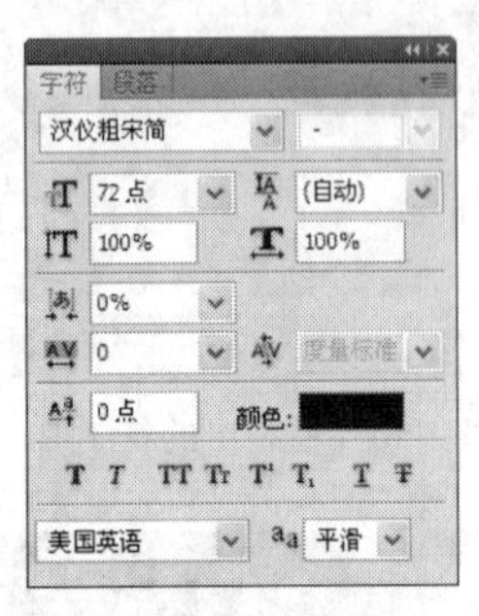

图 2-83　设置的字符选项

图 2-84　输入的文字

4. 执行【编辑】/【变换】/【倾斜】命令，为文字添加变换框，然后将鼠标光标放置到变换框右侧中间的控制点上，按下鼠标左键并向上拖曳，将文字进行倾斜调整，状态如图 2-85 所示。

5. 单击属性栏中的✓按钮完成文字的倾斜操作，文字效果如图 2-86 所示。

图 2-85　倾斜文字状态

图 2-86　文字倾斜后的效果

6. 选择T工具，将鼠标光标移动到“盛”和“大”文字的中间位置，当鼠标光标显示为插入符号时按下鼠标左键向右拖曳，将“大”字选中。

7. 在【字符】面板中，调整文字的【字号】及【基线偏移】值，如图 2-87 所示，文字效果如图 2-88 所示。

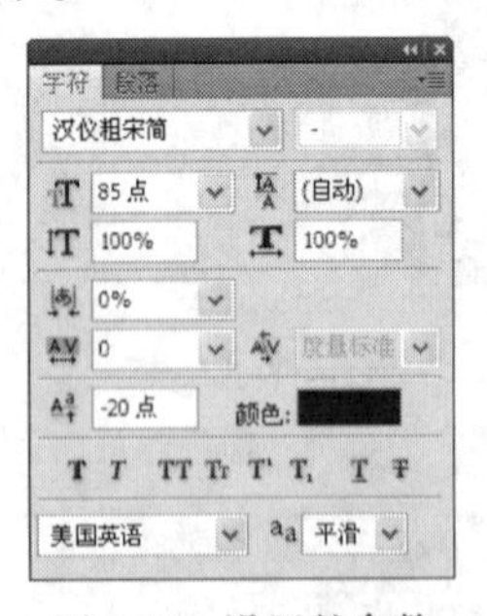

图 2-87　设置的参数

图 2-88　文字调整后的效果

8. 单击属性栏中的✓按钮，完成文字的调整操作，然后单击属性栏中的颜色色块，在弹出的【选择文本颜色】对话框中将颜色设置为红色（R:255,G:0,B:0）。

9. 单击 确定 按钮，将文字的颜色修改为红色。

10. 执行【图层】/【图层样式】/【投影】命令，弹出【图层样式】对话框，设置选项及参数如图 2-89 所示。

11. 在【图层样式】对话框中，单击左侧的【描边】选项，然后设置描边参数如图 2-90 所示，【颜色】为白色。

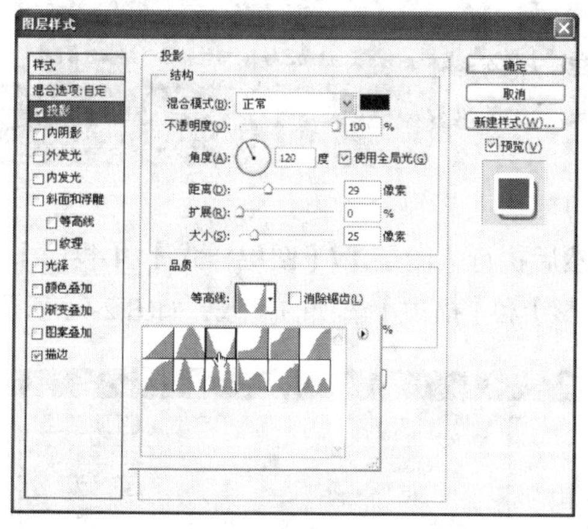

图 2-89　设置的投影参数

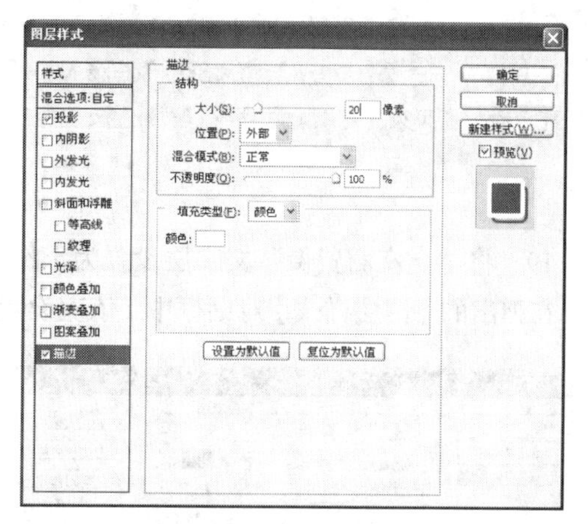

图 2-90　设置的描边参数

12. 单击 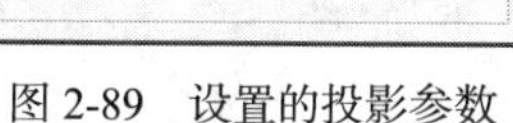 按钮，文字添加图层样式后的效果如图 2-91 所示。

13. 继续利用 T 工具及【倾斜】操作，输入如图 2-92 所示的数字。

图 2-91　添加图层样式后的效果

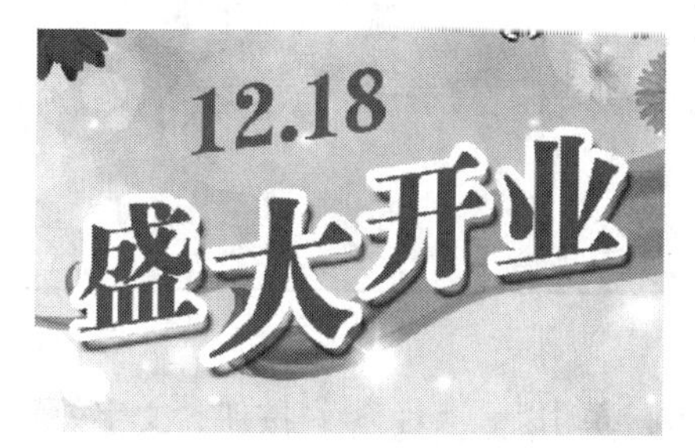

图 2-92　输入的数字

14. 在【图层】面板中的“盛大开业”文字层上单击鼠标右键，然后在弹出的菜单中选择【拷贝图层样式】命令。

15. 在“12.18”文字层上单击鼠标右键，在弹出的菜单中选择【粘贴图层样式】命令，将“盛大开业”文字的图层样式粘贴至“12.18”图层中，文字效果如图 2-93 所示。

16. 打开 2.3.3 小节保存的“选取蝴蝶.psd”文件，然后利用工具将其移动复制到开业海报文件中。

17. 执行【编辑】/【变换】/【水平翻转】命令，将蝴蝶图形在水平方向上翻转，然后调整至如图 2-94 所示的大小及位置。

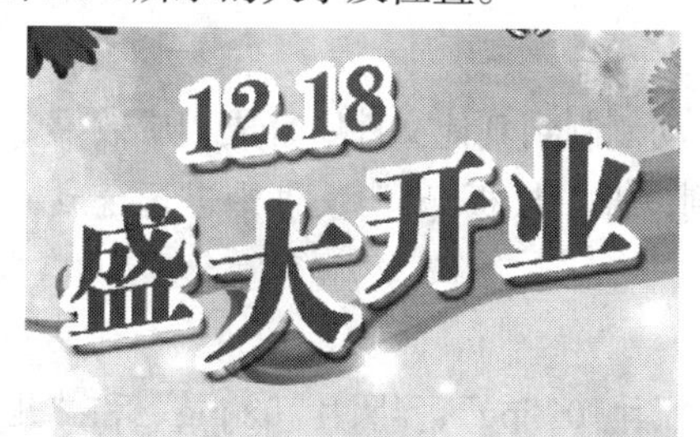

图 2-93　粘贴图层样式后的效果

图 2-94　蝴蝶图形调整后的大小及位置

18. 继续利用T工具在画面的下方依次输入如图 2-95 所示的文字。

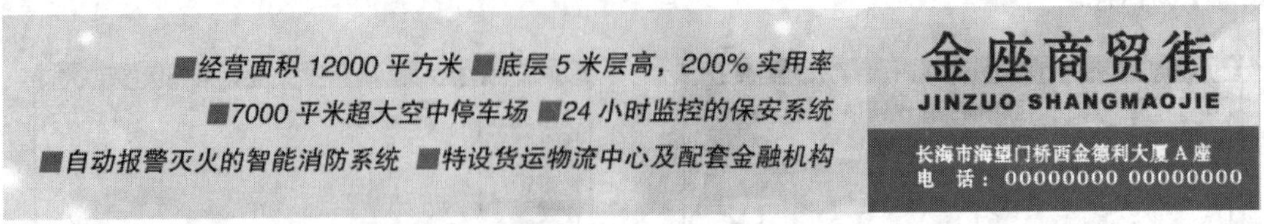

■经营面积 12000 平方米 ■底层 5 米层高，200% 实用率
■7000 平米超大空中停车场 ■24 小时监控的保安系统
■自动报警灭火的智能消防系统 ■特设货运物流中心及配套金融机构
金座商贸街
JINZUO SHANGMAOJIE
长海市海望门桥西金德利大厦 A 座
电 话：00000000 00000000

图 2-95 输入的文字

19. 将“金座商贸街”文字层设置为工作层，然后执行【图层】/【图层样式】/【投影】命令，在弹出的【图层样式】对话框中，依次设置【投影】和【描边】选项的参数，如图 2-96 所示。

图层样式
样式
混合选项:默认
投影
内阴影
外发光
内发光
斜面和浮雕
等高线
纹理
光泽
颜色叠加
渐变叠加
图案叠加
描边
投影
结构
混合模式(B): 正片叠底
不透明度(O): 100 %
角度(A): 120 度 使用全局光(G)
距离(D): 10 像素
扩展(R): 0 %
大小(S): 5 像素
品质
等高线: 消除锯齿(L)
杂色(N): 0 %
图层挖空投影(U)
设置为默认值 复位为默认值
确定
取消
新建样式(W)...
预览(V)
描边
结构
大小(S): 6 像素
位置(P): 外部
混合模式(B): 正常
不透明度(O): 100 %
填充类型(F): 颜色
颜色:

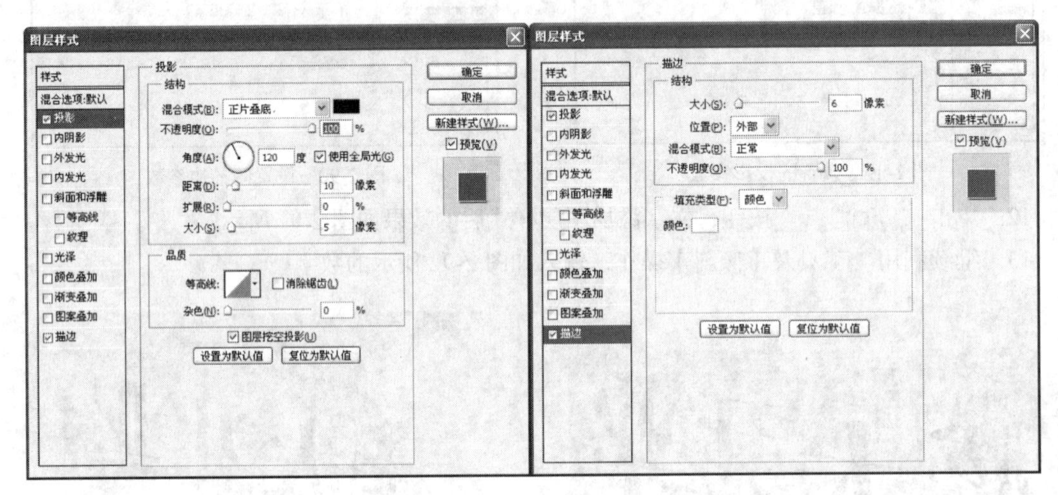

图 2-96 图层样式参数设置

20. 单击 确定 按钮，文字效果如图 2-97 所示。

21. 至此，开业海报设计完成，按Ctrl+S组合键，保存文件。

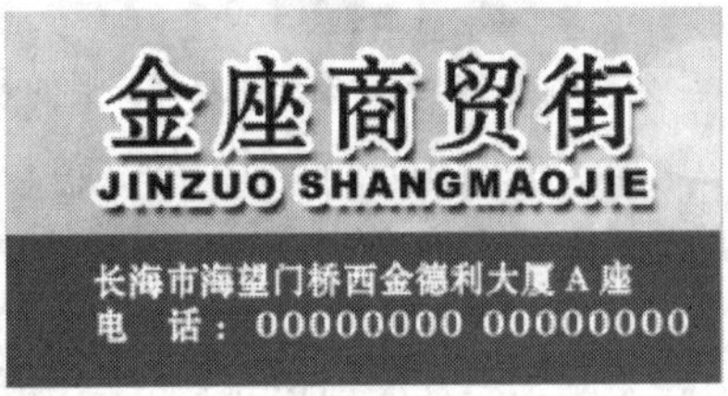

金座商贸街
JINZUO SHANGMAOJIE
长海市海望门桥西金德利大厦 A 座
电 话：00000000 00000000

图 2-97 添加图层样式后的效果

2.5 课堂实训

下面灵活运用本章所学的工具和菜单命令来进行案例操作。

2.5.1 椭圆选框工具练习

目的：学习利用【椭圆选框】工具选择图像，并移动复制到其他文件中合成相册效果。

内容：打开图库素材，选择圆形图像后移动复制到“儿童模板.jpg”文件中进行合成，素材图片及合成后的效果如图 2-98 所示。

操作步骤

1. 打开素材文件中“图库\第 02 章”目录下的“照片 01.jpg”、“照片 02.jpg”和“儿童模板.jpg”文件。

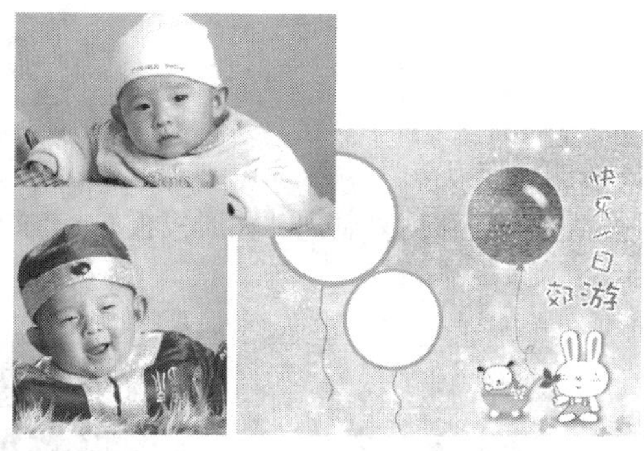

图 2-98　打开的素材文件及制作的相册效果

2. 选择工具，单击“照片 01.jpg”文件，将其设置为工作文件，然后按住 Shift 键，按住鼠标左键并拖曳绘制选区，选择如图 2-99 所示的图像。

3. 选择工具，将鼠标光标移动到选区内按下鼠标左键并拖曳，将选择的图像移动复制到如图 2-100 所示的“儿童模板.jpg”文件中。

图 2-99　绘制的圆形选区

图 2-100　移动复制到该图中的图像

4. 勾选属性栏中的显示变换控件复选框，按住 Shift 键，在变换框中任意一个角控制点上按下鼠标左键，向变换框内部拖曳，等比例缩小图像，直至如图 2-101 所示的大小及位置。

5. 单击属性栏中的按钮，确定图片等比例缩小操作。

6. 使用相同的操作方法，选择“照片 02.jpg”文件中的宝宝图像，也移动复制到“儿童模版.jpg”文件中并调整大小，如图 2-102 所示。

图 2-101　等比例缩小图像

图 2-102　移动复制到该文件中的图像

7. 按 Shift+Ctrl+S 组合键，将此文件命名为“椭圆选框工具练习.psd”另存。

2.5.2 套索工具练习

目的：学习利用【套索】工具选择并合成图像的操作方法。

内容：打开图库素材，利用【套索】工具选择图像后移动复制到"相册模板.jpg"文件中合成图像，素材图片及合成后的效果如图 2-103 所示。

图 2-103 打开的素材文件及制作的相册效果

操作步骤

1. 打开素材文件中"图库\第 02 章"目录下的"照片 03.jpg"、"照片 04.jpg"和"相册模板.jpg"文件。

2. 选择工具，在属性栏中设置 羽化: 50 px 参数为"50"像素，单击"照片 04.jpg"文件，将其设置为工作文件，然后绘制如图 2-104 所示的选区。

3. 选择工具，将选择的图像移动复制到"相册模板.jpg"文件中，如图 2-105 所示。

图 2-104 绘制的选区

图 2-105 移动复制的图像

4. 在【图层】面板中将图层混合模式设置为"叠加"，设置【不透明度】参数为"70%"，图像效果及【图层】面板如图 2-106 所示。

5. 将"照片 03.jpg"文件设置为工作文件，选择工具，在人物的手位置按下鼠标左键并拖曳，将该区域放大显示。

6. 选择工具，在属性栏中设置【宽度】参数为"10"像素、【对比度】为"10%"、【频率】为"80"，在手指位置单击，然后沿着手轮廓移动鼠标光标，此时将在手轮廓位置自动添加选区的紧固点，如图 2-107 所示。

图 2-106　合成效果

图 2-107　添加的紧固点

7. 当鼠标光标移动到文件窗口边缘位置时，按下键盘中的 Space 键，此时鼠标光标将切换为形状，按下鼠标左键并拖曳，可以平移图像在文件窗口中的显示位置。

8. 继续沿人物图像的轮廓边缘添加绘制选区，当移动到选区的起点位置时，在鼠标光标的右下角将出现如图 2-108 所示的小圆圈符号。

9. 此时单击就可以把绘制的选区闭合，双击工具，将文件中的图像全部显示，如图 2-109 所示。

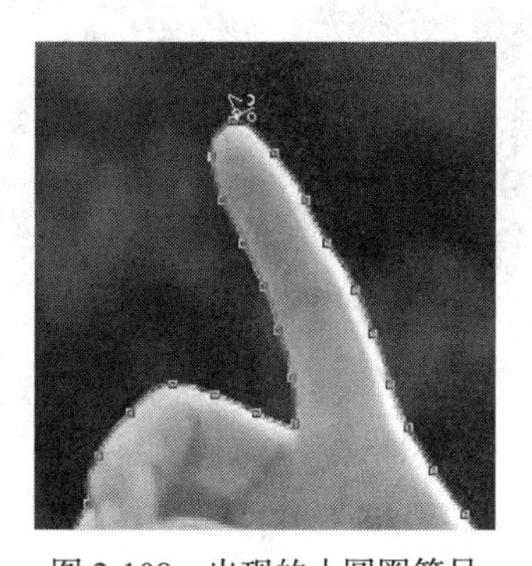

图 2-108　出现的小圆圈符号

图 2-109　选择的人物

10. 利用工具将选择的图像移动复制到“相册模板.jpg”文件中，调整大小后放置在如图 2-110 所示的位置。

11. 利用工具局部放大图像，观察刚选择图像的边缘，发现在人物的轮廓边缘会留有一定的黑边，如图 2-111 所示。

图 2-110　移动复制的图像

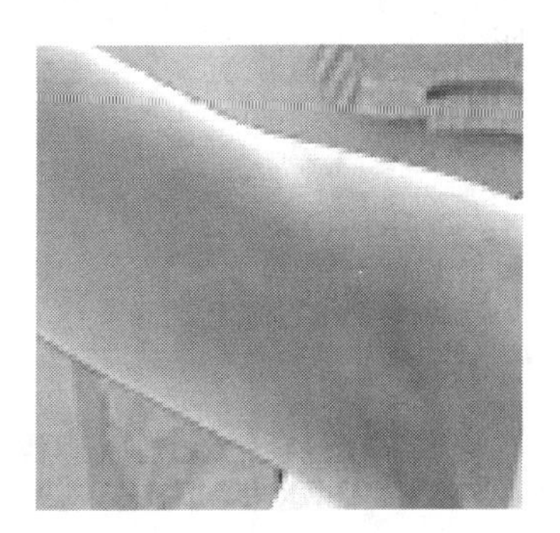

图 2-111　显示的黑边效果

12. 执行【图层】/【修边】/【去边】命令，在弹出的【去边】对话框中设置【宽度】参数如图 2-112 所示。

13. 单击 确定 按钮，去除黑边后的效果如图 2-113 所示。

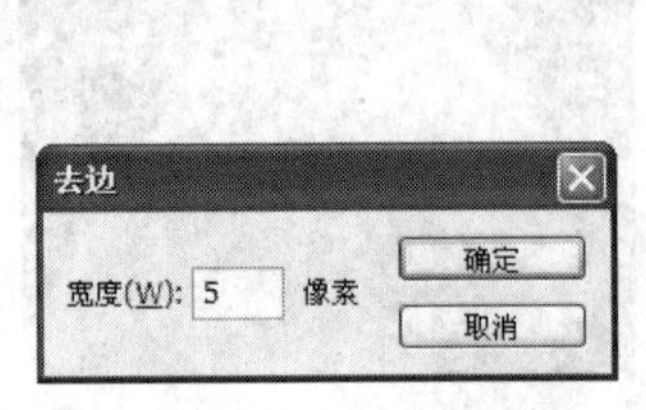

图 2-112 【去边】对话框

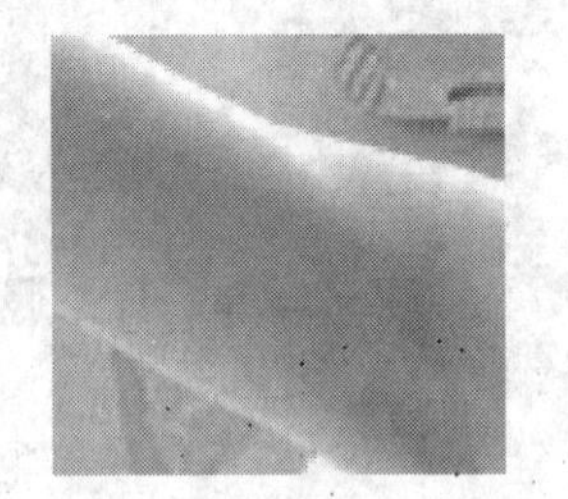
图 2-113 去除黑边后的效果

14. 执行【图层】/【图层样式】/【外发光】命令，在弹出的【图层样式】对话框中设置各项参数如图 2-114 所示。单击 确定 按钮，添加的外发光效果如图 2-115 所示。

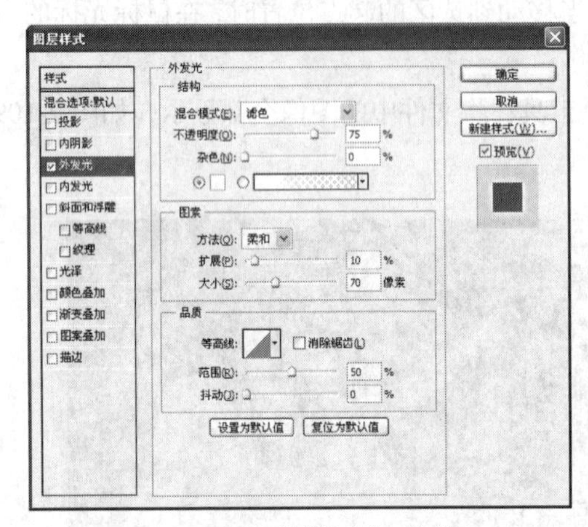

图 2-114 【图层样式】对话框

图 2-115 外发光效果

15. 按 Shift+Ctrl+S 组合键，将此文件命名为“套索工具练习.psd”另存。

2.5.3 移动复制操作练习

目的：学习利用【移动】工具复制图像。

内容：利用【移动】工具并结合键盘中的 Alt 键，把单个标志图形复制为平铺图案效果，如图 2-116 所示。

图 2-116 标志及复制出的图案效果

操作步骤

1. 新建一个【宽度】为“30”厘米、【高度】为“20”厘米、【分辨率】为“120”像素/英寸、【颜色模式】为“RGB 颜色”、【背景内容】为“白色”的文件。

2. 打开素材文件中“图库\第 02 章”目录下的“标志.psd”文件。

3. 利用工具将标志移动复制到新建文件中，执行【编辑】/【变换】/【缩放】命令，此时在标志图形的周围将显示变形框。

4. 激活属性栏中的按钮，然后将【W】选项的值设置为“60”，单击按钮，将标志图形等比例缩小调整。

5. 将缩小后的标志图形移动到画面的左上角位置，然后按住 Alt 键，同时向右下方拖曳鼠标光标，如图 2-117 所示。

6. 释放鼠标左键后，即可完成图片的移动复制操作，在【图层】面板中将自动生成“图层 1 副本”层，如图 2-118 所示。

图 2-117 移动复制图形

图 2-118 【图层】面板

7. 使用相同的移动复制操作，在画面中连续复制出多个标志图形，组成标志图案效果，如图 2-119 所示。

8. 在【图层】面板中单击“背景”层左侧的图标，将“背景”层隐藏。

9. 执行【图层】/【合并可见图层】命令，将复制出的所有标志图层合并成一个图层，然后再单击“背景”层左侧的图标，将“背景”层显示。

10. 通过设置【图层】面板中合并后图层的【不透明度】参数，可以得到不同层次的透明标志效果，如图 2-120 所示。此类效果一般作为包装设计的底纹图案来应用。

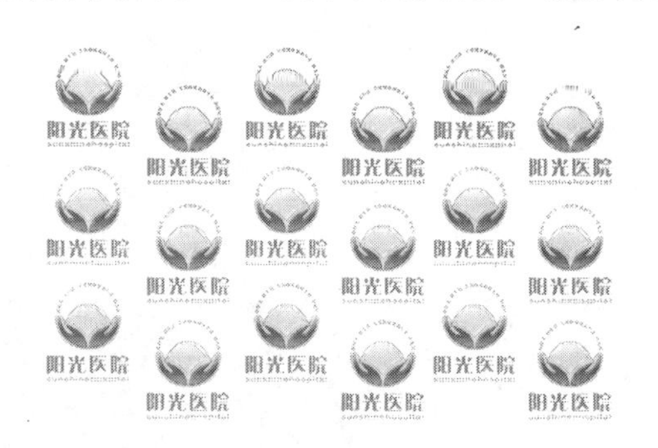

图 2-119 复制出的标志图案

图 2-120 设置不透明度后的效果

11. 按 Shift+Ctrl+S 组合键，将当前文件命名为“标志图案.psd”另存。

2.6 课后练习

用与制作开业海报相同的方法，制作出如图 2-121 所示的手机广告。用到的素材图片分别为“图库\第 02 章”目录下名为“背景.jpg”、“礼花.jpg”、“贺岁.jpg”、“福.jpg”、“星光.psd”、“手机 01.jpg”、“手机 02.jpg”、“手机 03.jpg”、“手机 04.jpg”和“手机 05.jpg”的文件。

图 2-121 设计的手机广告

第3章

绘画和编辑图像

本章以设计一幅婚纱相册中的照片为例，详细介绍【画笔】工具及【修复】工具的应用。主要包括【画笔】工具、【污点修复画笔】工具、【修复画笔】工具、【修补】工具、【橡皮擦】工具及【历史记录画笔】工具等。通过本章的学习，可以让读者掌握各种【修复】工具的运用及其他辅助工具的使用方法。

3.1 画笔工具组

画笔工具组中包括【画笔】工具、【铅笔】工具、【颜色替换】工具和【混合器画笔】工具，这4个工具的主要功能是绘制图形和修改图像颜色，灵活运用好绘画工具，可以绘制出各种各样的图像效果，使设计者的思想被最大限度地表现出来。

3.1.1 【画笔】工具

【画笔】工具的属性栏如图3-1所示。

图3-1 【画笔】工具的属性栏

- 【画笔】选项：用来设置画笔笔头的形状及大小，单击右侧的按钮，会弹出如图3-2所示的【画笔】选项面板。
- 【切换画笔面板】按钮：单击此按钮，可弹出【画笔】面板。
- 【模式】选项：可以设置绘制的图形与原图像的混合模式。
- 【不透明度】选项：用来设置画笔绘画时的不透明度，可以直接输入数值，也可以通过单击此选项右侧的按钮，再拖动弹出的滑块来调节。
- 【流量】选项：决定画笔在绘画时的压力大小，数值越大画出的颜色越深。

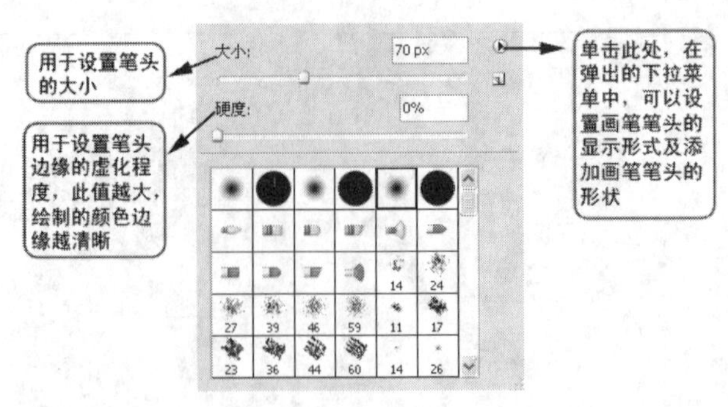

图 3-2 【画笔】选项面板

- 【喷枪】按钮：激活此按钮，使用画笔绘画时，绘制的颜色会因鼠标的停留而向外扩展，画笔笔头的硬度越小，效果越明显。

3.1.2 【铅笔】工具

【铅笔】工具的属性栏如图 3-3 所示。

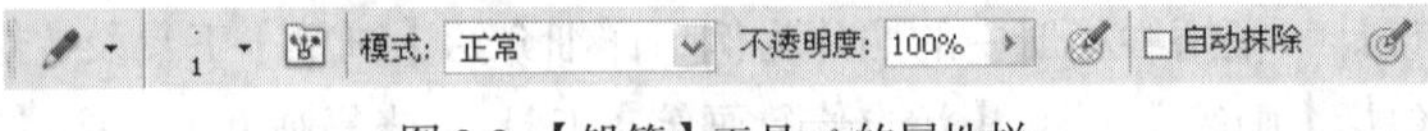

图 3-3 【铅笔】工具的属性栏

【铅笔】工具的属性栏中有一个【自动抹除】选项，这是该工具所具有的特殊功能，如果勾选了此项，在图像内与工具箱中的前景色相同的颜色区域绘画时，铅笔会自动擦除此处的颜色而显示背景色；如在与前景色不同的颜色区绘画时，将以前景色的颜色显示。

3.1.3 【颜色替换】工具

利用【颜色替换】工具可以对特定的颜色进行快速替换，同时保留图像原有的纹理。颜色替换后的图像颜色与工具箱中当前的前景色有关，所以在使用该工具时，首先要在工具箱中设定需要的前景色，或按住 Alt 键，在图像中直接设置色样，然后在属性栏中设置合适的选项后，在图像中拖曳鼠标光标，即可改变图像的色彩效果。如图 3-4 所示。

图 3-4 颜色替换效果对比

【颜色替换】工具的属性栏如图 3-5 所示。

图 3-5 【颜色替换】工具的属性栏

- 【画笔】选项：可以设置画笔笔尖的大小和形态。
- 【模式】选项：可以设置替换颜色与原图的混合模式。
- 【取样】按钮：用于指定替换颜色取样区域的大小。激活【连续】按钮，将连续取样来对鼠标光标经过的位置替换颜色；激活【一次】按钮，只替换第一次单击取样区域的颜色；激活【背景色板】按钮，只替换画面中包含有背景色的图像区域。
- 【限制】选项 限制: 连续 ：用于限制替换颜色的范围。选择【不连续】选项，将替换出现在鼠标光标下任何位置的颜色；选择【连续】选项，将替换与紧挨鼠标光标下的颜色邻近的颜色；选择【查找边缘】选项，将替换包含取样颜色的连接区域，同时更好地保留图像边缘的锐化程度。
- 【容差】选项：指定替换颜色的精确度，此值越大，替换的颜色范围越大。
- 【消除锯齿】选项：可以为替换颜色的区域指定平滑的边缘。

3.1.4　【混合器画笔】工具

【混合器画笔】工具是 Photoshop CS5 版本中新增加的工具，它可以借助混色器画笔和毛刷笔尖，创建逼真、带纹理的笔触，轻松地将图像转变为绘图或创建独特的艺术效果。图 3-6 所示为原图片及处理后的绘画效果。

图 3-6　原图片及处理后的绘画效果

【混合器画笔】工具的使用方法非常简单：选择工具，然后设置合适的笔头大小，并在属性栏中设置好各项参数后，在画面中拖动鼠标光标，即可将照片涂抹成水粉画效果。

【混合器画笔】工具的属性栏如图 3-7 所示。

图 3-7　混合器画笔工具的工具选项栏

- 【当前画笔载入】按钮：可重新载入画笔、清除画笔或载入需要的颜色，让它和涂抹的颜色进行混合。具体的混合结果可通过后面的设置值进行调整。
- 【每次描边后载入画笔】按钮和【每次描边后清理画笔】按钮：控制每一笔涂抹结束后对画笔是否更新和清理。类似于在绘画时，一笔过后是否将画笔在水中清洗。
- 自定 ：单击此窗口，将弹出下拉列表，可以选择预先设置好的混合选项。当选择某一种混合选项时，右边的 4 个选项设置值会自动调节为预设值。

【潮湿】选项：设置从画布拾取的油彩量。

【载入】选项：设置画笔上的油彩量。

【混合】选项：设置颜色混合的比例。

【流量】选项：设置描边的流动速率。

3.1.5 【画笔】面板

按 F5 键或单击属性栏中的按钮，打开如图 3-8 所示的【画笔】面板。该面板由三部分组成，左侧部分主要用于选择画笔的属性；右侧部分用于设置画笔的具体参数；最下面部分是画笔的预览区域。在设置画笔时，先选择不同的画笔属性，然后在其右侧的参数设置区中设置相应的参数，就可以将画笔设置为不同的形状。

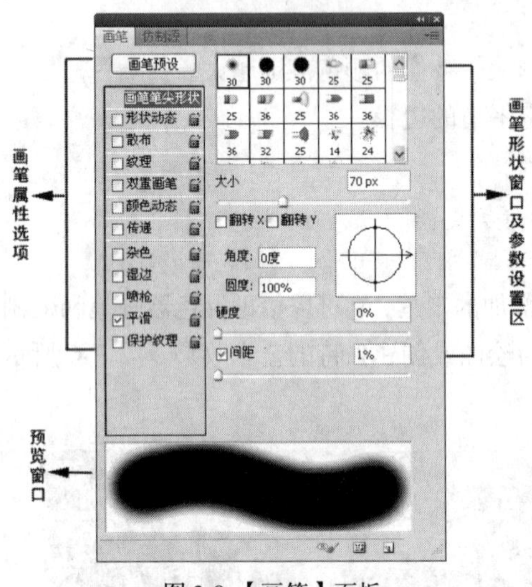

图 3-8 【画笔】面板

- 【画笔预设】选项：用于查看、选择和载入预设画笔。拖动画笔笔尖形状窗口右侧的滑块可以浏览其他形状。
- 【画笔笔尖形状】选项：用于选择和设置画笔笔尖的形状，包括角度、圆度等。
- 【形状动态】选项：用于设置随着画笔的移动笔尖形状的变化情况。
- 【散布】选项：决定是否使绘制的图形或线条产生一种笔触散射效果。
- 【纹理】选项：可以使画笔产生图案纹理效果。
- 【双重画笔】选项：可以设置两种不同形状的画笔来绘制图形，首先通过【画笔笔尖形状】设置主笔刷的形状，再通过【双重画笔】设置次笔刷的形状。
- 【颜色动态】选项：可以将前景色和背景色进行不同程度的混合，通过调整颜色在前景色和背景色之间的变化情况以及色相、饱和度和亮度的变化，绘制出具有各种颜色混合效果的图形。
- 【传递】选项：用于设置画笔的不透明度和流量的动态效果。
- 【杂色】选项：可以在绘制的图形中添加杂色效果。
- 【湿边】选项：可以在绘制的图形边缘出现湿润边的效果。
- 【喷枪】选项：相当于激活属性栏中的按钮，使画笔具有喷枪的性质。
- 【平滑】选项：可以使画笔绘制的颜色边缘较平滑。
- 【保护纹理】选项：可以对所有的画笔执行相同的纹理图案和缩放比例。当使用多个画笔时，可模拟一致的画布纹理。

3.2 图像修复工具

Photoshop 工具箱中的修复工具从推出之日起，就一直倍受广大用户的欢迎。【污点修复画笔】工具、【修复画笔】工具、【修补】工具和【红眼】工具 4 种工具都可以用来修复有缺陷的图像。

3.2.1 【污点修复画笔】工具

【污点修复画笔】工具可以快速移去照片中的污点和其他不理想的部分。它可以自动从修复位置的周围取样，然后将取样像素复制到当前要修复的位置，并将取样像素的纹理、光照、透明度和阴影与所修复的像素相匹配，从而达到自然的修复效果。

在工具箱中选择【污点修复画笔】工具，属性栏如图 3-9 所示。

图 3-9 【污点修复画笔】工具属性栏

- 单击【画笔】框右侧的·按钮，弹出【笔头】设置面板。此面板主要用于设置工具使用画笔的大小和形状，其参数与前面所讲的【画笔】面板中笔尖选项的参数相似，功能较为明确，此处不再赘述。
- 【模式】选项：用来选择修补的图像与原图像以何种模式进行混合。
- 【类型】选项：选择【近似匹配】单选项，将自动选择相匹配的颜色来修复图像的缺陷；选择【创建纹理】单选项，在修复图像缺陷后会自动生成一层纹理。选择【内容识别】单选项，系统将自动搜寻附近的图像内容，不留痕迹地填充修复区域，同时保留图像的关键细节。
- 【对所有图层取样】：勾选此复选框，可以在所有可见图层中取样；不勾选此项，将只能在当前层中取样。

3.2.2 【修复画笔】工具

【修复画笔】工具与【污点修复画笔】工具的修复原理基本相似，都是将没有缺陷的图像部分与被修复位置有缺陷的图像进行融合，得到理想的匹配效果。但使用【修复画笔】工具时需要先设置取样点，即按住 Alt 键用鼠标光标在取样点位置单击（单击处的位置为复制图像的取样点），松开 Alt 键，然后在需要修复的图像位置按住鼠标左键拖曳，即可对图像中的缺陷进行修复，并使修复后的图像与取样点位置图像的纹理、光照、阴影和透明度相匹配，从而使修复后的图像不留痕迹地融入图像中。

在工具箱中选择【修复画笔】工具，属性栏如图 3-10 所示。

图 3-10 【修复画笔】工具属性栏

- 【源】：选择【取样】单选项，然后按住 Alt 键在适当位置单击，可以将该位置的图像定义为取样点，以便用定义的样本来修复图像；选择【图案】单选项，可以在其右侧打开的图案列表中选择一种图案来与图像混合，得到图案混合的修复效果。
- 【对齐】选项：勾选此复选框，将进行规则图像的复制，即多次单击或拖曳鼠标光标，最终将复制出一个完整的图像，若想再复制一个相同的图像，必须重新取样；若不勾选此项，则进行不规则复制，即多次单击或拖曳鼠标光标，每次都会在相应位置复制一个新图像。
- 【样本】：设置从指定的图层中取样。选择【当前图层】选项时，是在当前图层中取样；选择【当前和下方图层】选项时，是从当前图层及其下方图层中的所有可见图层中取样；选择【所有图层】选项时，是从所有可见图层中取样。如激活右侧的【忽略调整图层】按钮，将从调整层以外的可见层中取样。选择【当前图层】选项时，此按钮不可用。

3.2.3 【修补】工具

利用【修补】工具，可以用图像中相似的区域或图案，来修复有缺陷的部位或制作合成效果。与【修复画笔】工具一样，【修补】工具会将设定的样本纹理、光照和阴影与被修复图像区域进行混合，从而得到理想的效果。

【修补】工具的属性栏如图 3-11 所示。

图 3-11 【修补】工具属性栏

- 【新选区】按钮、【添加到选区】按钮、【从选区减去】按钮和【与选区交叉】按钮的功能，与选框工具属性栏中相应按钮的功能相同。
- 【修补】选项：选择【源】单选项，将用图像中指定位置的图像来修复选区内的图像，即将鼠标光标放置在选区内，将其拖曳到用来修复图像的指定区域，释放鼠标左键后会自动用指定区域的图像来修复选区内的图像；选择【目标】单选项，将用选区内的图像修复图像中的其他区域，即将鼠标光标放置在选区内，将其拖曳到需要修补的位置，释放鼠标左键后会自动用选区内的图像来修补鼠标光标停留处的图像。
- 【透明】选项：勾选此复选框，在复制图像时，复制的图像将产生透明效果；不勾选此选项，复制的图像将覆盖原来的图像。
- 使用图案 按钮：创建选区后，在右侧的图案列表中选择一种图案类型，然后单击此按钮，可以用指定的图案修补原图像。

3.2.4 【红眼】工具

在夜晚或光线较暗的房间里拍摄人物照片时，由于视网膜的反光作用，拍摄出的照片往往会出现红眼效果。利用【红眼】工具可以迅速地修复这种红眼效果。

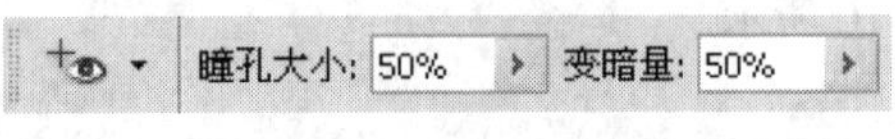

图 3-12 【红眼】工具属性栏

【红眼】工具的属性栏如图 3-12 所示。

- 【瞳孔大小】选项：用于设置增大或减小受【红眼】工具影响的区域。
- 【变暗量】选项：用于设置校正的暗度。

3.3 图章工具

图章工具包括【仿制图章】工具和【图案图章】工具，它们主要通过在图像中选择印制点或设置图案，对图像进行复制。【仿制图章】工具和【图案图章】工具的快捷键为 S 键，反复按 Shift+S 组合键可以实现这两种图章工具间的切换。

一、【仿制图章】工具

【仿制图章】工具的操作方法与【修复画笔】工具相似，按住Alt键不放，在图像中要复制的部分上单击鼠标左键，即可取得这部分作为样本，在目标位置处单击鼠标左键或拖曳鼠标，即可将取得的样本复制到目标位置。

二、【图案图章】工具

【图案图章】工具不是复制图像中的内容，而是将定义的图案复制到图像文件中。使用时需先定义图案，并在属性栏中选择定义的图案，然后在图像文件中按住鼠标左键拖曳，即可复制定义的图案。

3.4 图像擦除工具

图像擦除工具共有 3 种，分别为【橡皮擦】工具、【背景橡皮擦】工具和【魔术橡皮擦】工具。这 3 种工具主要是用来擦除图像中不需要的区域，使用方法非常简单，只需在工具箱中选择相应的擦除工具，并在属性栏中设置合适的笔头大小及形状，然后在画面中要擦除的图像位置单击或拖曳鼠标光标即可。

3.4.1 【橡皮擦】工具

【橡皮擦】工具是最基本的擦除工具，它就像是平时用的橡皮一样。利用【橡皮擦】工具擦除背景层或被锁定透明的普通层中的图像时，被擦除的部分将被工具箱中的背景色替换；擦除普通层的图像时，被擦除的部分将显示为透明色，效果如图 3-13 所示。

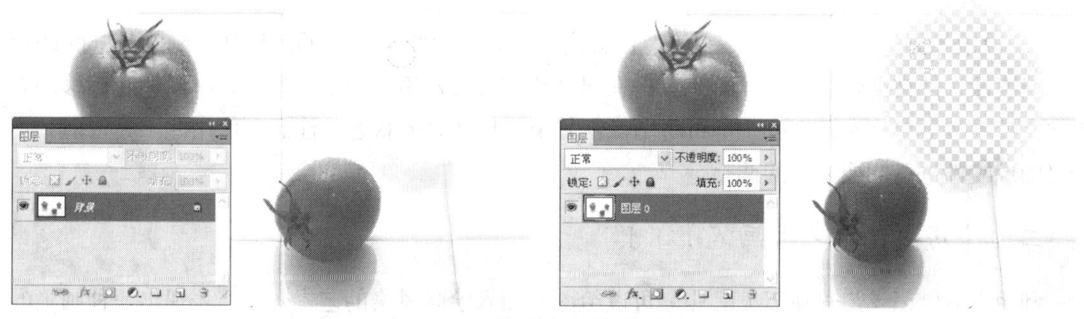

图 3-13　两种不同图层的擦除效果

3.4.2 【背景橡皮擦】工具

利用【背景橡皮擦】工具擦除图像，无论是在背景层还是在普通层上，都可以将图像中的特定颜色擦除为透明色，并且将背景层自动转换为普通层，另外，【背景橡皮擦】工具还具有自动识别擦除边界的功能，如图 3-14 所示。

3.4.3 【魔术橡皮擦】工具

当图像中含有大片相同或相近的颜色时，利用【魔术橡皮擦】工具在要擦除的颜色区域内单击，可以一次性擦除所有与取样位置相同或相近的颜色，同样也会将背景层自动转换为普通层。通过【容差】值还可以控制擦除颜色面积的大小，如图 3-15 所示。

图 3-14 使用【背景橡皮擦】工具擦除后的效果

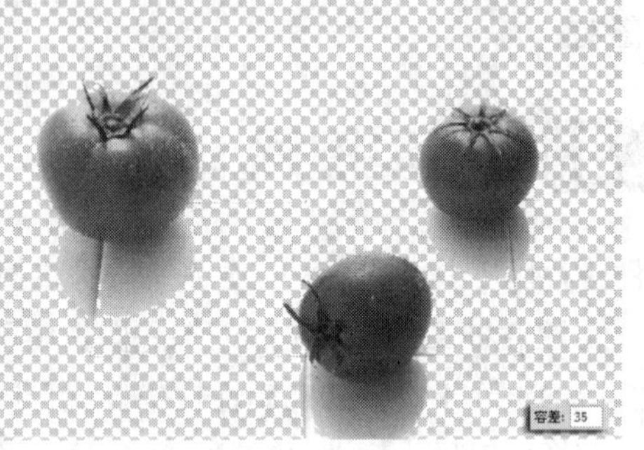

图 3-15 使用【魔术橡皮擦】工具擦除后的效果

3.5 历史记录工具

历史记录工具包括【历史记录画笔】工具和【历史记录艺术画笔】工具。【历史记录画笔】工具的主要功能是恢复图像，将图像中新绘制的图像恢复到打开图像时的形态。【历史记录艺术画笔】工具的主要功能是用不同的色彩和艺术风格模拟绘画的纹理对图像进行处理。

一、【历史记录画笔】工具

【历史记录画笔】工具是一个恢复图像的工具，可以将编辑后的图像恢复到刚打开时的形态。当图像文件被编辑后，选择工具，在属性栏中设置好笔尖大小、形状，将鼠标光标移动到图像文件中按下鼠标左键拖曳，即可将图像恢复至刚打开时的状态。注意，使用此工具之前，不能对图像文件进行图像大小的调整。

二、【历史记录艺术画笔】工具

利用【历史记录艺术画笔】工具可以给图像加入绘画风格的艺术效果，表现出一种画笔的笔触质感。选择此工具，在图像上拖曳鼠标光标即可完成非常漂亮的艺术图像制作。

3.6 修饰工具

修饰工具包括【模糊】工具、【锐化】工具、【涂抹】工具、【减淡】工具、【加深】工具和【海绵】工具。

- 利用【模糊】工具可以降低图像色彩反差来对图像进行模糊处理，从而使图像边缘变得模糊。
- 【锐化】工具与【模糊】工具恰好相反，它是通过增大图像色彩反差来锐化图像，从而使图像色彩对比更强烈。
- 【涂抹】工具主要用于涂抹图像，使图像产生类似于在未干的画面上用手指涂抹的效果。
- 利用【减淡】工具可以对图像的阴影、中间色和高光部分进行提亮和加光处理，从而使图像变亮。
- 【加深】工具可以对图像的阴影、中间色和高光部分进行遮光变暗处理。
- 【海绵】工具可以对图像进行变灰或提纯处理，从而改变图像的饱和度。

3.7 美化图像

下面以美化各类图像为例，来学习各种修复工具的应用。

3.7.1 修复面部皮肤

目的：练习【污点修复画笔】工具的使用。

内容：首先利用【污点修复画笔】工具去除人物面部大的黑痣。然后利用【高斯模糊】命令对人物皮肤进行磨皮处理，再利用【历史记录画笔】工具恢复出人物的五官。修复人物面部皮肤前后的对比效果如图 3-16 所示。

图 3-16 修复人物面部皮肤前后的对比效果

操作步骤

1. 打开素材文件中“图库\第 03 章”目录下的“照片 01.jpg”文件，如图 3-17 所示，然后利用工具将男士的头部区域放大显示。

2. 选择工具，单击属性栏中画笔笔头右侧的按钮，在弹出的【画笔设置】面板中设置参数，如图 3-18 所示。

图 3-17 打开的图片

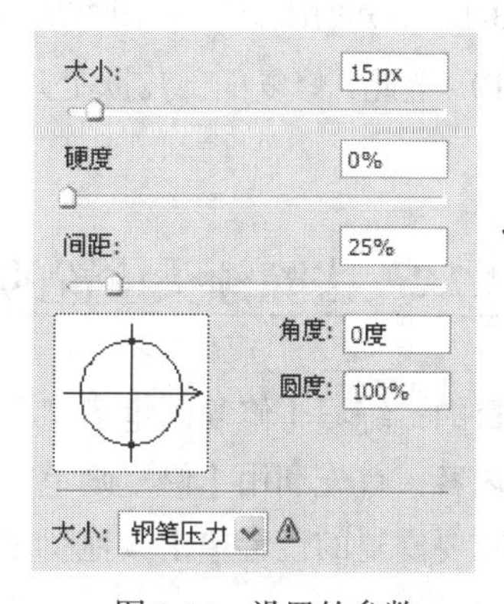

图 3-18 设置的参数

3. 将鼠标光标移动到人物鼻梁处如图 3-19 所示的位置单击，释放鼠标左键后即可将该处的痣去除，如图 3-20 所示。

4. 依次移动鼠标光标至有黑点的地方单击，即可将黑点去除，效果如图 3-21 所示。

图 3-19　鼠标光标单击的位置

图 3-20　去除鼻梁处的痣后的效果

图 3-21　去除黑点后的效果

5. 选择工具，将鼠标光标移动到人物面部区域，按住鼠标左键拖曳，创建出如图 3-22 所示的选区。

6. 执行【滤镜】/【模糊】/【高斯模糊】命令，弹出【高斯模糊】对话框，将【半径】选项的参数设置为“1”像素。

7. 单击 确定 按钮，将选区内的图像模糊处理，按 Ctrl+D 组合键去除选区后的效果如图 3-23 所示。

8. 选择工具，将鼠标光标移动到人的眼睛的位置按住鼠标左键并拖曳，即可将此处的图像恢复原来的清晰度，如图 3-24 所示。

9. 用与步骤 8 相同的方法，依次在人物的五官位置拖曳鼠标光标，恢复除皮肤区域外的清晰度，效果如图 3-25 所示。

图 3-22　创建的选区

图 3-23　模糊后的效果

图 3-24　恢复眼部的清晰度

图 3-25　恢复出的五官效果

10. 至此，修复面部皮肤处理完成，按 Shift+Ctrl+S 组合键，将此文件命名为“面部美容.jpg”另存。

3.7.2　去除额头位置的头发

目的：练习【修复画笔】工具的使用。

内容：首先利用【修复画笔】工具结合 Alt 键在没有头发的皮肤位置单击，拾取复制点。然后在要修复的位置单击或拖曳鼠标光标，即可将头发去除以修复图像。去除前后的对比效果如图 3-26 所示。

图 3-26　去除头发前后的对比效果

操作步骤

1. 打开素材文件夹中“图库\第 03 章”目录下的“照片 02.jpg”文件，然后利用工具将人物的头部区域放大显示。

2. 选择工具，在要去除图像的周围绘制如图 3-27 所示的选区，以确定去除图像的区域。

此处如不先确定选区，直接利用修复工具进行修复，图像的边缘将会产生大片的黑晕效果。

3. 选择工具，将笔头设置为“20 px”的虚化笔头，然后按住 Alt 键，将鼠标光标移动到如图 3-28 所示的位置单击拾取取样点。

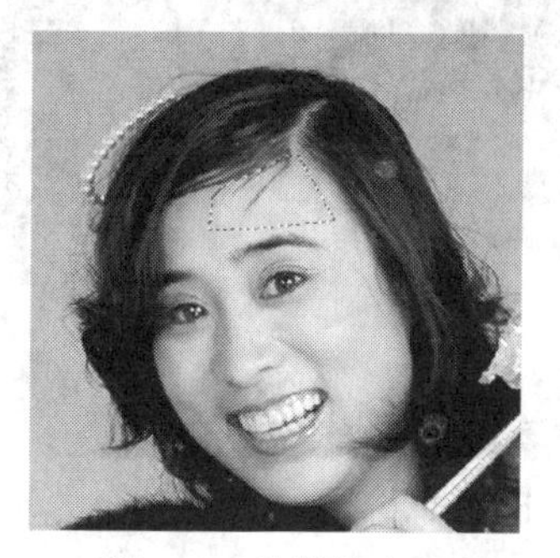

图 3-27　绘制的选区

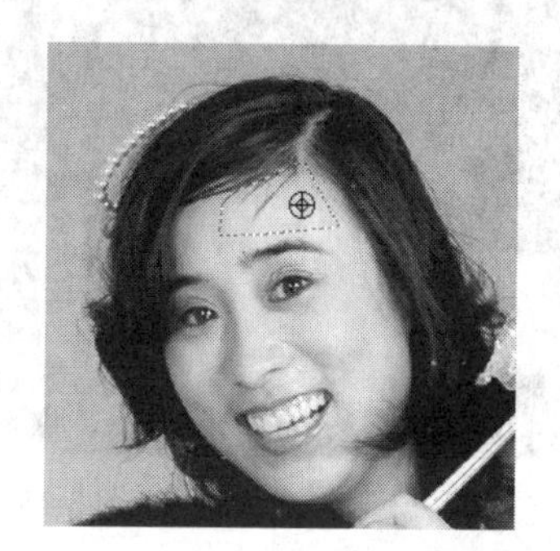

图 3-28　鼠标光标放置的位置

4. 移动鼠标光标到要修复的区域单击或拖曳鼠标光标即可修复图像，形态如图 3-29 所示。

5. 释放鼠标左键后，该区域图像即被拾取的图像所代替，效果如图 3-30 所示。

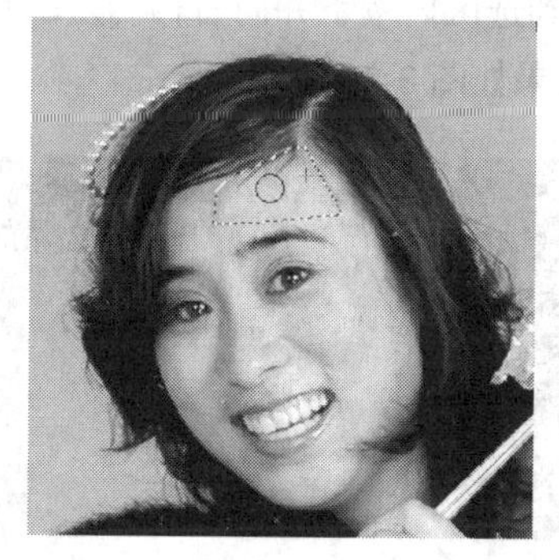

图 3-29　修复图像时的形态

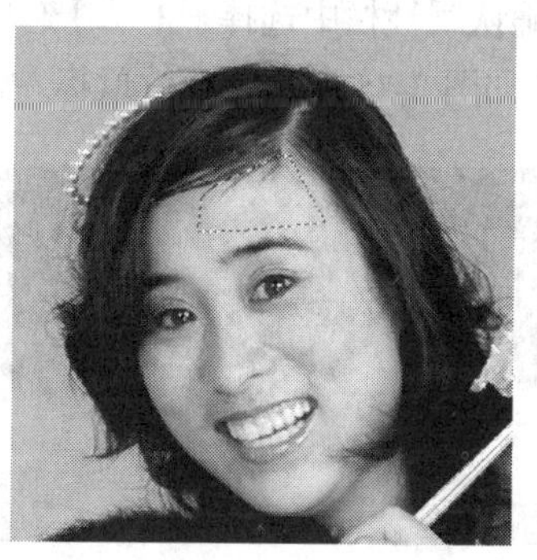

图 3-30　修复图像后的效果

6. 用与步骤 3～步骤 5 相同的方法，依次拾取取样点并修复图像，效果如图 3-31 所示。

7. 按 Ctrl+D 组合键，去除选区，然后对局部再进行细化处理，最终效果如图 3-32 所示。

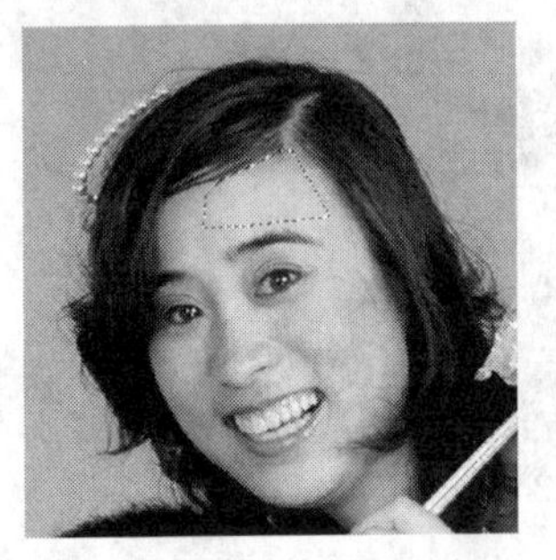

图 3-31 修复图像后的效果

图 3-32 去除多余头发后的效果

8. 按 Shift+Ctrl+S 组合键，将文件命名为“修复面部.jpg”另存。

3.7.3 去除多余图像

目的：练习【修补】工具的使用。

内容：首先利用【修补】工具在多余图像的周围绘制选区，然后设置属性选项后，移动选区即可对图像进行修复。去除多余图像前后的对比效果如图 3-33 所示。

图 3-33 去除多余图像前后的对比效果

操作步骤

1. 打开素材文件夹中“图库\第 03 章”目录下的“照片 03.jpg”文件。

2. 择工具，根据图像左上方多余的椅子边缘绘制出如图 3-34 所示的选区。

3. 确认属性栏中选择了【源】选项，将鼠标光标移动到选区内按下并向右移动复制右侧的图像，形态如图 3-35 所示。释放鼠标左键并去除选区后的效果如图 3-36 所示。

图 3-34 绘制的选区

图 3-35 移动选区时的形态

图 3-36 去除选区后的效果

4. 修复图像后按 Shift+Ctrl+S 组合键，将文件命名为“去除椅子.jpg” 另存。

3.8 去除图像背景

目的： 练习【橡皮擦】工具的使用，包括【橡皮擦】工具、【背景橡皮擦】工具和【魔术橡皮擦】工具。

内容： 首先利用【魔术橡皮擦】工具去除背景中的大部分区域。然后利用【橡皮擦】工具去除周围的杂点。再利用【背景橡皮擦】工具对局部颜色进行擦除。原图像及去除背景后的效果如图 3-37 所示。

图 3-37　原图像及去除背景后的效果

操作步骤

1. 打开 3.7.1 小节中保存的“面部美容.jpg”文件，然后选择工具，并设置属性栏中【容差】选项的值为“15”。

2. 确认【连续】选项处于选择状态，将鼠标光标移动到画面的背景位置，释放鼠标即可将背景去除，效果如图 3-38 所示。

3. 在未去除的背景位置依次单击，去除背景，效果如图 3-39 所示。

图 3-38　去除整体背景效果

图 3-39　去除其他区域背景后的效果

4. 选择工具，并选择一个【硬度】为“100%”的笔头，然后在画面中还保留的杂点背景位置单击将其删除，效果如图 3-40 所示。

下面对人物的头发边缘进行处理。

5. 利用工具将男士的头部区域放大显示，然后选择工具，设置合适的笔头大小后，将鼠标光标移动到如图 3-41 所示的位置，注意图标中的十字中心不要位于黑色的头发位置。

图 3-40　去除背景后的效果

6. 单击鼠标，即可将此处的背景色去除，效果如图 3-42 所示。

7. 依次移动鼠标光标的位置并单击，对人物头发处的背景色进行去除，最终效果如图 3-43 所示。

图 3-41　鼠标光标放置的位置

图 3-42　去颜色后的效果

图 3-43　去除背景色后的效果

8. 利用工具平移图像，将女士的头部区域在画面中显示，然后利用工具，沿头发的边缘拖曳，效果如图 3-44 所示。

9. 选择工具，将鼠标光标移动到如图 3-45 所示的位置单击，吸取该位置的颜色作为前景色。

10. 在【图层】面板中单击左上角的按钮，锁定该图层的透明区域，然后选择工具，设置合适的笔头大小后沿人物的头发边缘拖曳鼠标，将发梢的颜色修改为吸取的颜色，如图 3-46 所示。

图 3-44　去除背景色后的效果

图 3-45　吸取颜色位置

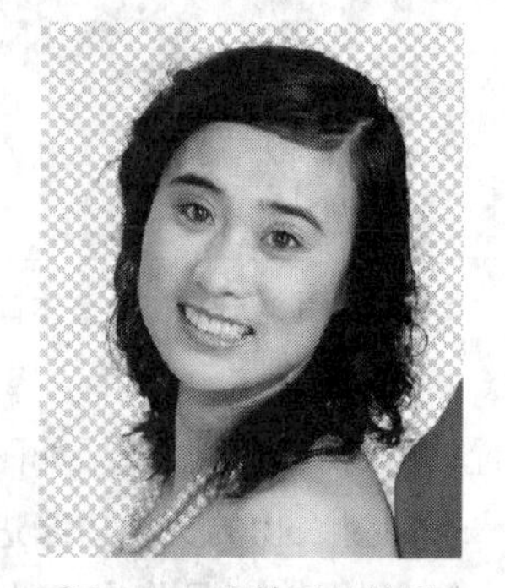

图 3-46　涂抹后的效果

11. 按 Shift+Ctrl+S 组合键，将此文件另命名为“去背景.psd”保存。

3.9 合成图像

本节来进行图像合成，将前面去除背景和美化后的图像合成到一个文件中，制作成婚纱相册效果。

目的：练习将各素材图像进行合成的方法。

内容：将前面去除背景和美化后的图像合成到一个文件中，效果如图 3-47 所示。

图 3-47　制作的婚纱照效果

操作步骤

1. 打开素材文件中“图库\第 03 章”目录下的“背景.psd”文件，如图 3-48 所示。

2. 在【图层】面板中单击“背景”层，将其设置为工作层，然后单击下方的 按钮，在弹出的列表中选择【色阶】命令。

3. 在弹出的【调整】面板中设置选项及参数，如图 3-49 所示。

图 3-48　打开的文件

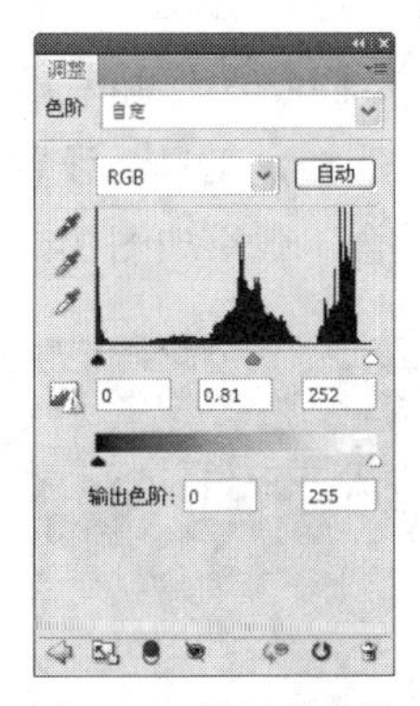

图 3-49　设置的参数

4. 打开 3.7 小节中保存的“去背景.psd”文件，然后将图像移动复制到步骤 1 打开的“背景.psd”文件中，调整大小后放置到如图 3-50 所示的位置。

由于图像调小了，故图像左侧气球位置的不完整画面效果便显示出来，下面要对其进行修复，使其显示为完整的气球效果。

5. 选择 工具，将鼠标光标移动到气球上方位置单击，将如图 3-51 所示的区域选择，然后按 Delete 键删除。

图 3-50　图像调整后的大小及位置

图 3-51　创建的选区

6. 选择工具，在如图 3-52 所示的位置绘制矩形选区，然后执行【图层】/【新建】/【通过拷贝的图层】命令，将选区内的图像通过复制生成一个新的图层“图层 4”。

7. 按 Ctrl+T 组合键，为复制出的图像添加自由变换框，然后调整其角度，并移动至如图 3-53 所示的位置。

8. 按 Enter 键，确认图像的调整，然后利用工具根据气球的形状绘制出如图 3-54 所示的选区。

图 3-52　绘制的选区

图 3-53　变形后的形态

图 3-54　创建的选区

9. 按 Delete 键删除，然后按 Ctrl+D 组合键去除选区，效果如图 3-55 所示。

10. 选择工具，设置一个较小的虚化画笔笔头，对图像的边缘进行擦除，使其很好地与下方图像融合，效果如图 3-56 所示。

图 3-55　删除多余图像后的效果

图 3-56　擦除图像后的效果

11. 按 Ctrl+E 组合键，将复制出的“图层 4”合并到“图层 3”中，然后将“图层 3”的【不透明度】参数设置为“40%”，效果如图 3-57 所示。

12. 打开 3.7.3 小节中保存的“去除椅子.jpg”文件，然后将其移动复制到“背景.psd”文件中，然后执行【图层】/【排列】/【置为顶层】命令，将其调整至所有图层的上方。

图 3-57　调整不透明度后的效果

13. 利用【自由变换】命令将图像调整至如图 3-58 所示的形态及位置，然后利用工具绘制出如图 3-59 所示的选区。

图 3-58　图像调整后的形态及位置

图 3-59　绘制的选区

14. 按 Shift+Ctrl+I 组合键，将选区反选，然后按 Delete 键，将选区内的图像删除，再按 Ctrl+D 组合键去除选区，效果如图 3-60 所示。

15. 执行【图层】/【图层样式】/【内发光】命令，在弹出的【图层样式】对话框中设置各项参数，如图 3-61 所示。

图 3-60　删除图像后的效果

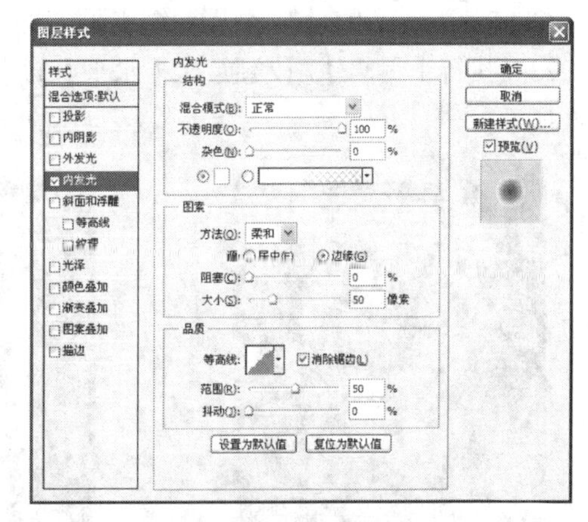

图 3-61　设置的选项参数

16. 单击 确定 按钮，图形添加样式后的效果如图 3-62 所示。

17. 选择工具，按住 Shift 键，在如图 3-63 所示的位置绘制圆形选区。

图 3-62　添加样式后的效果

图 3-63　绘制的圆形选区

18. 新建“图层 5”，为选区填充灰色（R:204,G:204,B:204），并执行【图层】/【图层样式】/【描边】命令，在弹出的【图层样式】对话框中将【颜色】设置为红色（R:209,G:109,B:145），再设置其他参数如图 3-64 所示。

19. 单击 确定 按钮，图形描边后的效果如图 3-65 所示。

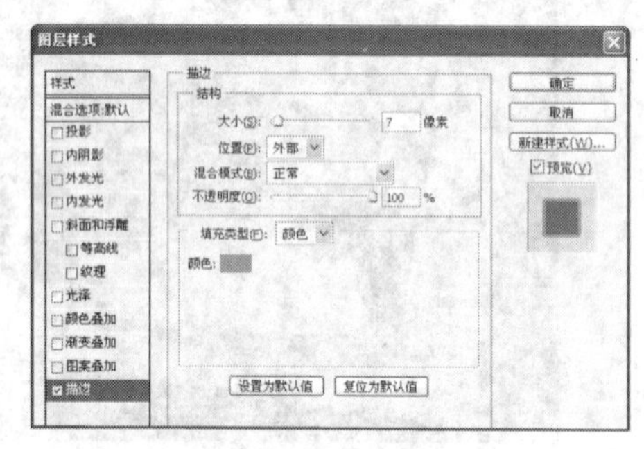

图 3-64　设置的描边选项参数

图 3-65　描边后的效果

20. 打开 3.7.2 小节中保存的“修复面部.jpg”文件，然后按 Ctrl+A 组合键将画面全选，再按 Ctrl+C 组合键将画面复制。

21. 将“背景.psd”文件设置为工作文件，确认圆形选区没有去除的情况下，执行【编辑】/【选择性粘贴】/【贴入】命令，将复制的图像贴入选区中，效果如图 3-66 所示。

22. 按 Ctrl+T 组合键，将图像缩小调整至如图 3-67 所示的形态及位置，然后按 Enter 键确认。

23. 执行【编辑】/【变换】/【水平翻转】命令，将图像在水平方向上翻转调整，效果如图 3-68 所示。

图 3-66　贴入图像后的效果

图 3-67　图像调整后的形态

图 3-68　水平翻转后的效果

通过图3-68可以看出，贴入的图没有完全覆盖下方的灰色圆形，下面来进行调整。

24. 在【图层】面板中单击“图层 5”，将该图层设置为工作图层，然后执行【图层】/【图层样式】/【颜色叠加】命令，在弹出的【图层样式】对话框中单击颜色色块，此时将弹出【选择叠加颜色】对话框。

25. 将鼠标光标移动到“图层 6”中图像的粉色背景位置单击，将叠加的颜色设置为与粉色，如图3-69所示。

26. 单击 确定 按钮，图形叠加颜色后的效果如图3-70所示。

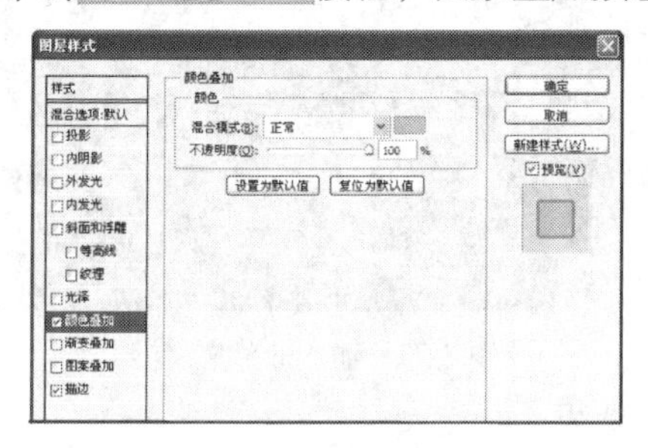

图3-69　设置的叠加颜色

图3-70　图形叠加颜色后的效果

27. 在【图层】面板中的“图层 5”上按下鼠标左键不放，并向下拖曳至 按钮位置，状态如图3-71所示，释放鼠标左键后，即可将“图层 5”复制为“图层 5 副本”层，如图3-72所示。

28. 将鼠标光标放置到如图3-73所示的“效果”位置，按下鼠标左键并向下拖曳至 按钮处，将“图层5副本”层的效果删除。

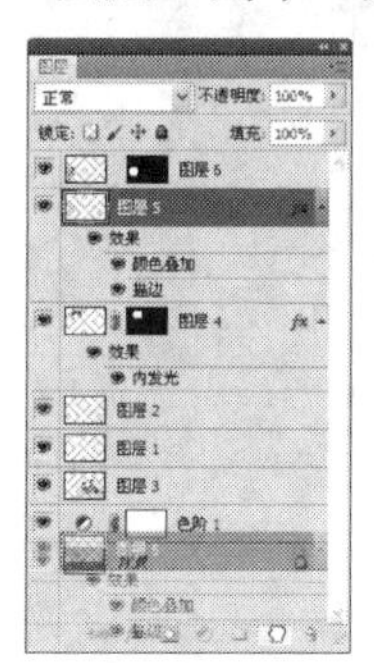

图3-71　拖曳鼠标状态

图3-72　复制出的图层

图3-73　鼠标光标放置的位置

29. 在“图层5副本”层上按下鼠标左键并向下拖曳，至“图层5”层的下方时释放鼠标，将“图层5副本”层调整至“图层 5”层的下方，拖曳鼠标光标状态及调整后的堆叠顺序如图3-74所示。

30. 利用 工具将复制出的图形向左上方稍微移动位置，制作出如图3-75所示的效果。

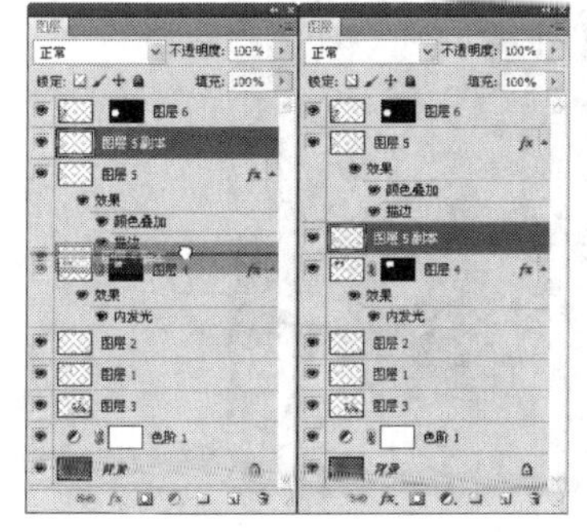

图3-74　调整图层堆叠顺序

图3-75　移动后的位置

31. 打开素材文件中“图库\第 03 章”目录下的“艺术字.psd”文件，然后将贝壳和文字移动到“背景.psd”文件中，调整大小后分别移动至如图 3-76 所示的位置。

32. 选择T工具，将前景色设置为白色，依次输入如图 3-77 所示的英文字母。

图 3-76 图像及文字放置的位置

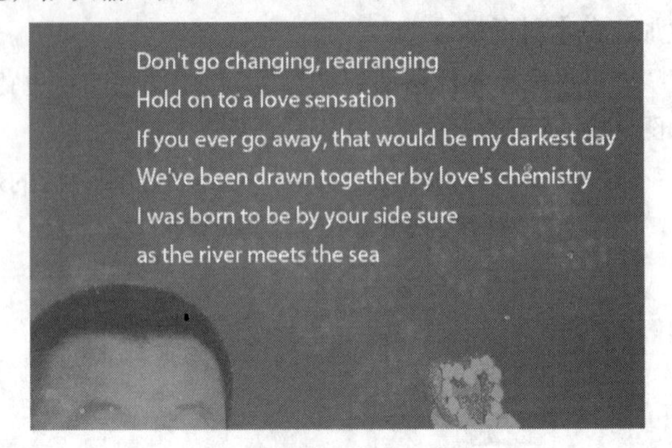

图 3-77 输入的英文字母

最后，利用工具来制作用于装饰的白色杂点效果。

33. 选择工具，单击属性栏中的按钮，在弹出的【画笔】面板中设置参数，如图 3-78 所示。

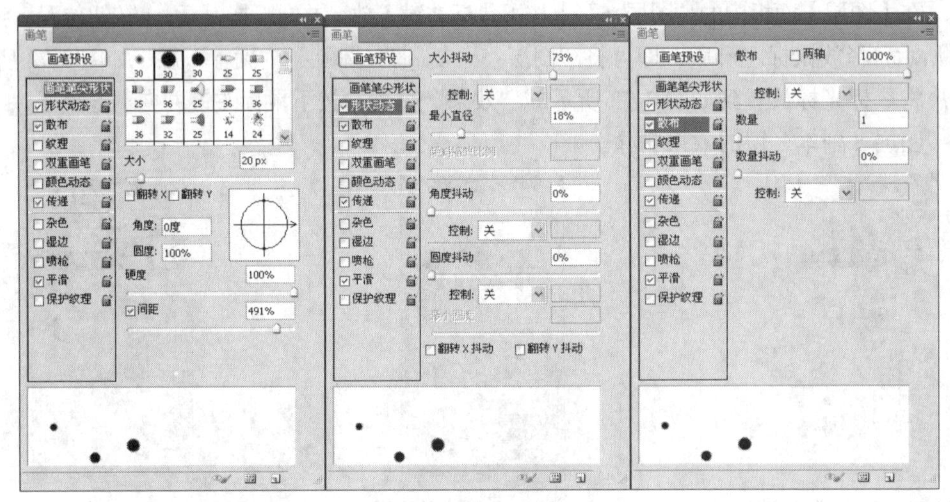

图 3-78 【画笔】面板

34. 新建“图层 8”，确认前景色设置为白色，然后在画面中按住鼠标左键并拖曳，喷绘出如图 3-79 所示的白色杂点。

图 3-79 喷绘的白色杂点

35. 在【图层】面板中，将“图层 8”调整至“图层 1”的下方，即可完成相册设计。

36. 按 Shift+Ctrl+S 组合键，将此文件命名为“相册设计.psd”另存。

3.10 课堂实训

下面灵活运用本章所学的工具和菜单命令来进行案例操作。

3.10.1 消除眼部皱纹

目的：学习利用【修补】工具消除眼部皱纹的方法。

内容：打开一幅眼部具有皱纹的照片，利用【修补】工具通过选择并移动复制的方法消除眼部的皱纹，图片素材及修饰后的效果如图 3-80 所示。

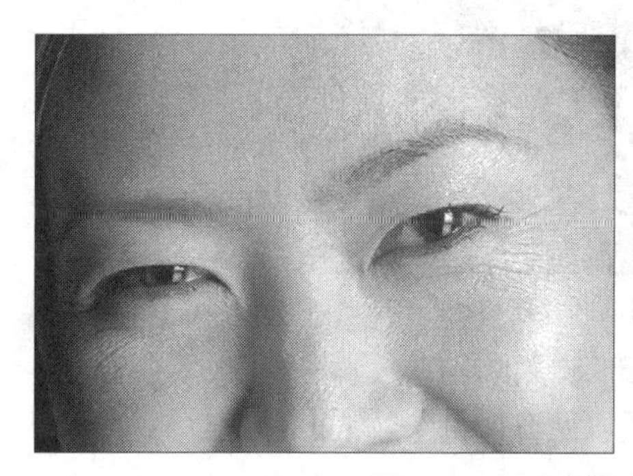

图 3-80　图片素材及消除皱纹后的效果

操作步骤

1. 打开素材文件中“图库\第 03 章”目录下的“照片 04.jpg”文件。

2. 选择工具，在属性栏中选择【源】单选项，然后在画面中沿着右眼下方的皱纹进行圈选，创建的选区如图 3-81 所示。

3. 将鼠标光标放置到选区中，按下鼠标左键并向下拖曳至下方光滑的皮肤上，如图 3-82 所示。

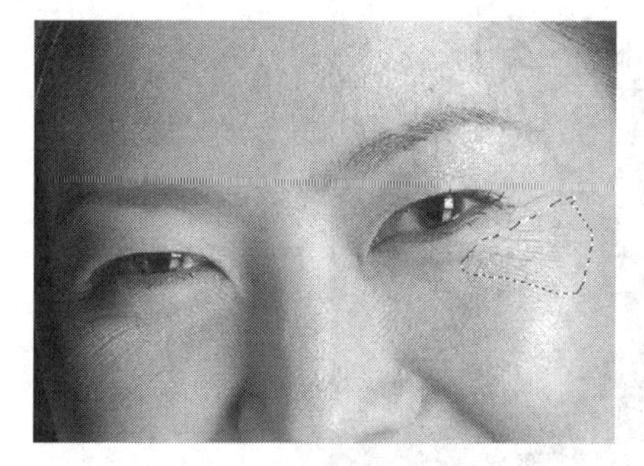

图 3-81　绘制的选区

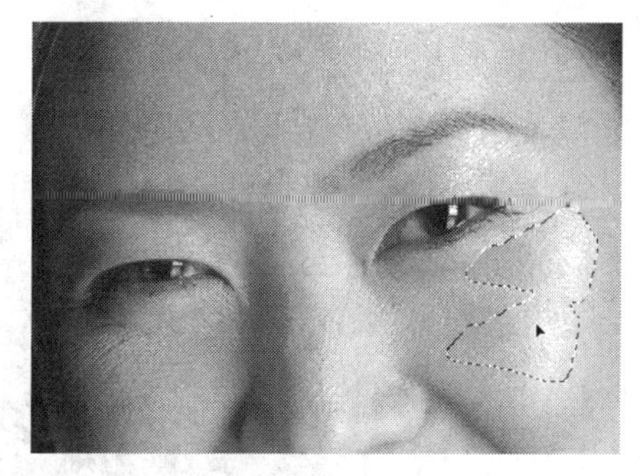

图 3-82　移动选区状态

4. 释放鼠标左键后即可将皱纹去除，按 Ctrl+D 组合键去除选区后的效果如图 3-83 所示。

5. 用相同的方法，对右侧剩余的皱纹进行处理，创建的选区如图 3-84 所示。

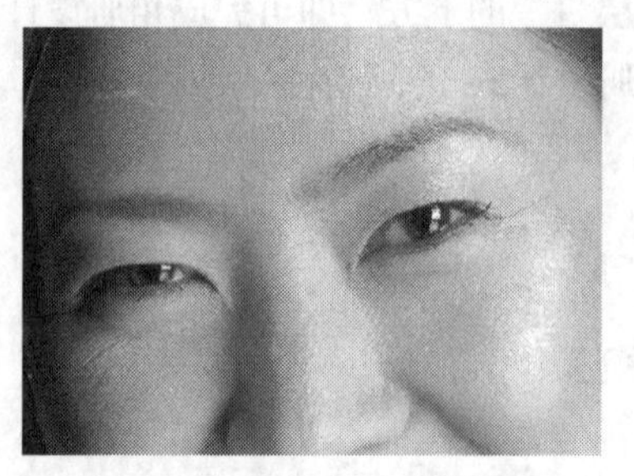

图 3-83　消除皱纹后的效果

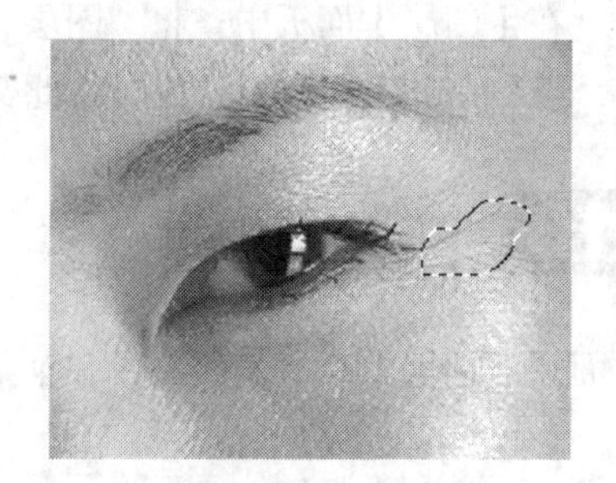

图 3-84　绘制的选区

6. 用相同的方法选中左眼下方的皱纹，然后将选区拖曳到下方光滑的皮肤上，释放鼠标左键后即可去除皱纹。创建的选区及拖曳选区的状态如图 3-85 所示。

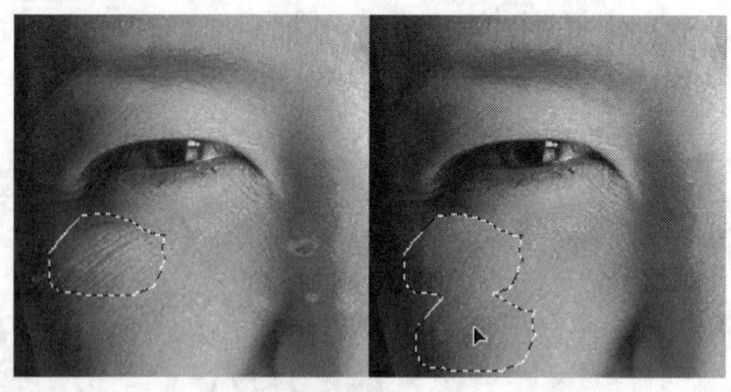

图 3-85　绘制的选区及移动状态

7. 按 Ctrl+D 组合键去除选区，完成去除眼部皱纹的操作。

8. 按 Shift+Ctrl+S 组合键，将此文件命名为“去除眼部皱纹.jpg”另存。

3.10.2　修整眉毛

目的：学习利用各种修复工具修整眉毛的方法。

内容：打开一幅需要修整眉毛的照片，利用【修补】工具先修饰一下，使眉毛变得整齐，然后利用【仿制图章】工具复制眉毛，再利用【涂抹】工具修饰一下即可。图片素材及修饰后的眉毛效果如图 3-86 所示。

图 3-86　图片素材及修整眉毛后的效果

操作步骤

1. 打开素材文件中“图库\第 03 章”目录下的“照片 05.jpg”文件，然后利用工具将眼部区域放大显示。

接下来首先利用工具将末端不够整齐的眉毛修整掉。

2. 用与去除眼部皱纹相同的方法，利用工具对眉毛末端进行修整，过程示意图如图 3-87 所示。

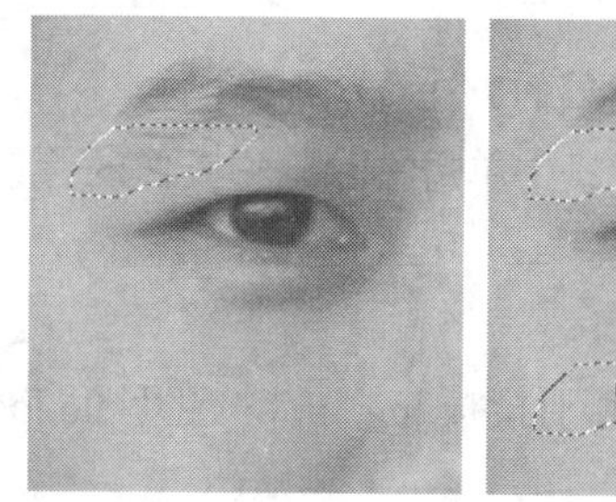
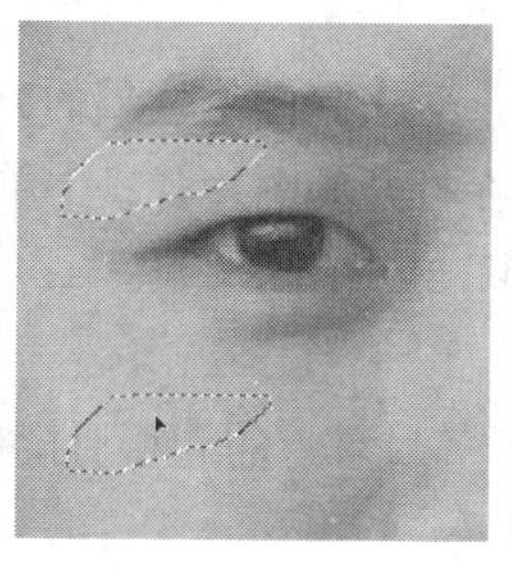
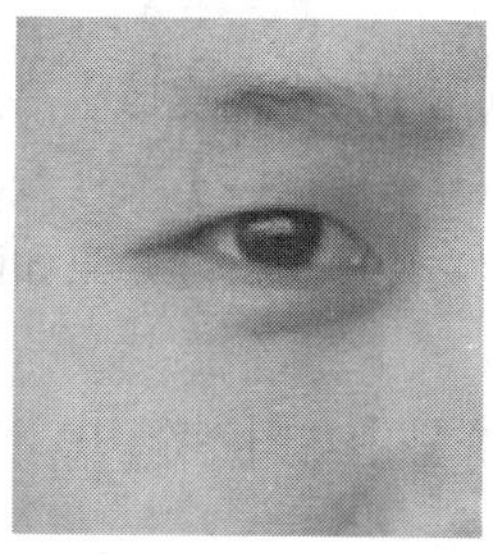

图 3-87　修整眉毛的过程示意图

下面再利用工具将眉形复制出来。

3. 选择工具，设置合适的笔头大小后，按住 Alt 键，将鼠标光标移动到如图 3-88 所示的位置单击取样。

4. 释放 Alt 键，然后将鼠标光标移动至左侧位置，按下鼠标左键并拖曳，状态如图 3-89 所示。随着鼠标光标的拖曳，无眉毛区域就会复制出取样点处的眉毛。

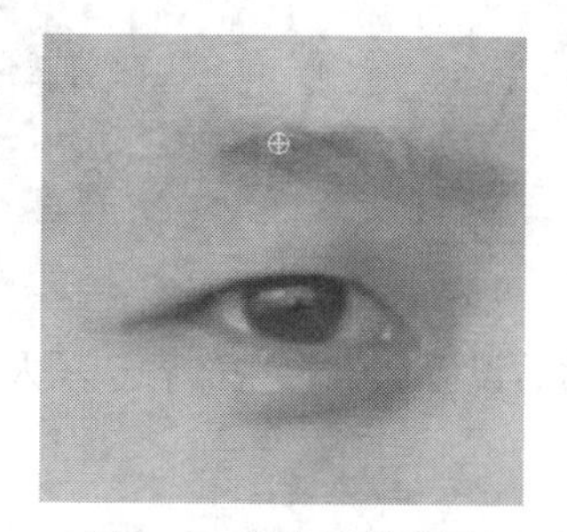

图 3-88　单击取样位置

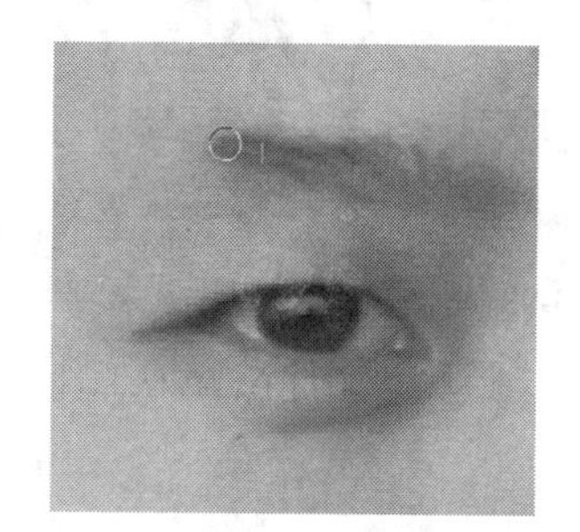

图 3-89　复制眉毛

5. 用相同的方法，依次拾取新的取样点并在需要的位置拖曳，描绘出如图 3-90 所示的效果。此时，眉形出来了，但看起来有点生硬，最后再利用工具来对其进行处理。

6. 选择工具，单击属性栏中的【画笔】按钮，在弹出的笔头设置面板中选择如图 3-91 所示的笔头。

7. 将属性栏中强度: 40% 的参数设置为“40%”，然后在眉毛的左侧位置拖曳鼠标光标，对其进行涂抹处理，处理后的效果如图 3-92 所示。

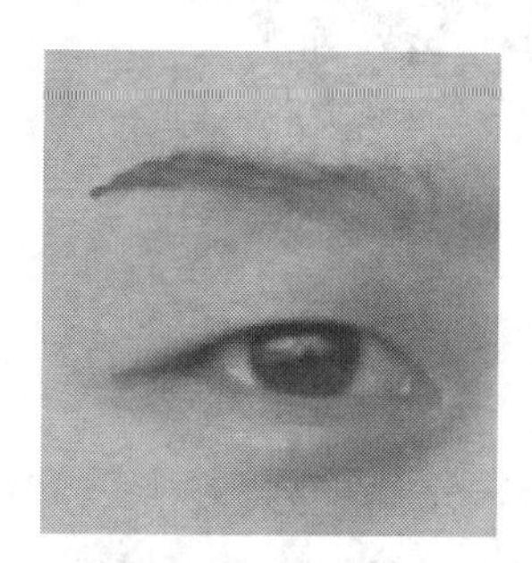

图 3-90　描绘出的眉毛效果

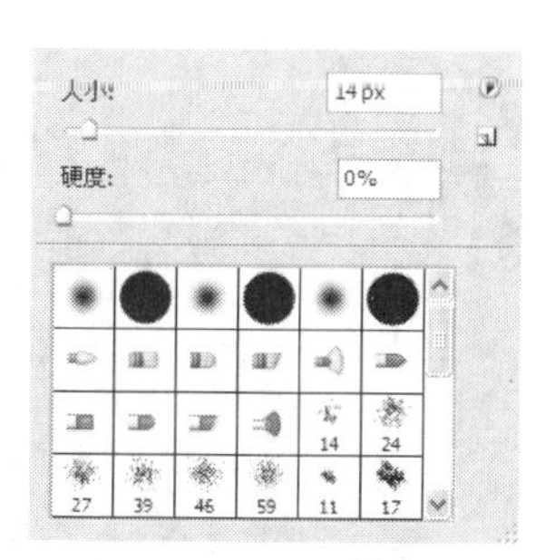

图 3-91　笔头设置面板

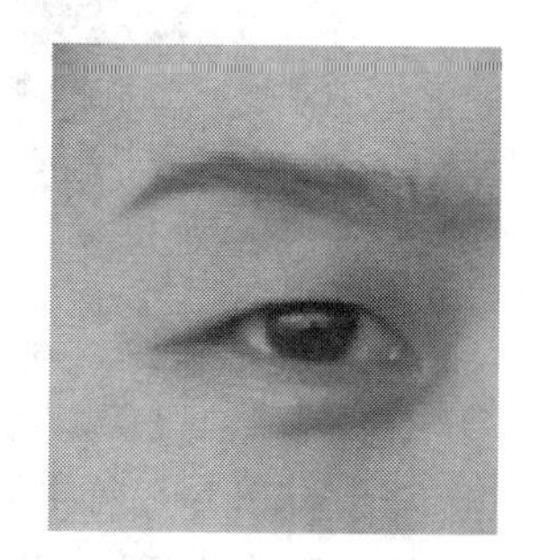

图 3-92　处理后的效果

8. 至此，眉毛修整完成，按 Shift+Ctrl+S 组合键，将此文件命名为“修整眉毛.jpg”另存。

3.10.3 更换背景

目的：学习利用【魔术橡皮擦】工具去除图像背景的方法。

内容：利用【魔术橡皮擦】工具在打开的图片背景中单击去除人物图像的背景，然后把新的背景图片合成到文件中，最终效果如图 3-93 所示。

操作步骤

1. 打开素材文件中“图库\第 03 章”目录下的“相册模板.jpg”和“照片 06.jpg”文件，如图 3-94 所示。

图 3-93 合成的艺术照片效果

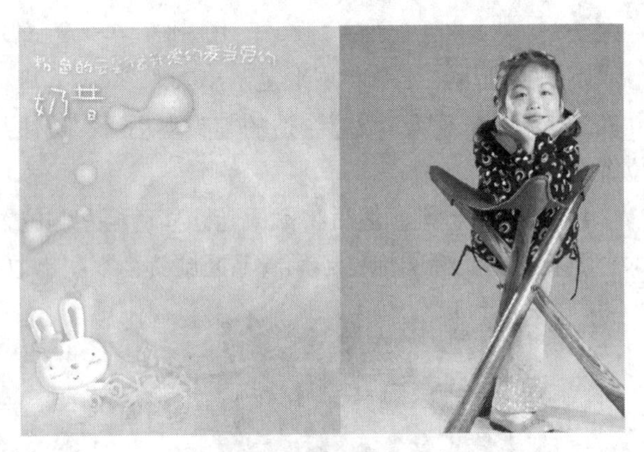

图 3-94 打开的图片

2. 将“照片”文件设置为工作状态，选择工具，然后设置属性栏中的各选项及参数如图 3-95 所示。

图 3-95 属性栏设置

3. 在画面中如图 3-96 所示的位置单击将背景擦除，擦除后的效果如图 3-97 所示。

图 3-96 单击位置

图 3-97 擦除后的效果

4. 依次移动鼠标光标并单击擦除图像下方的粉红色背景，擦除后的效果如图 3-98 所示。

5. 将属性栏中【容差】的参数设置为“20”，然后在剩余的粉色背景上依次单击将其擦除，效果如图 3-99 所示。

图 3-98　擦除后的效果

图 3-99　擦除后的效果

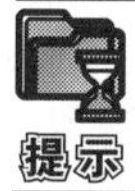

如果不修改工具的【容差】参数，在粉色背景中单击鼠标，会将人物的裤子一同擦除，希望读者注意。在实际工作过程中，要根据实际情况随时修改【容差】值。

6. 利用工具将剩余的人物移动复制到“相册模板.jpg”文件中，调整大小后放置到如图 3-100 所示的位置，即可完成图像背景的更换。

图 3-100　替换新背景效果

7. 按 Shift+Ctrl+S 组合键，将此文件命名为“更换背景.psd”另存。

3.10.4　绘制油画效果

目的：学习利用【历史记录艺术画笔】工具绘制油画效果。

内容：选择【历史记录艺术画笔】工具，设置属性栏中的属性，把图像绘制成色块效果，然后通过添加油画笔触、设置图层的混合模式等制作成油画效果，如图 3-101 所示。

图 3-101　制作的油画效果

操作步骤

1. 打开素材文件中“图库\第 03 章”目录下的“照片 07.jpg”文件。

2. 选择【历史记录艺术画笔】工具，设置属性栏中的参数如图 3-102 所示。

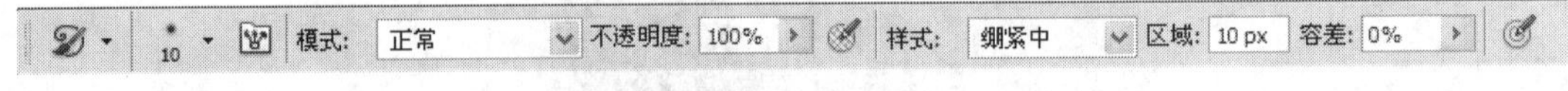

图 3-102　属性设置

3. 新建“图层 1”，然后利用小笔尖的画笔在美女的面部位置涂抹，尤其是涂抹五官位置时笔尖要小，且仔细进行描绘，效果如图 3-103 所示。

为了确保画面中的每个区域都能用画笔笔触覆盖，可以先通过单击“背景”层左侧的图标，暂时隐藏“背景”层来查看描绘的效果。

图 3-103　描绘的效果

4. 在脸部、头发、衣服以及背景色块面积较大的区域，可以用较大笔尖的画笔来描绘，这样描绘出的笔触会有大小变化，但人物轮廓边缘位置还是要仔细一些描绘，描绘完成后的效果如图 3-104 所示。

5. 打开素材文件中“图库\第 03 章”目录下的“笔触.jpg”文件，利用工具将笔触图片移动复制到“照片 07.jpg”文件中，如图 3-105 所示。

6. 利用【自由变换】命令将“笔触”图片的大小调整至与画面相同。在【图层】面板中，将生成的“图层 2”的图层混合模式设置为“柔光”，这样油画的笔触纹理效果就更加明显，效果如图 3-106 所示。

图 3-104　描绘完成的效果　　图 3-105　添加的笔触　　图 3-106　绘制完成的油画效果

7. 按 Shift+Ctrl+S 组合键，将此文件命名为“油画效果.psd”另存。

3.10.5　制作景深效果

目的：学习利用【模糊】工具制作照片的景深效果。

内容：利用【模糊】工具把照片的背景模糊处理，然后利用【历史记录画笔】工具恢复人物的轮廓边缘，制作的照片景深效果如图 3-107 所示。

操作步骤

1. 打开素材文件中“图库\第 03 章”目录下的“照片 08.jpg”文件。

2. 选择工具，在属性栏中设置一个较大的画笔笔尖，并设置【强度】的参数为“100%”，然后对画面中除人物外的背景进行涂抹，涂抹成如图 3-108 所示的背景模糊的效果。

图 3-107　原照片及制作的景深效果

图 3-108　模糊后的效果

在模糊处理时，人物的轮廓边缘可能也会变模糊了，读者可以利用工具将人物的轮廓边缘修复出来，使之恢复清晰的效果。

3. 利用工具将人物及周围的背景恢复成清晰的效果，如图 3-109 所示。

图 3-109　恢复清晰前后的对比效果

4. 至此，景深效果的制作完成。按 Shift+Ctrl+S 组合键，将此文件命名为“景深效果.jpg”另存。

3.10.6　自定义画笔并应用

除了系统自带的笔尖形状外，用户还可以将自己喜欢的图像或图形定义为画笔笔尖。下面来讲解定义画笔的方法，并利用定义的画笔笔头绘制白云组成的图案效果。

目的：学习自定义画笔并进行应用的方法。

内容：利用【画笔】工具绘制出需要定义为画笔笔头的图案，然后利用【定义画笔预设】命令将其定义为画笔，再利用该画笔笔头绘制出如图 3-110 所示的白云效果。

图 3-110　绘制的白云效果

操作步骤

【步骤解析】

1. 新建一个【宽度】为“15 厘米”、【高度】为“10 厘米”、【分辨率】为“150 像素/英寸”的白色文件。

2. 选择工具，分别设置不同的笔头大小和【不透明度】参数值，在画面中绘制出如图 3-111 所示的效果。

3. 执行【编辑】/【定义画笔预设】命令，打开如图 3-112 所示的【画笔名称】对话框，单击 确定 按钮，将绘制出的图像定义为画笔。

图 3-111　绘制出的图形

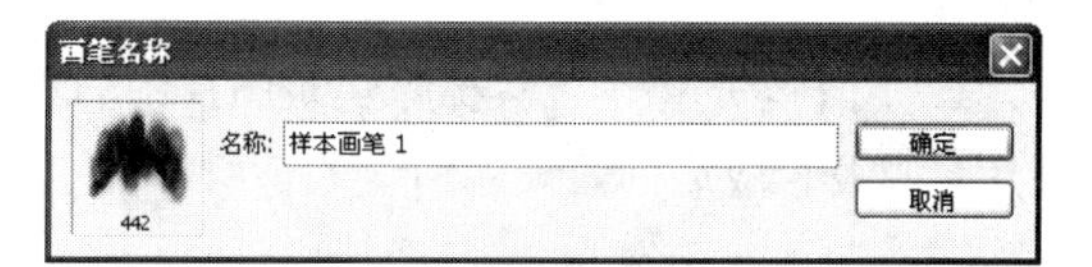

图 3-112 【画笔名称】对话框

在定义画笔笔头时，也可使用选区工具在图像中选择部分图像来定义画笔，如果希望创建的画笔带有锐边，则应当将选区工具属性栏中【羽化】选项的参数设置为“0 像素”；如果要定义具有柔边的画笔，可适当设置选区的【羽化】选项值。

4. 打开素材文件中“图库\第 03 章”目录下名为“蓝天.jpg”的文件。

5. 选择工具，并单击属性栏中的按钮，在弹出的【画笔】面板中分别设置各项参数如图 3-113 所示。

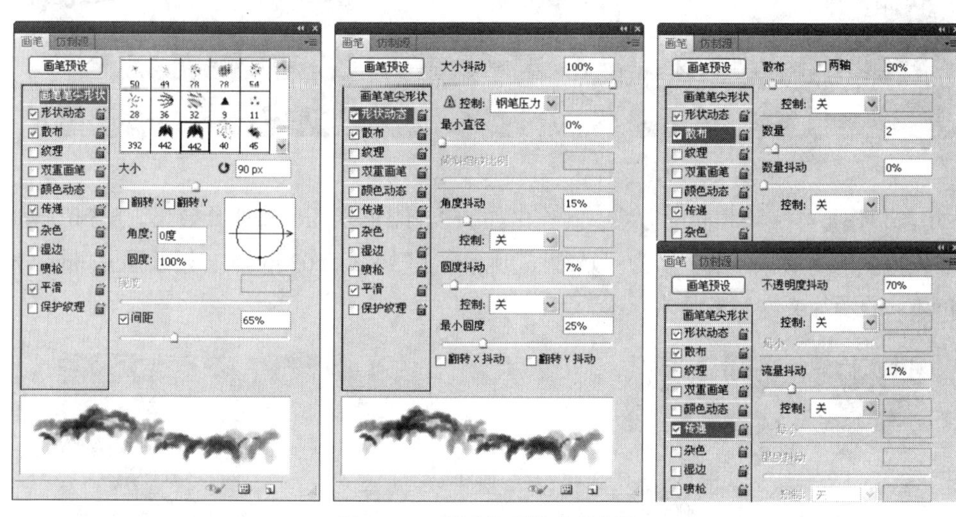

图 3-113　设置的画笔选项参数

6. 新建“图层 1”，将前景色设置为白色，然后在画面中拖曳鼠标光标，喷绘出如图 3-114 所示的云彩效果。

7. 用相同的方法，依次拖曳鼠标光标喷绘图形，制作出如图 3-115 所示的效果。

图 3-114　喷绘出的图形

图 3-115　制作的白云效果

8. 按 Ctrl+S 组合键，将此文件命名为“绘制白云.psd”保存。

3.11 课后练习

1. 用【橡皮擦】工具擦除建筑图片中的天空背景，然后用准备的天空图片与建筑图片合成，图片素材及合成后的效果如图 3-116 所示。用到的素材图片分别为“图库\第 03 章”目录下名为“建筑.jpg”和“天空.jpg”的图片文件。

图 3-116 图片素材与合成后的效果

2. 用与制作婚纱相册相同的方法，制作出如图 3-117 所示的相册照片效果。用到的素材图片分别为“图库\第 03 章”目录下名为“婚纱照 01.jpg”、“婚纱照 02.jpg”、“婚纱照 03.jpg”和“婚纱照 04.jpg”的图片文件。

图 3-117 制作的婚纱相册效果

第4章 应用路径绘制生日贺卡

本章以绘制生日贺卡为例，详细介绍路径工具、【路径】面板和【渐变】工具的应用，包括利用路径绘制复杂图形、选取图像，利用【路径】面板中的描绘功能制作特殊效果的方法以及【渐变】工具的灵活运用等。

4.1 认识路径

路径是由一条或多条线段、曲线组成的，每一段都有锚点标记，通过编辑路径的锚点，可以很方便地改变路径的形状。路径的构成说明图如图 4-1 所示。其中角点和平滑点都属于路径的锚点，选中的锚点显示为实心方形，而未选中的锚点显示为空心方形。

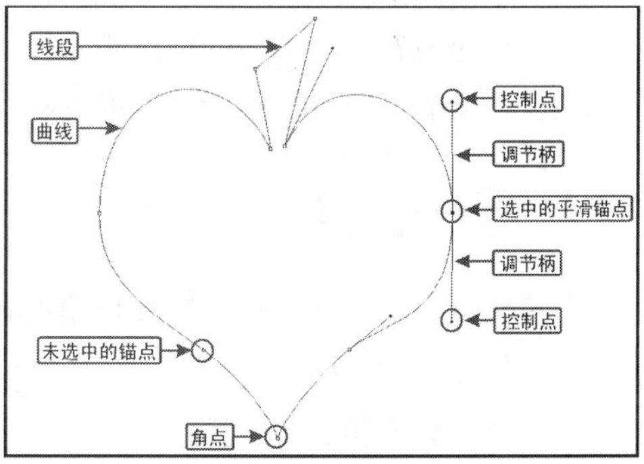

图 4-1　路径的构成说明图

在曲线路径上，每个选中的锚点将显示一条或两条调节柄，调节柄以控制点结束。调节柄和控制点的位置决定曲线的大小和形状。移动这些元素将改变路径中曲线的形状。

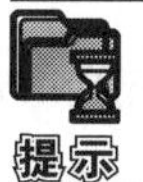

路径不是图像中的真实像素，而只是一种矢量绘图工具，对图像进行放大或缩小调整时，不会对路径产生任何影响。

4.2 路径工具

Photoshop CS5 提供的路径工具包括【钢笔】工具、【自由钢笔】工具、【添加锚点】工具、【删除锚点】工具、【转换点】工具、【路径选择】工具和【直接选择】工具。下面就来详细介绍这些工具的功能和使用方法。

4.2.1 钢笔工具

选择【钢笔】工具，在图像文件中依次单击，可以创建直线形态的路径；拖曳鼠标光标可以创建平滑流畅的曲线路径。将鼠标光标移动到第一个锚点上，当笔尖旁出现小圆圈时单击可创建闭合路径。在未闭合路径之前按住 Ctrl 键在路径外单击，可创建开放路径。

4.2.2 自由钢笔工具

利用【自由钢笔】工具在图像文件中的相应位置拖曳鼠标光标，便可绘制出路径，并且在路径上自动生成锚点。当鼠标光标回到起始位置时，右下角会出现一个小圆圈，此时释放鼠标左键即可创建闭合钢笔路径；鼠标光标回到起始位置之前，在任意位置释放鼠标左键可以绘制一条开放路径；按住 Ctrl 键释放鼠标左键，可以在当前位置和起点之间生成一段线段闭合路径。另外，在绘制路径的过程中，按住 Alt 键单击，可以绘制直线路径；拖曳鼠标光标可以绘制自由路径。

4.2.3 添加锚点和删除锚点工具

选择【添加锚点】工具，将鼠标光标移动到要添加锚点的路径上，当鼠标光标显示为添加锚点符号时单击，即可在路径的单击处添加锚点，此时不会更改路径的形状。如果在单击的同时拖曳鼠标光标，可在路径的单击处添加锚点，并可以更改路径的形状。

选择【删除锚点】工具，将鼠标光标移动到要删除的锚点上，当鼠标光标显示为删除锚点符号时单击，即可将路径上单击的锚点删除，此时路径的形状将重新调整以适合其余的锚点。在路径的锚点上单击后并拖曳鼠标光标，可重新调整路径的形状。

4.2.4 转换点工具

利用【转换点】工具可以使锚点在角点和平滑点之间进行转换，并可以调整调节柄的长度和方向，以确定路径的形状。

（1）平滑点转换为角点。

利用【转换点】工具在平滑点上单击，可以将平滑点转换为没有调节柄的角点；当平滑点两侧显示调节柄时，拖曳鼠标光标调整调节柄的方向，使调节柄断开，可以将平滑点转换为带有调节柄的角点。

（2）角点转换为平滑点。

在路径的角点上向外拖曳鼠标光标，可在锚点两侧出现两条调节柄，将角点转换为平滑点。按住 Alt 键在角点上拖曳鼠标光标，可以调整角点一侧的路径形状。

（3）调整调节柄编辑路径。

利用【转换点】工具调整带调节柄的角点或平滑点一侧的控制点，可以调整锚点一侧的曲线路径的形状；按住 Ctrl 键调整平滑锚点一侧的控制点，可以同时调整平滑点两侧的路径形态。按住 Ctrl 键在锚点上拖曳鼠标光标，可以移动该锚点的位置。

4.2.5　路径选择工具

利用工具箱中的【路径选择】工具可以对路径和子路径进行选择、移动、对齐和复制等。当子路径上的锚点全部显示为黑色时，表示该子路径被选择。

一、【路径选择】工具的选项

在工具箱中选择【路径选择】工具，其属性栏如图 4-2 所示。

图 4-2 【路径选择】工具属性栏

- 勾选【显示定界框】复选框，在被选择的路径周围显示【变形】框，利用【变形】框可以对路径进行变形修改。对路径进行变形修改的操作与对图像进行变形修改的操作基本相同，此处不再重复介绍。
- 按钮：这 4 个按钮可以设置子路径间的计算方式，即可以对路径进行添加、减去、相交和反交（保留不相交的路径）的计算。选择两个以上要进行计算的子路径，单击属性栏中 组合 按钮，可以将被选择的子路径组合为一个新的子路径。
- 按钮：这 3 个按钮只有在同时选择两个以上的子路径时才可用。它们可以将被选择的子路径在水平方向上进行顶部对齐、垂直居中对齐和底部对齐。
- 按钮：这 3 个按钮只有在同时选择两个以上的子路径时才可用。它们可以将被选择的子路径在垂直方向上进行左对齐、水平居中对齐和右对齐。
- 按钮：这 3 个按钮只有在同时选择 3 个以上的子路径时才有效。它们可以将被选择的子路径在垂直方向上依路径的顶部、垂直中心、底部进行等距离分布。
- 按钮：这 3 个按钮只有在同时选择 3 个以上的子路径时才有效。它们可以将被选择的子路径在水平方向上依路径的左边、水平居中、右边进行等距离分布。

二、选择、移动和复制子路径

利用工具箱中的工具可以对路径和子路径进行选择、移动和复制操作。

- 选择工具箱中的工具，单击子路径可以将其选中。
- 在图像窗口中拖曳鼠标光标，鼠标光标拖曳范围内的子路径可以同时选中。
- 按住 Shift 键，依次单击子路径，可以选中多个子路径。
- 在图像窗口中拖曳被选择的子路径可以进行移动。
- 按住 Alt 键，拖曳被选择的子路径，可以将被选择的子路径进行复制。
- 拖曳被选择的子路径至另一个图像窗口，可以将子路径复制到另一个图像文件中。
- 按住 Ctrl 键，在图像窗口中选择路径，工具切换为【直接选择】工具。

4.2.6　直接选择工具

【直接选择】工具可以选择和移动路径、锚点以及平滑点两侧的方向点。选择工具箱中的工具，单击路径，其上显示出白色的锚点，这时锚点并没有被选中。

- 单击路径上的锚点可以将其选中，被选中的锚点显示为黑色。
- 在路径上拖曳鼠标光标，鼠标光标拖曳范围内的锚点可以同时被选中。
- 按住 Shift 键，依次单击锚点，可以选中多个锚点。
- 按住 Alt 键，单击路径，可以选中整个路径。
- 在图像中拖曳两个锚点间的一段路径，可以直接调整这一段路径的形态和位置。
- 在图像窗口中拖曳被选中的锚点可以将其移动。
- 拖曳平滑点两侧的方向点，可以改变其两侧曲线的形态。
- 按住 Ctrl 键，在图像窗口中选择路径，工具将切换为工具。

4.3 图形工具

使用图形工具可以快速地绘制各种简单的图形，包括矩形、圆角矩形、椭圆、多边形、直线或任意自定义形状的矢量图形，也可以利用该工具创建一些特殊的路径效果。

图 4-3 【图形】工具

Photoshop CS5 工具箱中的【图形】工具如图 4-3 所示。

- 【矩形工具】：可以绘制矩形或路径；按住 Shift 键可以绘制正方形或路径。
- 【圆角矩形工具】：可以绘制带有圆角效果的矩形或路径，当属性栏中的【半径】值为“0”时，此工具的功能相当于矩形工具。
- 【椭圆工具】：可以绘制椭圆图形或路径；按住 Shift 键可以绘制圆形或路径。
- 【多边形工具】：可以创建任意边数（3～100）的多边形或各种星形。属性栏中的【边】选项，用于设置多边形或星形的边数。
- 【直线工具】：可以绘制直线或带箭头的直线图形。通过设置【直线】工具属性栏中的【粗细】选项，可以设置绘制直线或带箭头直线的粗细。
- 【自定形状工具】：可以绘制各种不规则的图形或路径。单击属性栏中的【形状】按钮，可在弹出的【形状】选项面板中选择需要绘制的形状图形；单击【形状】选项面板右上角的按钮，可加载系统自带的其他自定形状。

4.4 路径面板

对路径进行应用的操作都是在【路径】面板中进行的，【路径】面板主要用于显示绘图过程中存储的路径、工作路径和当前矢量蒙版的名称及缩略图，并可以快速地在路径和选区之间进行转换，还可以用设置的颜色为路径描边或在路径中填充。

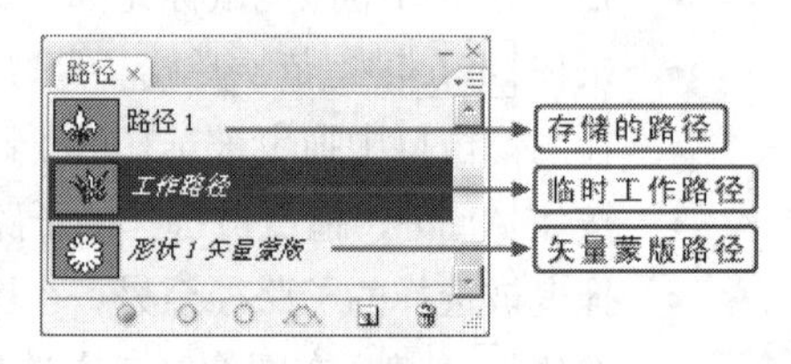

图 4-4 【路径】面板

下面来介绍【路径】面板的一些相关功能。【路径】面板如图 4-4 所示。

4.4.1 基本操作

【路径】面板的结构与【图层】面板有些相似，其部分操作方法也相似，如移动、堆叠位置、复制、删除、新建等操作。下面先简单介绍结构及功能。

当前文件中的工作路径堆叠在【路径】面板靠上部分，其中左侧为路径的缩览图，显示路径的缩览图效果，右侧为路径的名称。

- 在【路径】面板中单个路径上按下鼠标左键并向上或向下拖曳，可移动该路径的堆叠位置。
- 在【路径】面板中单击相应的路径就可以将路径打开，使其在图像窗口中显示，以进行各种操作。
- 单击【路径】面板下方的灰色区域，可以隐藏路径，使其不在图像中显示。也可在激活路径工具的情况下，按Esc键隐藏路径。
- 双击路径的名称，可以对路径的名称进行修改。

4.4.2　功能按钮

（1）单击【用前景色填充路径】按钮，可用前景色填充路径。

（2）单击【用画笔描边路径】按钮，可用工具箱中选择的绘制工具描绘路径，如铅笔、画笔和橡皮擦工具等。

（3）单击【将路径作为选区载入】按钮，可将当前显示的路径转换为选区，也可以按Ctrl+Enter组合键。

（4）单击【从选区生成工作路径】按钮，可以将选区转换为路径。

（5）单击【创建新路径】按钮，可在当前图像中建立新的路径层。

（6）单击【删除当前路径】按钮，将删除路径。

4.5　渐变工具

【渐变】工具可以在图像文件或选区中填充渐变颜色，该工具是表现渐变背景、绘制立体图形、制作发光效果和阴影效果最理想的工具。【渐变】工具使用方法非常简单，基本操作步骤介绍如下。

（1）在工具箱中选择【渐变】工具。

（2）在图像文件中设置需要填充的图层或创建选区。

（3）在属性栏中设置渐变方式和渐变属性。

（4）打开【渐变编辑器】对话框，选择渐变样式或编辑渐变样式。

（5）将鼠标光标移动到图像文件中，按下鼠标左键拖曳，释放鼠标左键后即可完成渐变颜色填充。

4.5.1　设置渐变样式

单击属性栏中右侧的按钮，弹出如图 4-5 所示的【渐变样式】面板。在该面板中显示了许多渐变样式的缩略图，在缩略图上单击即可将该渐变样式选中。

单击【渐变样式】面板右上角的按钮，弹出菜单列表。在该菜单中下面的命令是系统预设的一些渐变样式，选择后，在弹出的询问面板中，单击追加(A)按钮，即可将选择的渐变样式载入【渐变样式】面板中。载入其他渐变样式后的面板效果如图 4-6 所示。

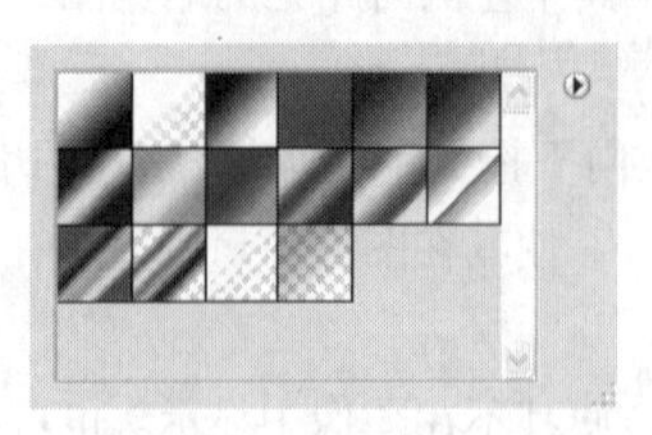
图 4-5 【渐变样式】面板

图 4-6 载入的渐变样式

4.5.2 设置渐变方式

【渐变】工具的属性栏中包括【线性渐变】、【径向渐变】、【角度渐变】、【对称渐变】和【菱形渐变】5 种渐变方式。当选择不同的渐变方式时，填充的渐变效果也各不相同。

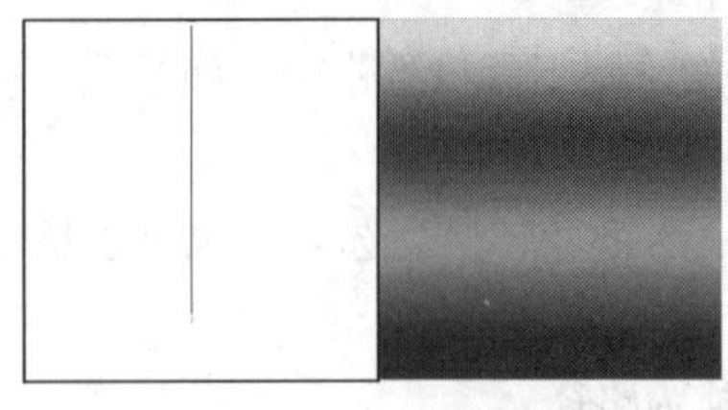
图 4-7 线性渐变的效果

- 【线性渐变】按钮：可以在画面中填充由鼠标光标的起点到终点的线性渐变效果，如图 4-7 所示。
- 【径向渐变】按钮：可以在画面中填充以鼠标光标的起点为中心、鼠标光标拖曳距离为半径的环形渐变效果，如图 4-8 所示。
- 【角度渐变】按钮：可以在画面中填充以鼠标光标的起点为中心、自鼠标光标拖曳方向起旋转一周的锥形渐变效果，如图 4-9 所示。

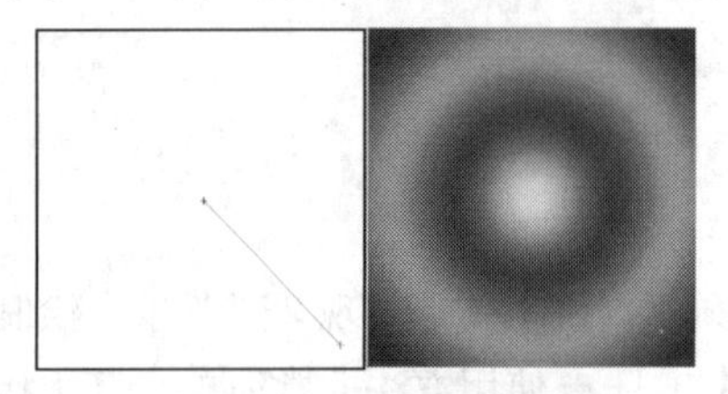
图 4-8 径向渐变的效果

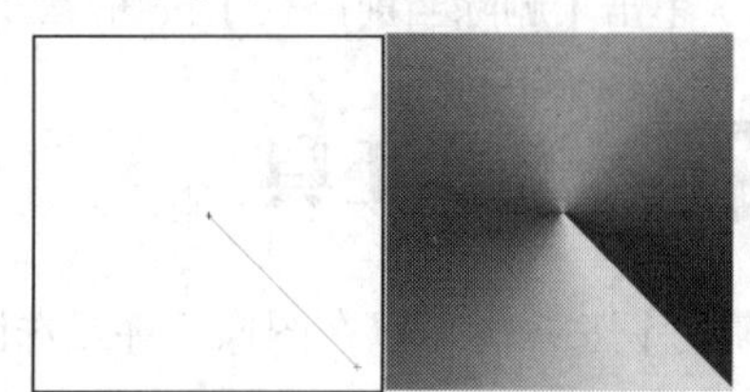
图 4-9 角度渐变的效果

- 【对称渐变】按钮：可以产生由鼠标光标起点到终点的线性渐变效果，且以经过鼠标光标起点与拖曳方向垂直的直线为对称轴的轴对称直线渐变效果，如图 4-10 所示。
- 【菱形渐变】按钮：可以在画面中填充以鼠标光标的起点为中心，鼠标光标拖曳的距离为半径的菱形渐变效果，如图 4-11 所示。

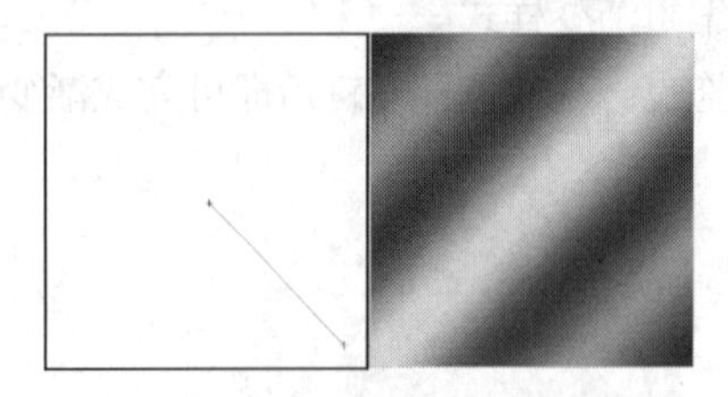
图 4-10 对称渐变的效果

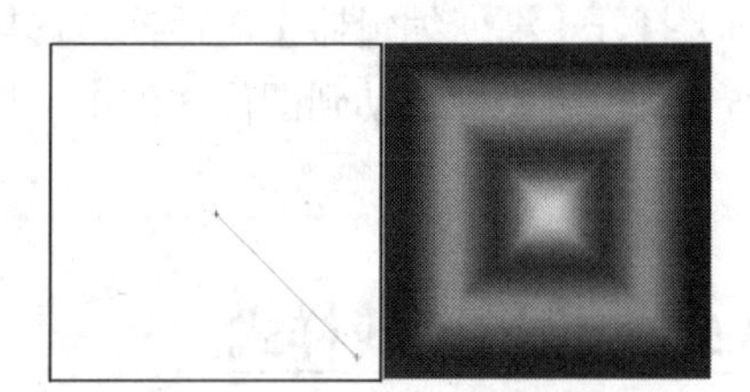
图 4-11 菱形渐变的效果

4.5.3 设置渐变选项

合理地设置【渐变】工具属性栏中的渐变选项，可以达到根据要求填充的渐变颜色效果。【渐变】工具的属性栏如图 4-12 所示。

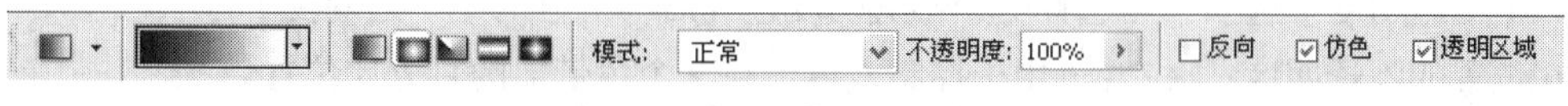

图 4-12 【渐变】工具属性栏

- 【点按可编辑渐变】按钮：单击颜色条部分，将弹出【渐变编辑器】对话框，用于编辑渐变色；单击右侧的按钮，将弹出【渐变选项】面板，用于选择已有的渐变选项。
- 【模式】选项：与其他工具相同，用来设置填充颜色与原图像所产生的混合效果。
- 【不透明度】选项：用来设置填充颜色的不透明度。
- 【反向】选项：勾选此复选框，在填充渐变色时颠倒填充的渐变排列顺序。
- 【仿色】选项：勾选此复选框，可以使渐变颜色之间的过渡更加柔和。
- 【透明区域】选项：勾选此复选框，【渐变编辑器】对话框中渐变选项的不透明度才会生效。否则，将不支持渐变选项中的透明效果。

4.5.4　编辑渐变颜色

在【渐变】工具属性栏中单击【点按可编辑渐变】按钮的颜色条部分，将会弹出【渐变编辑器】对话框，如图 4-13 所示。

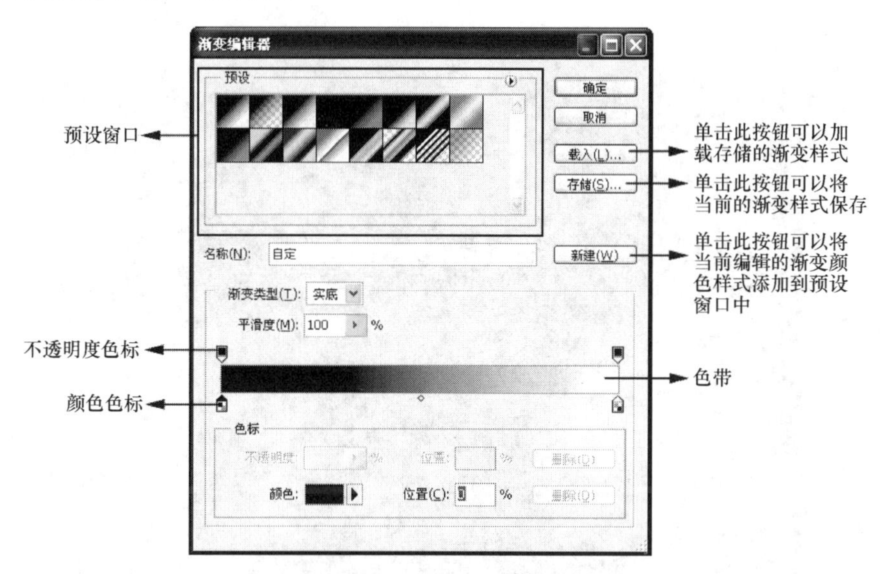

图 4-13 【渐变编辑器】对话框

- 预设窗口：在预设窗口中提供了多种渐变样式，单击某一渐变样式缩略图即可选择该渐变样式。
- 【渐变类型】选项：在此下拉列表中提供了两种渐变类型，分别为【实底】和【杂色】。
- 【平滑度】选项：此选项用于设置渐变颜色过渡的平滑程度。
- 不透明度色标：色带上方的色标称为不透明度色标，它可以根据色带上该位置的透明效果显示相应的灰色。当色带完全不透明时，不透明度色标显示为黑色；色带完全透明时，不透明度色标显示为白色。
- 颜色色标：左侧的色标，表示该色标使用前景色；右侧的色标，表示该色标使用背景色；当色标显示为▲状态时，则表示使用自定义的颜色。

- 【不透明度】选项：当选择一个不透明度色标后，下方的【不透明度】选项可以设置该色标所在位置的不透明度；【位置】用于控制该色标在整个色带上的百分比位置。
- 【颜色】选项：当选择一个颜色色标后，【颜色】色块显示的是当前使用的颜色，单击该颜色块或在色标上双击，可在弹出的【拾色器】对话框中设置色标的颜色；单击颜色块右侧的▶按钮，可以在弹出的菜单中将色标设置为前景色、背景色或自定义颜色。
- 【位置】选项：可以设置色标按钮在整个色带上的百分比位置；单击 删除(D) 按钮，可以删除当前选择的色标。

4.6 绘制生日贺卡

本节灵活运用【路径】工具及路径的描绘功能来绘制生日贺卡。

目的：练习【路径】工具的灵活使用。

内容：首先利用【钢笔】工具和【转换点】工具绘制各种形状的路径，转换为选区后填充相应的颜色，然后灵活运用【加深】工具和【减淡】工具对图形进行处理，或利用【画笔】工具结合路径的描绘功能对绘制的路径进行描绘，以此来制作生日贺卡。最终效果如图 4-14 所示。

图 4-14 绘制的生日贺卡

4.6.1 制作贺卡背景

操作步骤

1. 按 Ctrl+N 组合键，新建一个【宽度】为“25 厘米”、【高度】为“18 厘米”、【分辨率】为“150 像素/英寸”的白色文件。

2. 新建“图层 1”，利用工具，绘制出如图 4-15 所示的矩形选区，并为其填充上朦胧绿色

（R:181,G:217,B:207），然后按 Ctrl+D 组合键，将选区去除。

3. 利用工具和工具，绘制并调整出如图 4-16 所示的路径，然后按 Ctrl+Enter 组合键，将路径转换为选区。

图 4-15　绘制的选区

图 4-16　绘制的路径

4. 新建“图层 2”，为选区填充上蓝灰色（R:0,G:160,B:189），效果如图 4-17 所示。

5. 选择工具，在属性栏中将【范围】选项设置为“中间调”，【画笔】及【曝光度】参数读者可根据情况自定义，然后沿选区边缘按住鼠标左键并拖曳，对图像颜色进行加深处理，效果如图 4-18 所示。

图 4-17　填充颜色后的效果

图 4-18　对图像颜色进行加深处理后的效果

6. 选择工具，在选区内按住鼠标左键并拖曳，对图像颜色进行减淡处理，效果如图 4-19 所示，然后按 Ctrl+D 组合键，将选区去除。

7. 利用工具和工具，绘制并调整出如图 4-20 所示的路径，然后按 Ctrl+Enter 组合键，将路径转换为选区。

图 4-19　对图像颜色进行减淡处理后的效果

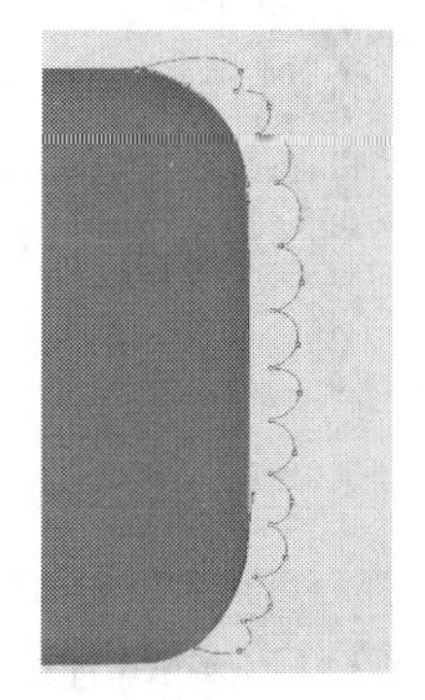

图 4-20　绘制的路径

8. 新建“图层 3”，为选区填充上浅粉色（R:241,G:204,B:188），效果如图 4-21 所示，然后按Ctrl+D组合键，将选区去除。

9. 利用工具和工具，绘制并调整出如图 4-22 所示的路径，然后按Ctrl+Enter组合键，将路径转换为选区。

10. 新建“图层 4”，并将其调整至“图层 3”的下方位置，再为选区填充上浅蓝色（R:121,G:195,B:221），效果如图 4-23 所示，然后按Ctrl+D组合键，将选区去除。

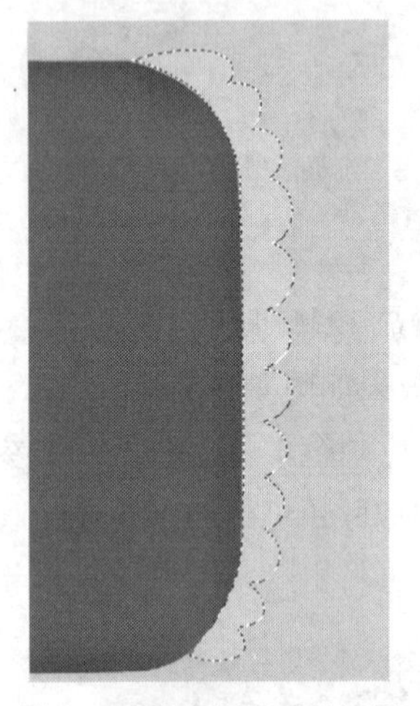

图 4-21　填充颜色后的效果

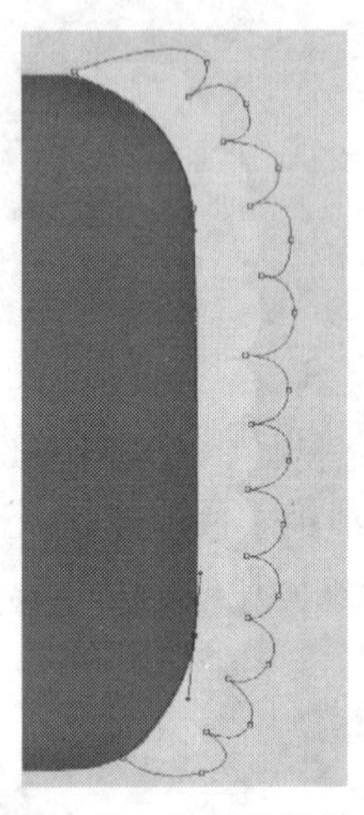

图 4-22　绘制的路径

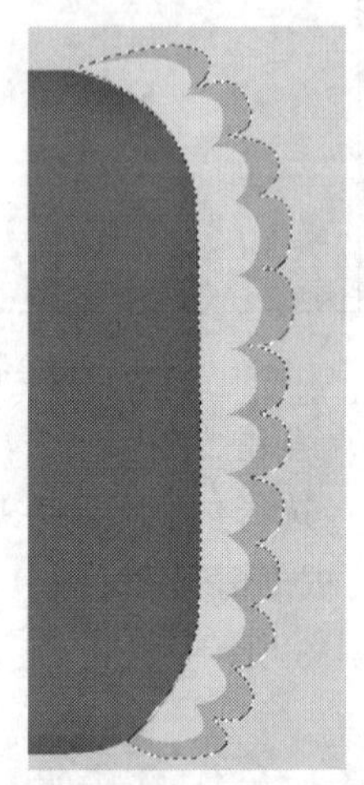

图 4-23　填充颜色后的效果

11. 新建“图层 5”，并将其调整至“图层 4”的上方位置，然后将前景色设置为白色。

12. 选择工具，单击属性栏中的按钮，在弹出的【画笔】面板中设置各项参数，如图 4-24 所示。

13. 单击【路径】面板中的“工作路径”，将路径在图像窗口中显示，再单击面板下方的按钮，用设置的画笔笔头描绘路径，然后在【路径】面板的灰色区域处单击，将路径隐藏，描绘路径后的效果如图 4-25 所示。

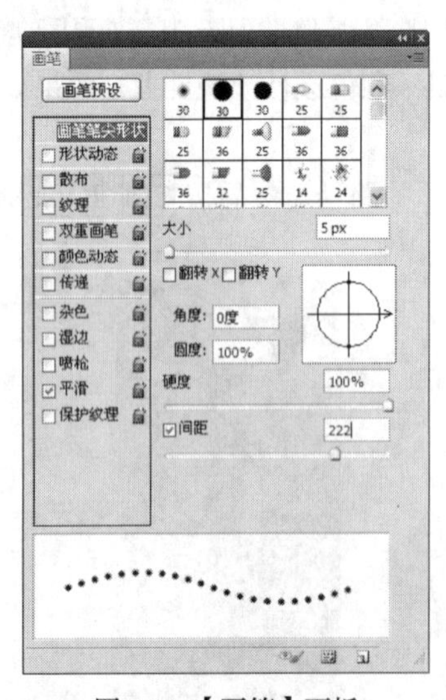

图 4-24 【画笔】面板

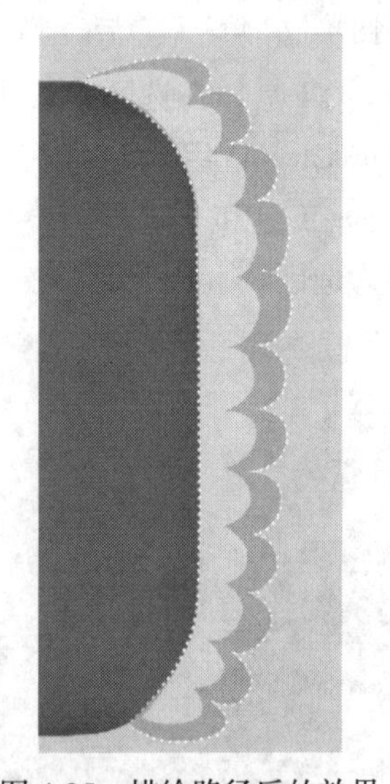

图 4-25　描绘路径后的效果

14. 按Ctrl+S组合键，将此文件命名为“生日贺卡.psd”保存。

4.6.2　绘制生日蛋糕

操作步骤

1. 接上例。利用工具和工具，绘制并调整出如图 4-26 所示的路径，然后按 Ctrl+Enter 组合键，将路径转换为选区。

2. 新建“图层 6”，为选区填充上浅蓝绿色（R:195,G:223,B:201），效果如图 4-27 所示，然后按 Ctrl+D 组合键，将选区去除。

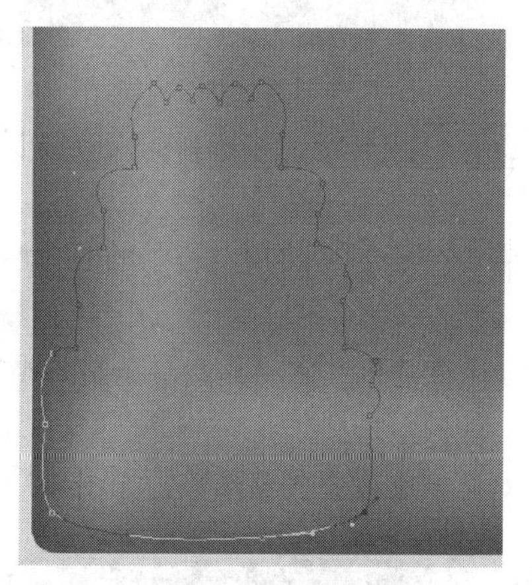

图 4-26　绘制的路径

图 4-27　填充颜色后的效果

3. 执行【图层】/【图层样式】/【投影】命令，在弹出的【图层样式】对话框中设置各项参数，如图 4-28 所示。

4. 单击 确定 按钮，添加图层样式后的图像效果如图 4-29 所示。

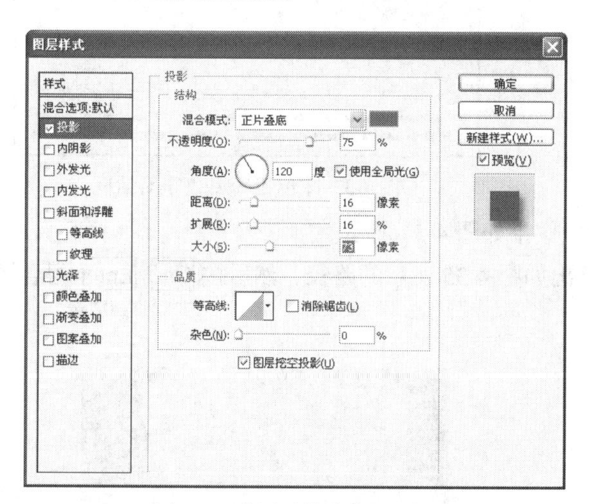

图 4-28 【图层样式】对话框

图 4-29　添加图层样式后的图像效果

5. 利用工具和工具，绘制并调整出如图 4-30 所示的路径，然后按 Ctrl+Enter 组合键，将路径转换为选区。

6. 按 Ctrl+O 组合键，打开素材文件中“图库\第 04 章”目录下的“壁纸 01.jpg”文件，如图 4-31 所示。

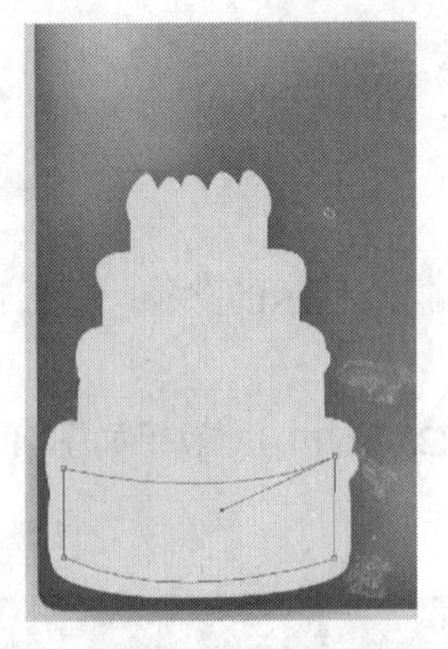

图 4-30　绘制的路径

图 4-31　打开的图片

7. 按 Ctrl+A 组合键，将画面全部选中，然后按 Ctrl+C 组合键，将选择的内容复制到剪贴板中。

8. 将新建文件设置为工作状态，按 Alt+Shift+Ctrl+V 组合键，将剪贴板中的内容粘贴入当前选区中生成“图层 7”。

9. 按 Ctrl+T 组合键，为“图层 7”中的内容添加自由变换框，并将其调整至如图 4-32 所示的形态，然后按 Enter 键，确认图像的变换操作。

10. 按 Ctrl+U 组合键，在弹出的【色相/饱和度】对话框中设置各项参数，如图 4-33 所示。

图 4-32　调整后的图像形态

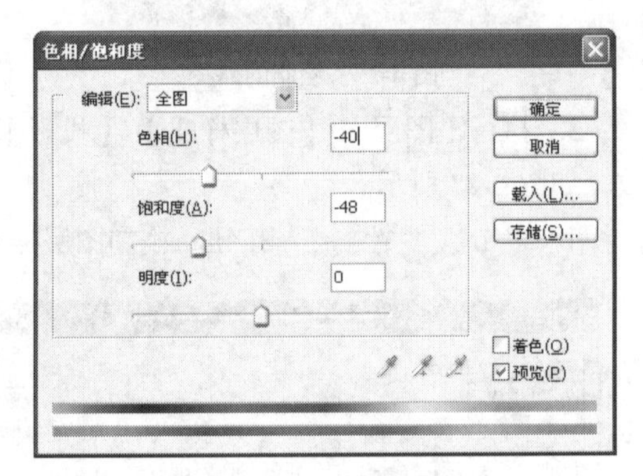

图 4-33 【色相/饱和度】对话框

11. 单击 确定 按钮，调整后的图像效果如图 4-34 所示。

12. 利用工具和工具，绘制并调整出如图 4-35 所示的路径，然后按 Ctrl+Enter 组合键，将路径转换为选区。

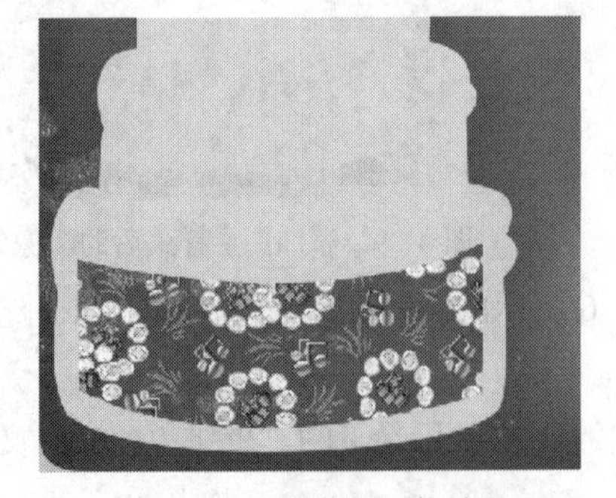

图 4-34　调整后的图像效果

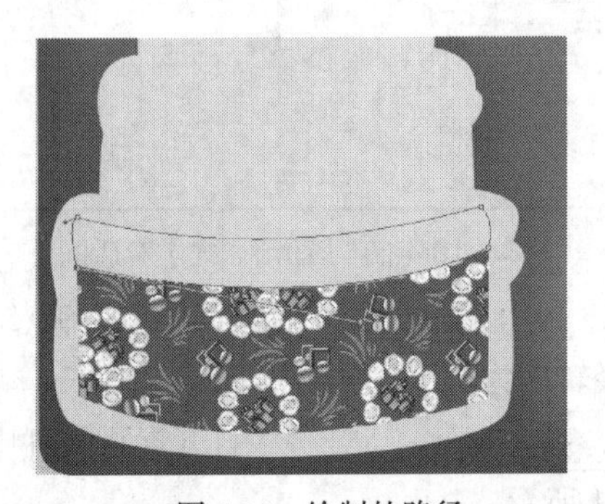

图 4-35　绘制的路径

13. 新建“图层 8”，为选区填充上深蓝色（R:131,G:104,B:169），效果如图 4-36 所示，然后选择工具，沿选区边缘按住鼠标左键并拖曳，对图像颜色进行加深处理，效果如图 4-37 所示。

图 4-36　填充颜色后的效果

图 4-37　对图像颜色进行加深处理后的效果

14. 选择工具，在选区内按住鼠标左键并拖曳，对图像颜色进行减淡处理，效果如图 4-38 所示，然后按 Ctrl+D 组合键，将选区去除。

15. 利用工具和工具，绘制并调整出如图 4-39 所示的路径，然后按 Ctrl+Enter 组合键，将路径转换为选区。

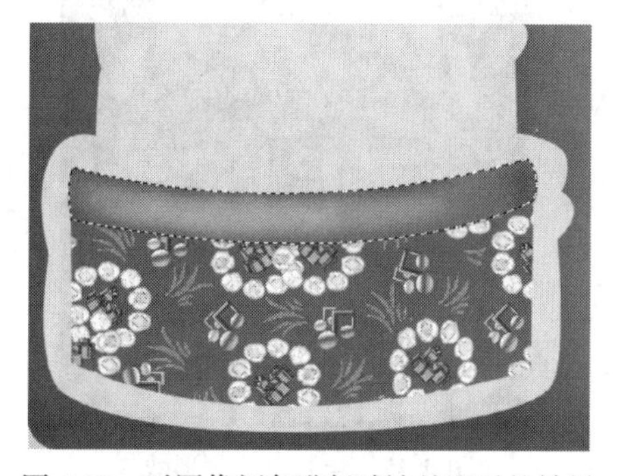
图 4-38　对图像颜色进行减淡处理后的效果

图 4-39　绘制的路径

16. 新建“图层 9”，为选区填充上蓝紫色（R:155,G:145,B:183），效果如图 4-40 所示，然后按 Ctrl+D 组合键，将选区去除。

17. 用与步骤 5～步骤 9 相同的方法，制作出如图 4-41 所示的图像效果，贴入的图片是素材文件中“图库\第 04 章”目录下的“壁纸 02.jpg”文件。

图 4-40　填充颜色后的效果

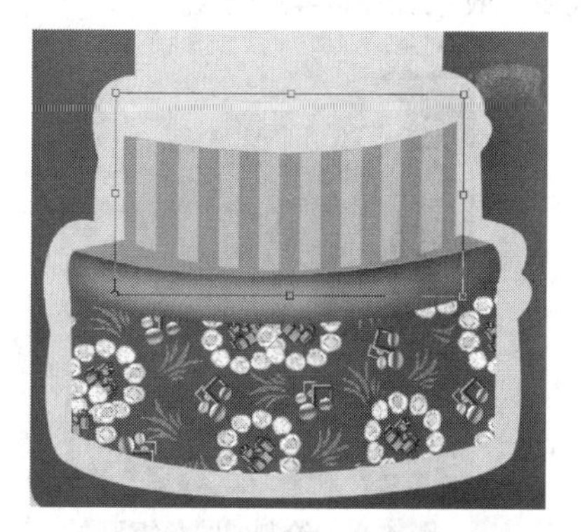
图 4-41　制作的图像效果

18. 按 Ctrl+U 组合键，在弹出的【色相/饱和度】对话框中设置各项参数如图 4-42 所示。

19. 单击 确定 按钮，调整后的图像效果如图 4-43 所示。

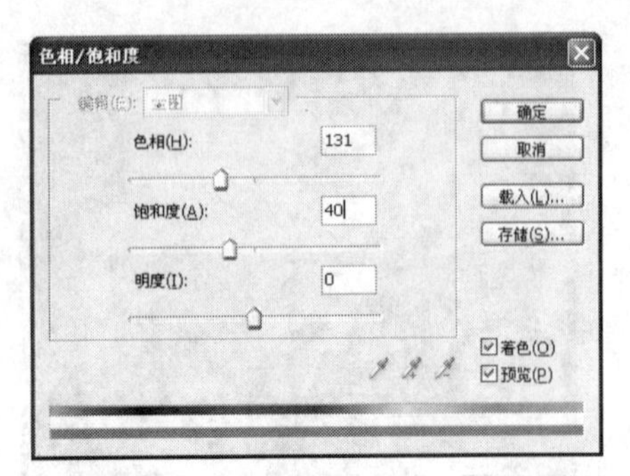

图 4-42 【色相/饱和度】对话框

图 4-43　调整后的图像效果

20. 用与前面相同的方法，依次制作出如图 4-44 所示的图像效果，贴入的图片是素材文件中“图库\第 04 章”目录下的“壁纸 03.jpg”文件。

21. 继续利用、、和工具，绘制并调整出如图 4-45 所示的图形效果。

图 4-44　制作出的图像效果

图 4-45　绘制出的图形效果

22. 新建“图层 16”，然后将前景色设置为浅蓝色（R:155,G:212,B:222）。

23. 选择工具，激活属性栏中的按钮，并将 半径: 10 px 的参数设置为“10 px”，然后绘制出如图 4-46 所示的圆角矩形。

24. 利用工具和工具，依次对图形的颜色进行加深和减淡处理，制作出图形的暗部和亮部区域，效果如图 4-47 所示。

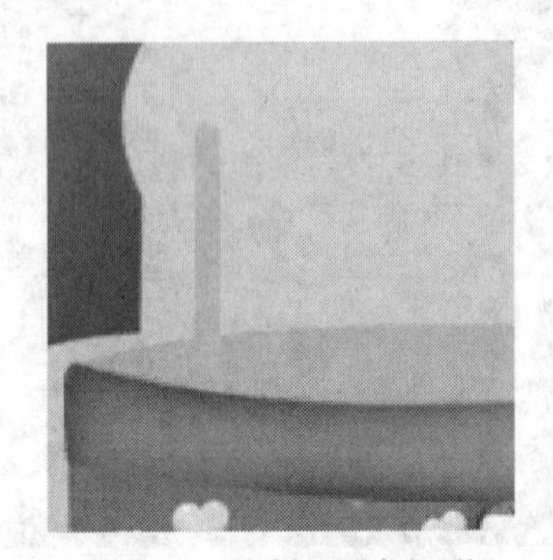

图 4-46　绘制的圆角矩形

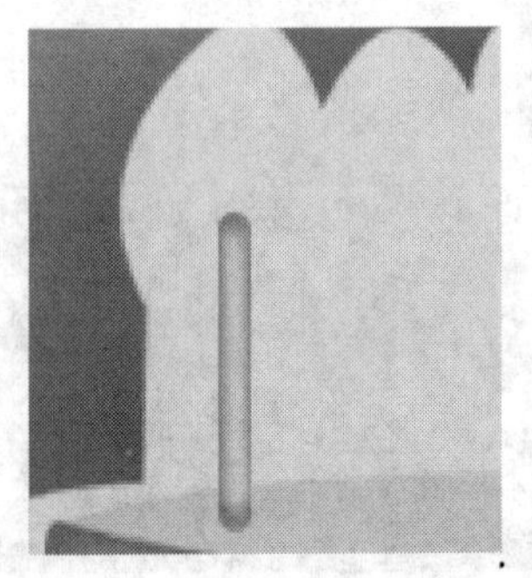

图 4-47　处理后的图形效果

25. 按住 Ctrl 键，单击“图层 16”左侧的图层缩略图，为其添加选区，然后按住 Ctrl+Alt 组合键，在选区内按住鼠标左键并拖曳，依次复制出如图 4-48 所示的图形。

26. 新建“图层 17”，利用工具绘制选区，然后为其填充深黄色（R:238,G:198,B:132），效果如图 4-49 所示。

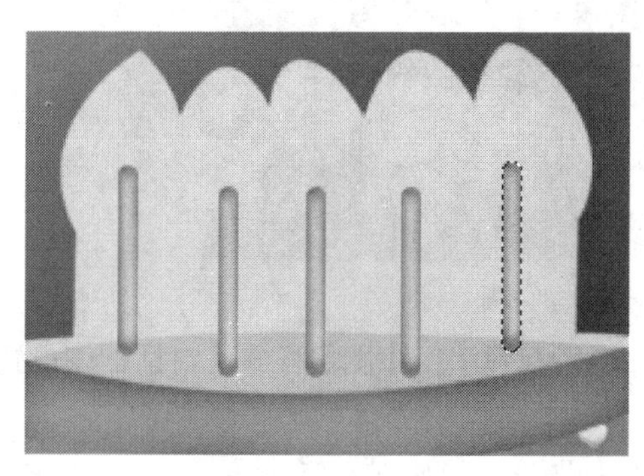

图 4-48　复制出的图形

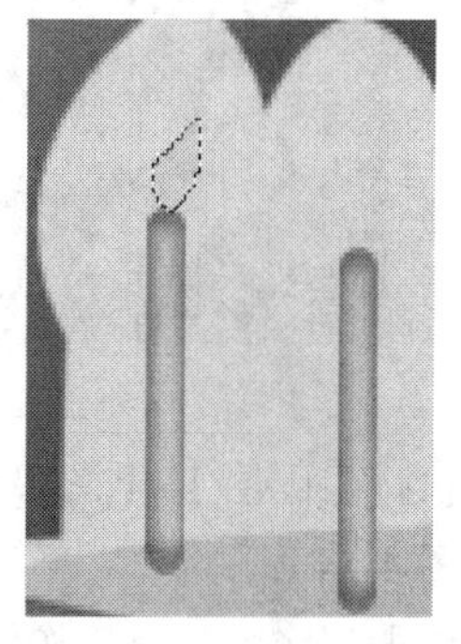

图 4-49　绘制的图形

27. 利用工具和工具，依次对图形的颜色进行加深和减淡处理，制作出图形的暗部和亮部区域，去除选区后的效果如图 4-50 所示。

28. 用与步骤 25 相同的复制方法，依次复制出如图 4-51 所示的图形。

注意，在移动复制的过程中，可随时执行【编辑】/【变换】/【水平翻转】命令，以制作出不同形态的火苗效果。

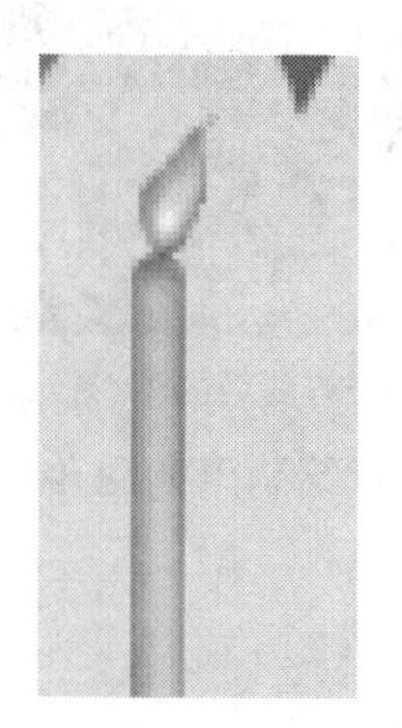

图 4-50　处理后的图形效果

图 4-51　复制出的图形

29. 利用工具和工具，绘制并调整出如图 4-52 所示的路径，然后按 Ctrl+Enter 组合键，将路径转换为选区。

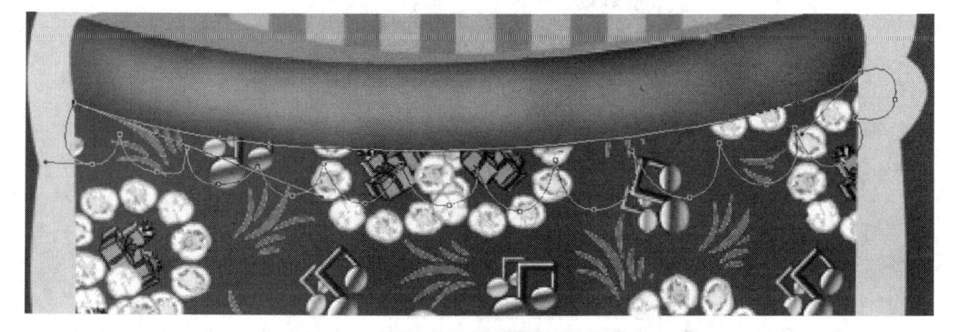

图 4-52　绘制的路径

30. 新建“图层 18”，为选区填充上浅黄色（R:246,G:241,B:183），效果如图 4-53 所示，然后按 Ctrl+D 组合键，将选区去除。

图 4-53　填充颜色后的效果

31. 执行【图层】/【图层样式】/【描边】命令，在弹出的【图层样式】对话框中设置各项参数，如图 4-54 所示。

32. 单击 确定 按钮，添加图层样式后的图形效果如图 4-55 所示。

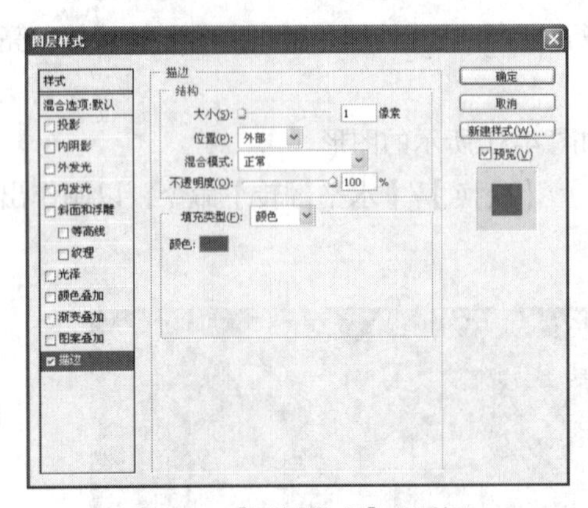

图 4-54 【图层样式】对话框

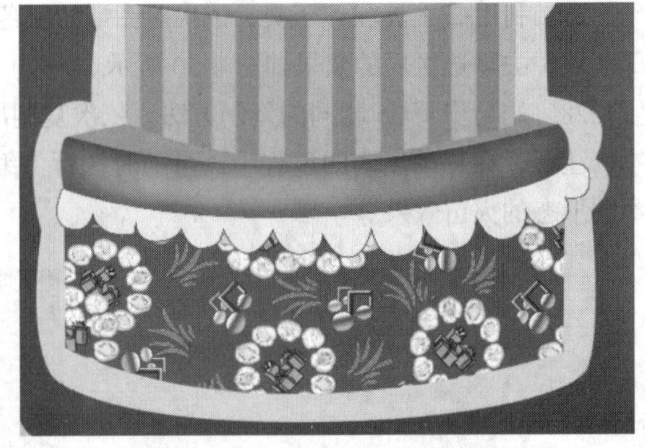

图 4-55　添加图层样式后的图形效果

33. 用与步骤 29～步骤 32 相同的方法，依次在各层蛋糕的相应位置绘制出如图 4-56 所示的花边图形，完成蛋糕的绘制。

图 4-56　绘制出的图形

34. 按Ctrl+S组合键，将此文件保存。

4.6.3　制作贺卡图案及文字效果

操作步骤

1. 接上例。新建“图层 21”，然后将前景色设置为浅黄色（R:248,G:240,B:210）。

2. 选择工具，激活属性栏中的按钮，并单击属性栏中【形状】选项右侧的按钮，在弹出的【自定形状】面板中单击右上角的按钮。

3. 在弹出的下拉菜单中选择【全部】命令，然后在弹出的【Adobe Photoshop】询问面板中单击 确定 按钮，用“全部”的形状图形替换【自定形状】面板中的形状图形。

4. 拖动【自定形状】面板右侧的滑块，选择如图 4-57 所示的形状图形，然后按住Shift键，绘制出如图 4-58 所示的形状图形。

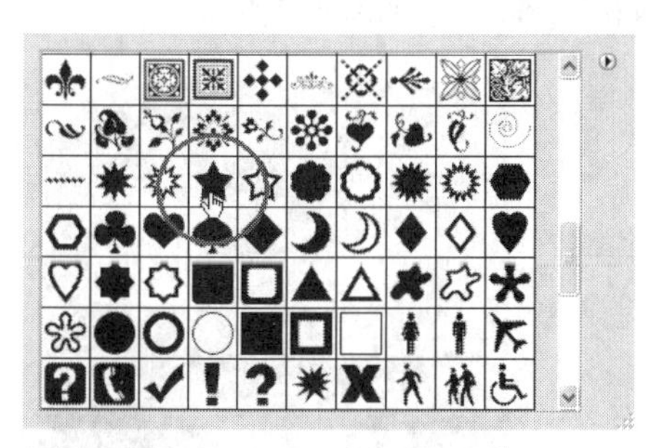

图 4-57 【自定形状】面板

图 4-58　绘制的图形

5. 按Ctrl+T组合键，为“图层 21”中的图形添加自由变换框，并将其旋转至如图 4-59 所示的形态，然后按Enter键，确认图形的旋转变换操作。

6. 按住Ctrl键单击“图层 21”左侧的图层缩略图，为其添加选区，再执行【选择】/【变换选区】命令，为选区添加自由变换框，并将属性栏中W: 90% H: 90.0%的参数都设置为“90%”，变换后的选区形态如图 4-60 所示。

图 4-59　旋转后的图形形态

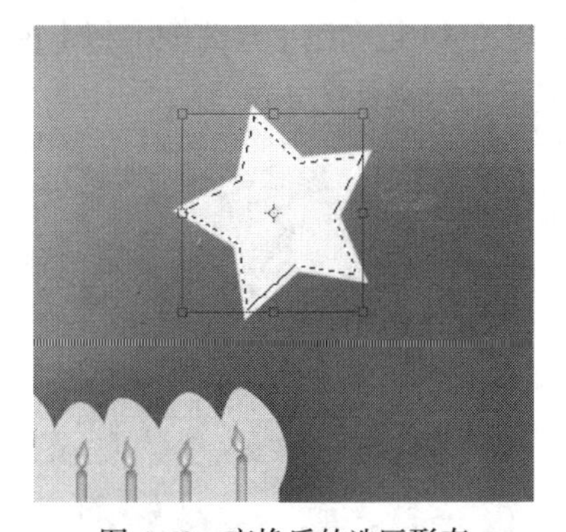

图 4-60　变换后的选区形态

7. 按Enter键，确认选区的变换操作，然后为选区填充上粉红色（R:255,G:211,B:214），效果如图 4-61 所示。

8. 选择工具，沿选区边缘按住鼠标左键并拖曳，对图像颜色进行加深处理，效果如图 4-62 所示。

图 4-61　填充颜色后的效果

图 4-62　对图像颜色进行加深处理后的效果

9. 选择工具，在选区内按住鼠标左键并拖曳，对图像颜色进行减淡处理，然后按 Ctrl+D 组合键，将选区去除，处理后的图像效果如图 4-63 所示。

10. 用与步骤 2～步骤 9 相同的方法，制作出如图 4-64 所示的星形效果。

图 4-63　对图像颜色进行减淡处理后的效果

图 4-64　制作出的星形效果

11. 在【图层】面板中，依次将"图层 21"和"图层 22"复制一层生成"图层 21 副本"层和"图层 22 副本"层，然后分别调整复制出的星形至如图 4-65 所示的形态及位置。

12. 将"图层 22 副本"层设置为工作层，执行【图像】/【调整】/【色相/饱和度】命令，在弹出的【色相/饱和度】对话框中将【色相】的参数设置为"118"，单击 确定 按钮，星形调整颜色后的效果如图 4-66 所示。

图 4-65　复制出的星形

图 4-66　调整颜色后的效果

13. 新建“图层 23”，并将前景色设置为白色，然后利用工具，依次绘制出如图 4-67 所示的路径。

14. 选择工具，单击【路径】面板底部的按钮描绘路径，然后在面板中的灰色区域处单击将路径隐藏，描绘后的效果如图 4-68 所示。

图 4-67　绘制的路径

图 4-68　描绘路径后的效果

15. 利用工具，输入如图 4-69 所示的粉红色（R:241,G:208,B:202）英文字母。

图 4-69　输入的文字

16. 执行【图层】/【图层样式】/【外发光】命令，在弹出的【图层样式】对话框中设置各项参数，如图 4-70 所示。

17. 单击 确定 按钮，添加图层样式后的文字效果如图 4-71 所示。

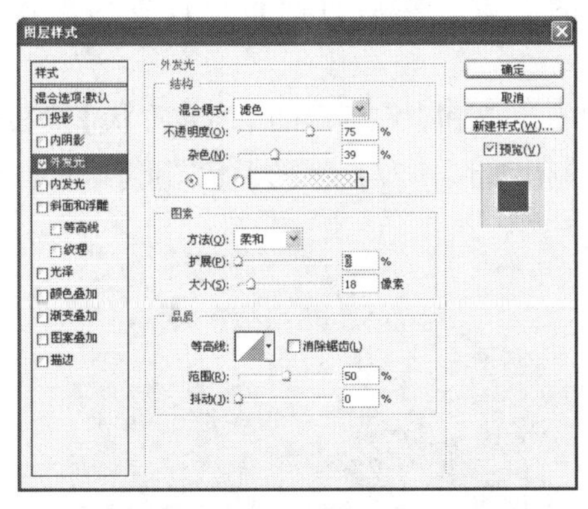

图 4-70 【图层样式】对话框

图 4-71　添加图层样式后的文字效果

18. 用与步骤 11～步骤 13 相同的方法，制作出如图 4-72 所示的图像效果。

19. 将“图层 22”设置为工作层，然后依次复制出 3 个图层，并分别将其调整至如图 4-73 所示的位置及形态。

图 4-72　制作出的图像效果

图 4-73　复制出的星形

20. 选择“图层 22 副本 3”层，执行【图像】/【调整】/【色相/饱和度】命令，在弹出的【色相/饱和度】对话框中设置各项参数，如图 4-74 所示。

21. 单击 确定 按钮，将星形的颜色调整为红色，然后选择“图层 22 副本 4”层，再次执行【图像】/【调整】/【色相/饱和度】命令，在弹出的【色相/饱和度】对话框中将【色相】的参数设置为“28”。

22. 单击 确定 按钮，星形调整颜色后的效果如图 4-75 所示。

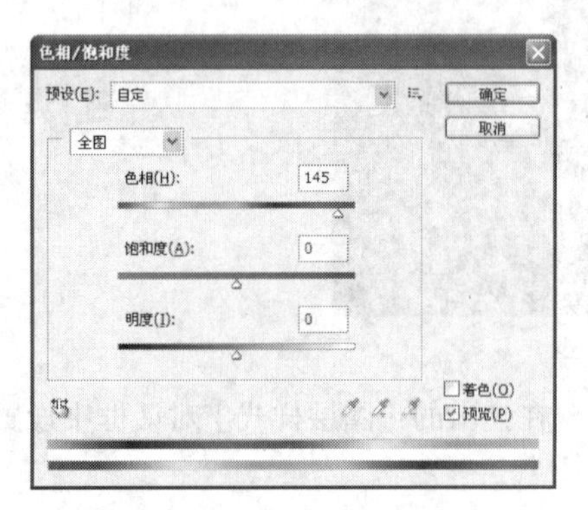

图 4-74 【色相/饱和度】对话框

图 4-75　星形调整颜色后的效果

23. 新建“图层 25”，将其调整至所有图层的上方，然后将前景色设置为深褐色（R:186,G:121,B:107）。

24. 选择工具，单击属性栏中【形状】选项右侧的按钮，在弹出的【自定形状】面板中选择如图 4-76 所示的形状图形，然后按住 Shift 键，绘制出如图 4-77 所示的形状图形。

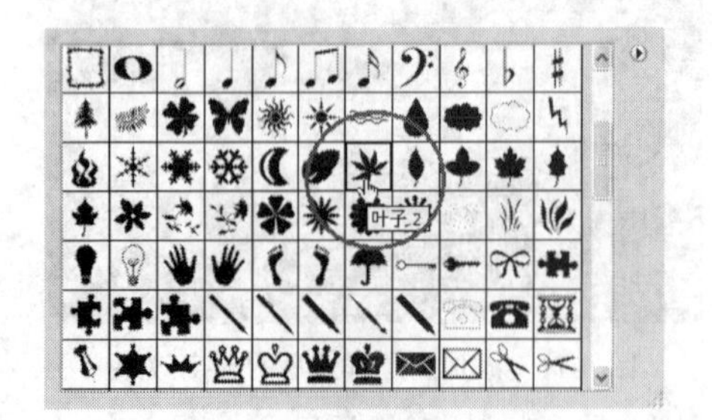

图 4-76 【自定形状】面板

图 4-77　绘制的形状图形

25. 按住 Ctrl 键单击“图层 25” 左侧的图层缩览图加载选区，然后用移动复制图形的方法，依次将其沿贺卡的边缘向下移动复制，效果如图 4-78 所示。

26. 按住 Ctrl 键，单击“图层 2”左侧的图层缩略图，为其添加选区，再确认“图层 25”为当前层，按 Delete 键，删除选择的内容效果，如图 4-79 所示，然后将选区去除。

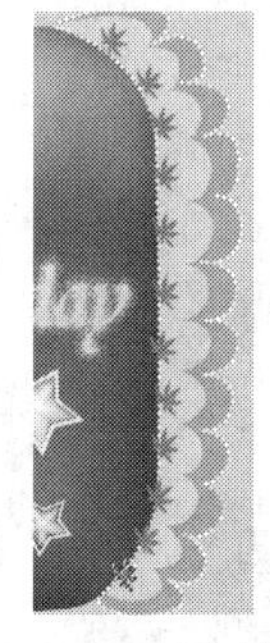

图 4-78　复制出的图形

图 4-79　删除后的画面效果

27. 将“图层 3”设置为当前层，然后执行【图层】/【图层样式】/【投影】命令，在弹出的【图层样式】对话框中设置各项参数，如图 4-80 所示。

28. 单击 确定 按钮，添加图层样式后的图像效果如图 4-81 所示。

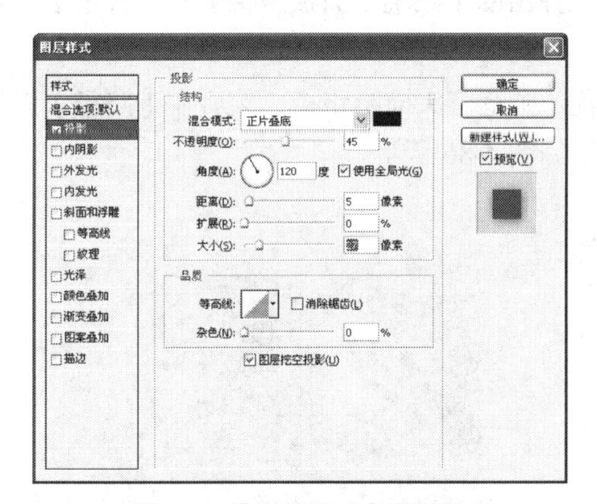

图 4-80 【图层样式】对话框

图 4-81　添加图层样式后的图像效果

29. 选择 工具，单击属性栏中的 按钮，弹出【画笔】面板，设置各选项及参数如图 4-82 所示。

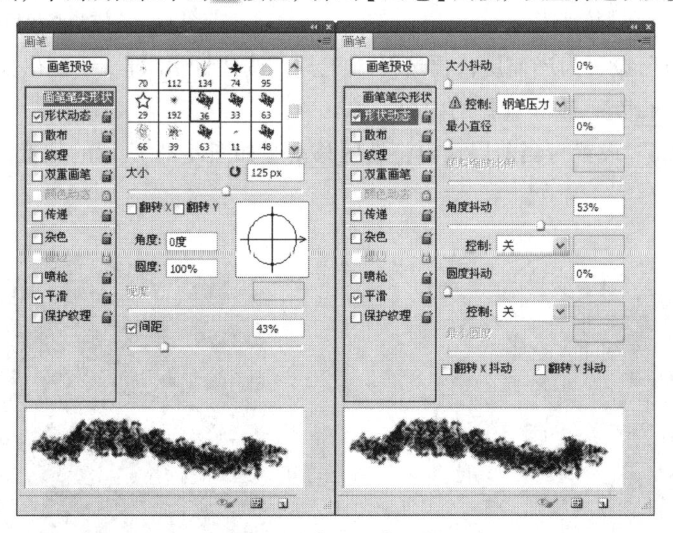

图 4-82 【画笔】面板

30. 将“图层 1”设置为当前层，然后在画面的左上方位置，按住鼠标左键并向右拖曳，至右端位置再向下拖曳，将图像擦除至如图 4-83 所示的形态。

31. 将“图层 22 副本”层复制为“图层 22 副本 5”层，然后将其调整至如图 4-84 所示的形态及位置。

图 4-83　擦除后的图像形态

图 4-84　制作出的图像效果

32. 新建“图层 26”，利用工具和工具，绘制并调整出如图 4-85 所示的路径。

33. 选择工具，单击属性栏中的按钮，在弹出的【画笔】面板中将笔头【大小】设置为“3 px”，【硬度】设置为“100%”，【间距】设置为“1%”。

34. 单击【路径】面板下方的按钮，用设置的画笔笔头描绘路径，然后在【路径】面板的灰色区域处单击，将路径隐藏，描绘路径后的效果如图 4-86 所示。

图 4-85　绘制的路径

图 4-86　描绘路径后的效果

35. 将“图层 1”设置为当前层，再选择工具，按住 Shift 键，绘制出如图 4-87 所示的圆形选区，然后按 Delete 键，删除选择的内容。

36. 将“图层 26”设置为当前层，再将选区移动至如图 4-88 所示的位置，然后按 Delete 键删除选择的内容。

图 4-87　绘制的选区

图 4-88　选区放置的位置

37. 将“图层 22 副本 5”层设置为当前层，再利用工具绘制出如图 4-89 所示的圆形选区，然后按Delete键，删除选择的内容。

38. 将“图层 26”设置为当前层，然后执行【图层】/【图层样式】/【投影】命令，在弹出的【图层样式】对话框中设置各项参数，如图 4-90 所示。

图 4-89　绘制的选区

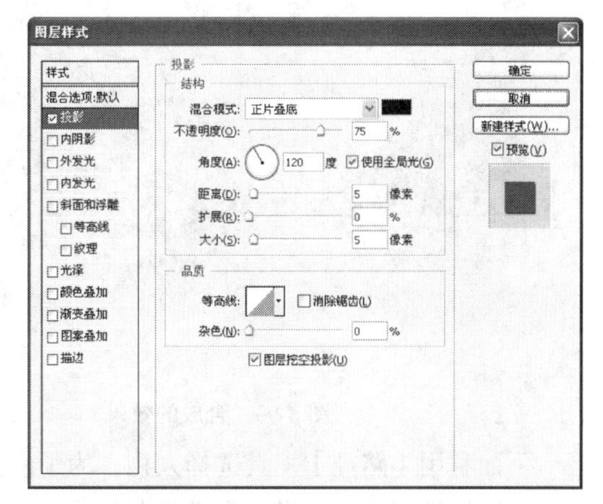

图 4-90　【图层样式】对话框

39. 单击 确定 按钮，添加图层样式后的图形效果如图 4-91 所示。

40. 至此，生日贺卡绘制完成，整体效果如图 4-92 所示。

图 4-91　添加图层样式后的图像效果

图 4-92　绘制的生日贺卡

41. 按Ctrl+S组合键，将此文件保存。

4.7 课堂实训

下面灵活运用本章所学的工具和菜单命令来进行案例操作。

4.7.1 从背景中选择人物

目的： 练习利用路径工具从背景中选择人物。

内容： 利用路径工具在背景中选择人物，然后将其合成到模板文件中，合成后的效果如图 4-93 所示。

操作步骤

1. 打开素材文件中“图库\第 04 章”目录下的名为“人物.jpg”文件，如图 4-94 所示。

图 4-93　合成的效果

图 4-94　打开的图片

下面利用【路径】工具选择人物。为了使操作更加便捷、选择的人物更加精确，在选择图像之前可以先将图像窗口设置为满画布显示。

2. 按 F 键，将窗口切换成带有菜单栏的全屏模式显示，如图 4-95 所示。

按 Tab 键，可以将工具箱、控制面板和属性栏同时显示或隐藏；按 Shift+Tab 组合键，可以只将控制面板显示或隐藏；连续按 F 键，窗口可以在带有菜单栏的全屏模式、全屏模式和标准屏幕模式这几种显示模式之间切换。

图 4-95　显示全屏模式

3. 选择 工具，在画面中人物的脸部区域依次单击，将画面放大显示，效果如图 4-96 所示。

4. 选择 工具，激活属性栏中的 按钮，然后将鼠标光标放置在人物头部的边缘处，单击添加第 1 个锚点，如图 4-97 所示。

图 4-96　放大后的画面

5. 将鼠标光标移动到图像结构转折的位置再次单击，添加第 2 个锚点，如图 4-98 所示。

图 4-97　添加第 1 个锚点

图 4-98　添加第 2 个锚点

6. 用相同的方法，根据人物图像的边缘依次添加锚点。

由于画面放大显示了，所以只能看到画面中的部分图像，在添加路径锚点时，当绘制到窗口的边缘位置后就无法再继续添加了。此时可以按住空格键，使鼠标光标切换成【抓手】工具，然后平移图像在窗口中的显示位置，再进行路径的绘制即可。

7. 按住空格键，此时鼠标光标变为抓手形状，按住鼠标左键拖曳，平移图像在窗口中的显示位置，如图 4-99 所示。

图 4-99　平移图像在窗口中的显示位置

8. 松开空格键，鼠标光标变为钢笔形状，继续单击绘制路径。

9. 当绘制路径的终点与起点重合时，在鼠标光标的右下角将出现一个圆圈符号，如图 4-100 所示，此时单击即可将路径闭合。

接下来利用【转换点】工具 对绘制的路径进行圆滑调整。

10. 选择 工具，将鼠标光标放置在路径的锚点上，按住鼠标左键并拖曳，此时出现两条控制柄，如图 4-101 所示。

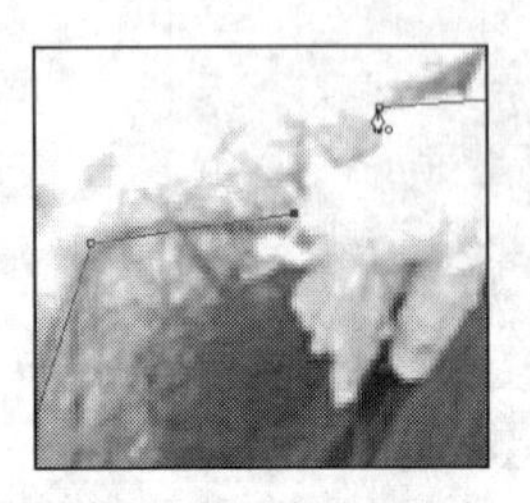

图 4-100 闭合路径状态

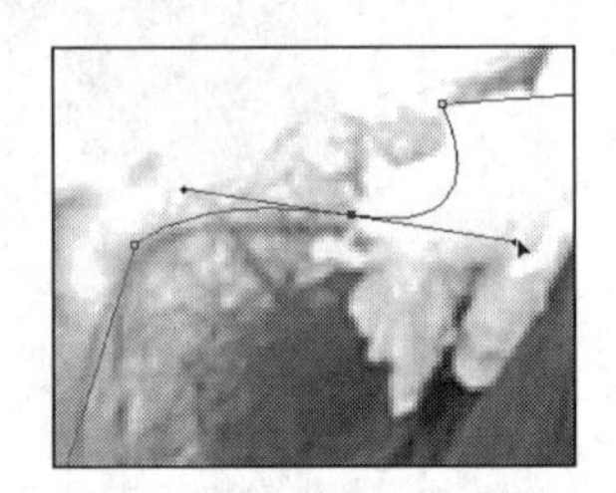

图 4-101 调整路径

11. 拖曳鼠标光标调整控制柄，将路径调整平滑后释放鼠标左键。如果路径锚点添加的位置没有紧贴图像轮廓，可以按住 Ctrl 键，将鼠标光标放置在锚点上拖曳，调整其位置，如图 4-102 所示。

12. 用同样的方法，利用 工具对路径上的其他锚点进行调整，调整锚点时同样会出现两个对称的控制柄。

13. 释放鼠标左键，将鼠标光标放置在其中一个控制柄上拖曳调整，此时另外一个控制柄被锁定，如图 4-103 所示。

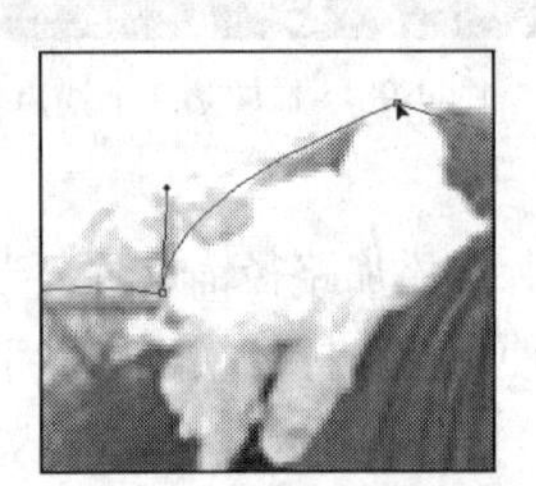

图 4-102 移动路径位置

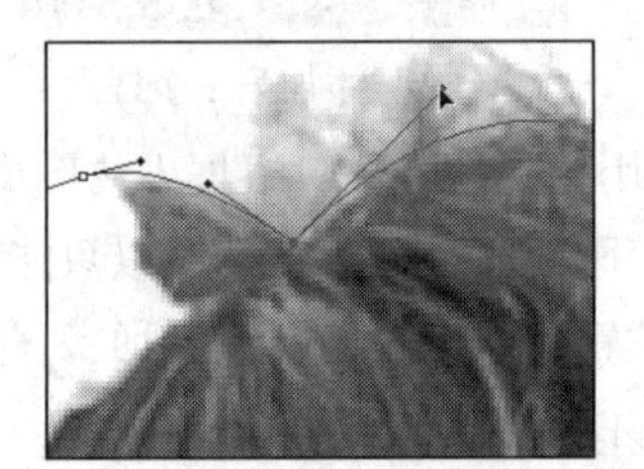

图 4-103 锁定控制柄

14. 利用 工具对锚点依次进行调整，使路径紧贴人物的轮廓边缘，如图 4-104 所示。按 Ctrl+Enter 组合键，将路径转换成选区，如图 4-105 所示。

图 4-104 调整后的路径

图 4-105 转换成的选区

15. 连续按两次 F 键，将画面切换为标准屏幕模式显示，然后双击工具箱中的工具，使画面适合屏幕大小显示。

16. 打开素材文件中“图库\第 04 章”目录下的“相册模板.psd”文件，如图 4-106 所示。

17. 利用工具将选择的人物图像移动复制到“相册模板.psd”文件中，然后将其调整至“图层 2”的下方。

18. 利用【自由变换】命令将人物图像调整至如图 4-107 所示的大小及位置，然后按 Enter 键，确认图片的缩小操作。

图 4-106　打开的图片

图 4-107　缩小图片

19. 利用工具把婚纱上面的草去除，原图及去除后的效果如图 4-108 所示。

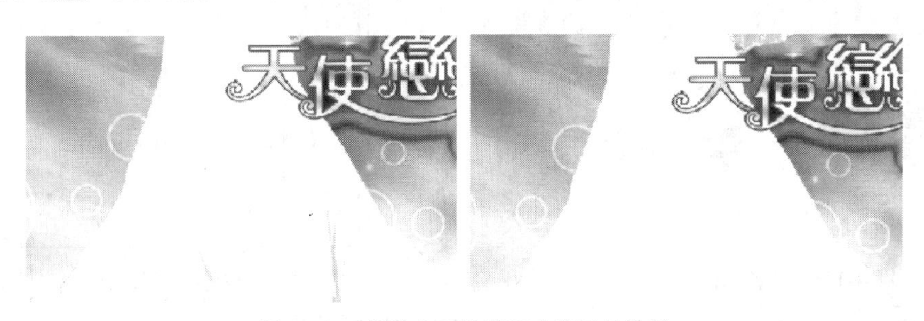

图 4-108　婚纱上面的草和去除后的效果

通过图示可以看出，在人物的手、头发以及婚纱上面有一些黑色或背景色没有去除，如图 4-109 所示，下面来对其进行调整。

20. 执行【图层】/【修边】/【去除黑色杂边】命令，将围绕人物轮廓周围的黑色杂边去除。

21. 选择工具，在属性栏中设置一个合适大小的笔尖，设置【不透明度】参数为“20%”，然后在应该显示透明的婚纱部位轻轻地擦除，得到婚纱的透明质感，效果如图 4-110 所示。

图 4-109　需要修饰的部位

图 4-110　擦除透明后的婚纱

22. 使用相同的擦除方法，修饰一下头发周围，修饰后的效果如图 4-111 所示。

23. 在人物如图 4-112 所示的左手位置有一块绿色没有去除，利用工具将其选中并删除。

图 4-111　修饰后的头发周围

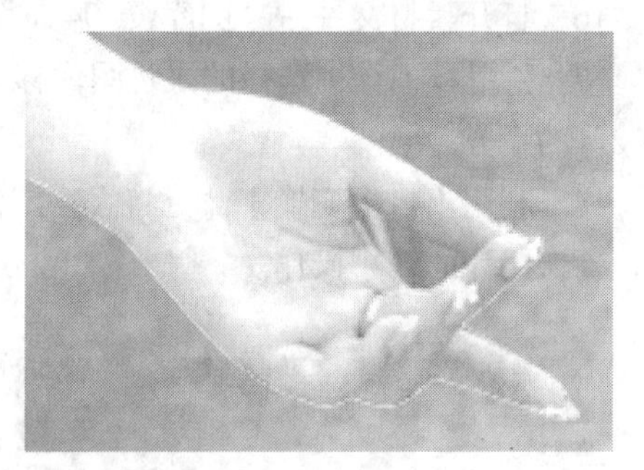

图 4-112　没有去除的绿色

24. 利用工具将文字层选择并调整一下位置，效果如图 4-113 所示。

25. 将“图层 3”设置为工作层，执行【图层】/【图层样式】/【投影】命令，弹出【图层样式】对话框，选项及参数设置如图 4-114 所示。

图 4-113　调整后的文字位置

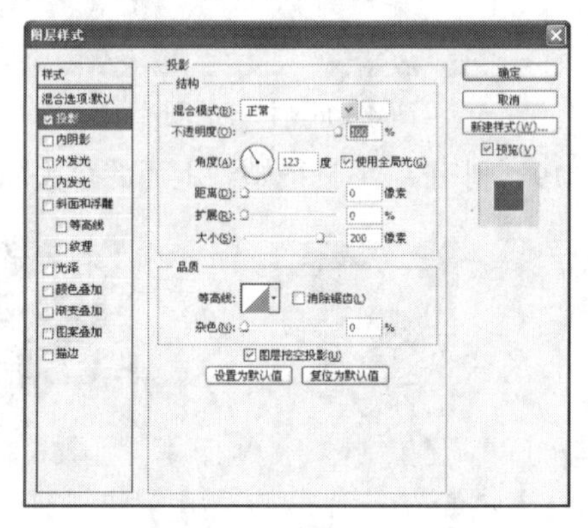

图 4-114 【图层样式】对话框

26. 单击 确定 按钮，为人物添加白色的投影效果。

27. 将文字层设置为工作层，然后执行【图层】/【新建调整图层】/【曲线】命令，添加“曲线”调整层，在弹出的【曲线】调整面板中依次调整【RGB】通道和【红】通道的曲线形态，如图 4-115 所示。

调整颜色后的画面效果如图 4-116 所示。

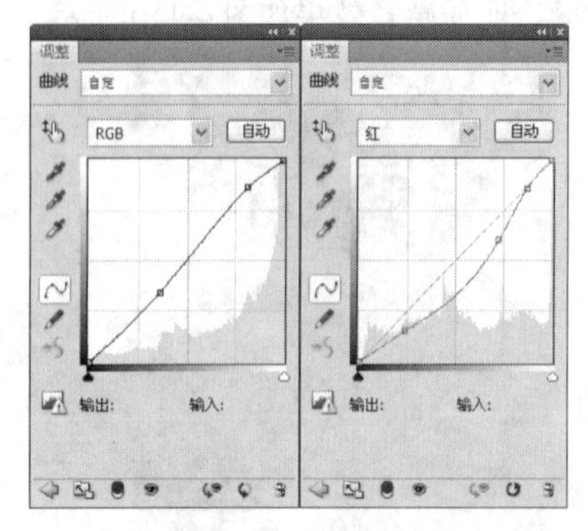

图 4-115 【曲线】对话框

图 4-116　调整颜色后的效果

28. 按 Shift+Ctrl+S 组合键，将此文件命名为“图像合成.psd”另存。

4.7.2　制作霓虹灯效果

目的：练习路径的描绘功能、【渐变】工具的应用及将文字转换为路径的操作。

内容：利用路径工具绘制并调整出霓虹灯的基本外形，然后将其进行路径描绘。再利用工具在画面中输入文字，将文字转换为路径后进行描绘制作出霓虹灯文字效果，最后利用工具在画面中绘制其他装饰图形。制作完成的霓虹灯效果如图 4-117 所示。

图 4-117　制作完成的霓虹灯效果

操作步骤

1. 新建一个【宽度】为“18 厘米”、【高度】为“10 厘米”、【分辨率】为“150 像素/英寸”、【颜色模式】为“RGB 颜色”、【背景内容】为“白色”的文件。

2. 将前景色设置为黑色，然后将其填充至背景层中。

3. 在【图层】面板中新建“图层 1”，然后将前景色设置为白色。

4. 选择工具，在属性栏中激活按钮，并将【粗细】的参数设置为“3 px”，然后按住 Shift 键，在画面的底部位置水平绘制 5 条白色的直线，如图 4-118 所示。

5. 在【图层】面板中单击左上方的按钮，锁定透明像素，然后利用工具，为线形自左向右添加色谱渐变色，效果如图 4-119 所示。

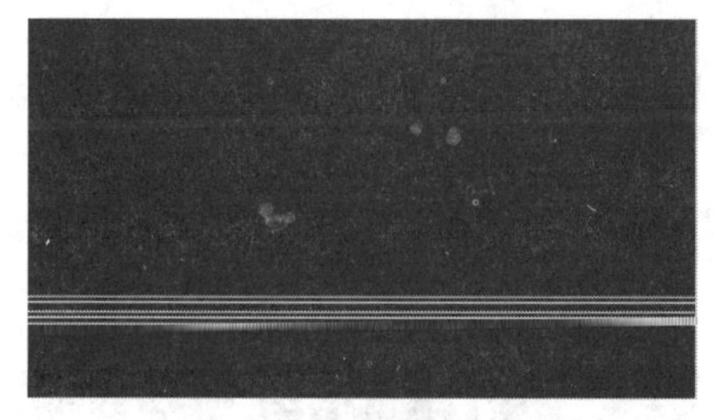
图 4-118　绘制的线形

图 4-119　添加渐变色后的直线效果

6. 利用工具和工具，在画面中绘制并调整出如图 4-120 所示的路径。

7. 在【图层】面板中新建“图层 2”，然后将前景色设置为亮紫色（R:255,G:0,B:255）。

8. 选择工具，按 F5 键，在弹出的【画笔】面板中设置如图 4-121 所示的画笔笔头。

9. 在【路径】面板中单击底部的按钮，用设置的画笔对路径进行描绘，描绘后的效果如图 4-122 所示。

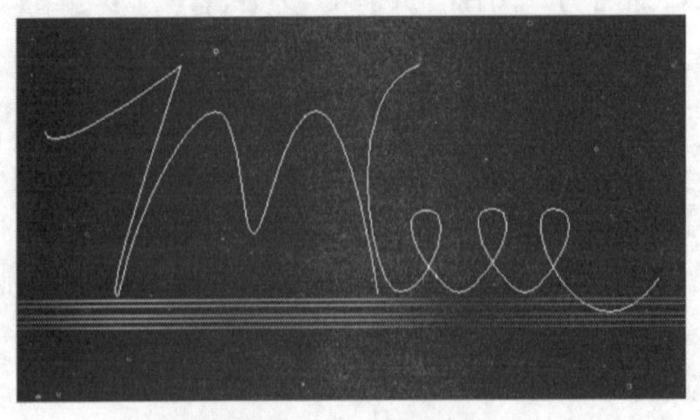

图 4-120　绘制的路径

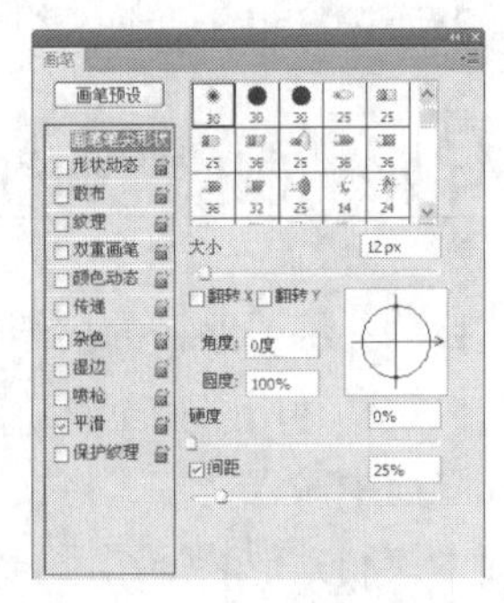

图 4-121　设置画笔笔头

10. 在【图层】面板中新建“图层 3”，将前景色设置为白色，然后在【画笔】面板中将画笔笔头的【大小】设置为“3 px”。

11. 在【路径】面板中再次单击 按钮，用设置的画笔对路径进行描绘，在【路径】面板中的灰色区域单击，隐藏路径，描绘后的效果如图 4-123 所示。

图 4-122　描绘路径后的效果

图 4-123　描绘白色后的效果

12. 利用 T 工具，在画面中输入并制作出如图 4-124 所示的“城市男孩”文字。

输入的“城市男孩”文字所选用的字体为“汉仪秀英简体”，读者的计算机中如果没有此种字体，可以根据计算机系统中所具有的字体进行替换应用。

13. 执行【图层】/【栅格化】/【文字】命令，将文字栅格化，然后按住 Ctrl 键，在【图层】面板中单击文字层，给输入的文字添加选区。

14. 按 Shift+F6 组合键，在弹出的【羽化选区】对话框中将【羽化半径】的参数设置为“7 像素”，单击 确定 按钮。

15. 新建“图层 4”，并将其调整至文字层的下方，然后利用 工具为选区填充色谱渐变色，去除选区后的文字效果如图 4-125 所示。

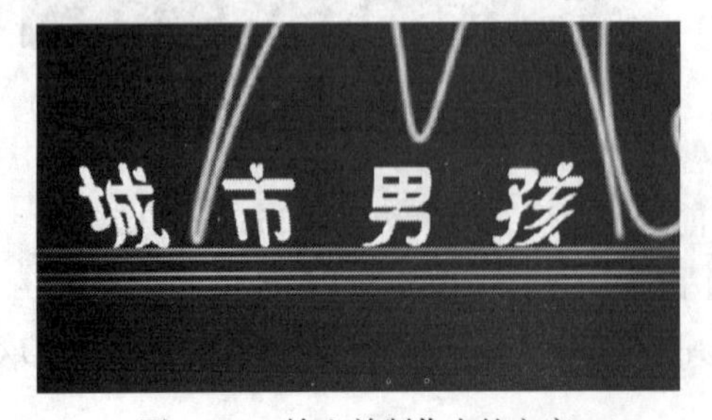

图 4-124　输入并制作出的文字

图 4-125　添加渐变色后的文字效果

16. 将“城市男孩”文字的颜色修改为黑色，然后利用T工具，在画面中输入“迪厅”文字，并利用【自由变换】命令将其旋转至如图 4-126 所示的形态。

17. 执行【图层】/【文字】/【创建工作路径】命令，将文字转换为路径，删除文字层后的效果如图 4-127 所示。

图 4-126　旋转的文字形态

图 4-127　转换成路径后的形态

18. 新建“图层 5”，将前景色设置为白色，然后选择工具，并按F5键，在弹出的【画笔】设置面板中设置如图 4-128 所示的画笔笔头。

19. 在【路径】面板中单击按钮，用设置的画笔对路径进行描绘，然后将路径隐藏，描绘路径后的效果如图 4-129 所示。

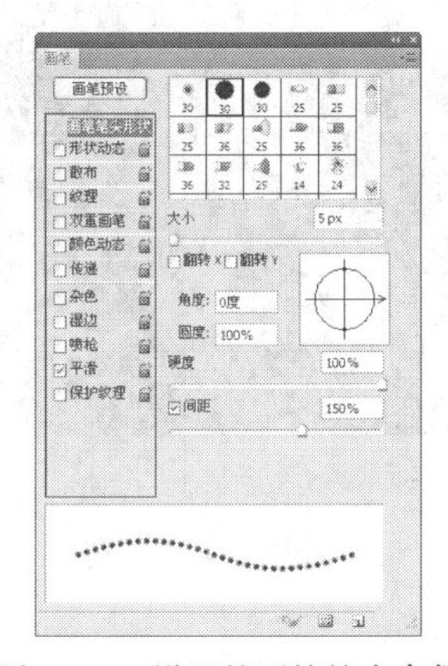

图 4-128　设置的画笔笔尖参数

图 4-129　描绘路径后的效果

20. 在【图层】面板中单击按钮，将“图层 5”的透明像素锁定，然后利用工具为其添加色谱渐变色，效果如图 4-130 所示。

21. 选择工具，在画面边缘位置绘制如图 4-131 所示的矩形路径。

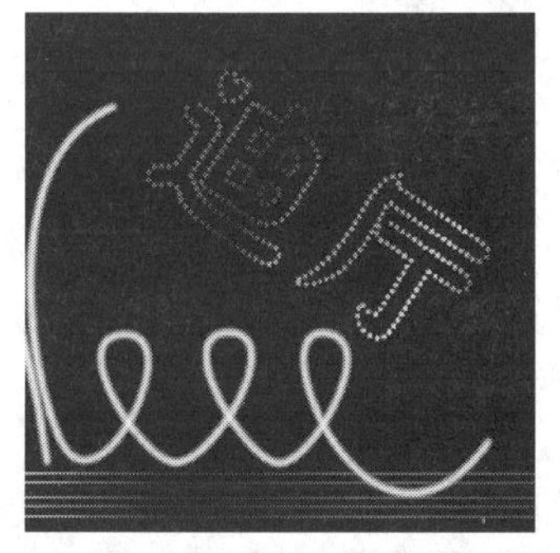

图 4-130　添加渐变色后的效果

图 4-131　绘制的矩形路径

22. 新建“图层 6”，用与步骤 19～步骤 20 相同的方法，制作出如图 4-132 所示的霓虹效果。

23. 按 Ctrl+Alt+T 组合键，将“图层 6”复制并为复制出的图层添加变换框，然后将复制出的霓虹灯进行缩小调整，再修改其渐变颜色，最终效果如图 4-133 所示。

图 4-132　制作出的霓虹灯效果

图 4-133　调整后的霓虹灯效果

24. 新建“图层 7”，选择工具，并在属性栏中的按钮上单击，然后单击按钮，在弹出的【形状】选项面板中选择如图 4-134 所示的手形图形。

25. 将鼠标光标移动到画面中拖曳，绘制手形图形，然后用相同的方法，选择其他形状并在画面中拖曳，绘制出的图形如图 4-135 所示。

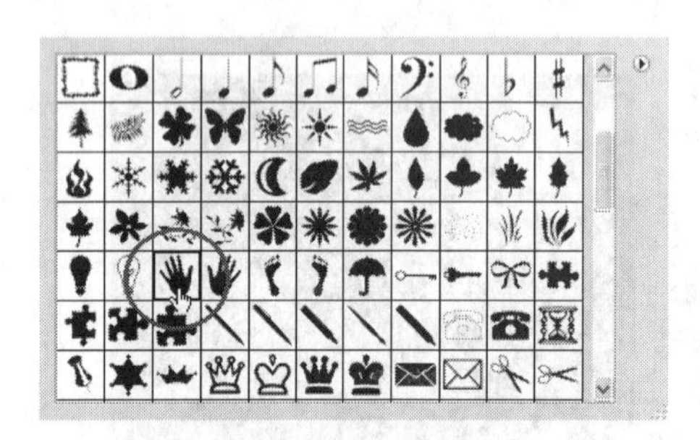
图 4-134　选择的图形

图 4-135　绘制出的图形

26. 执行【图层】/【图层样式】/【外发光】命令，在弹出的【图层样式】对话框中依次设置各项参数，如图 4-136 所示。

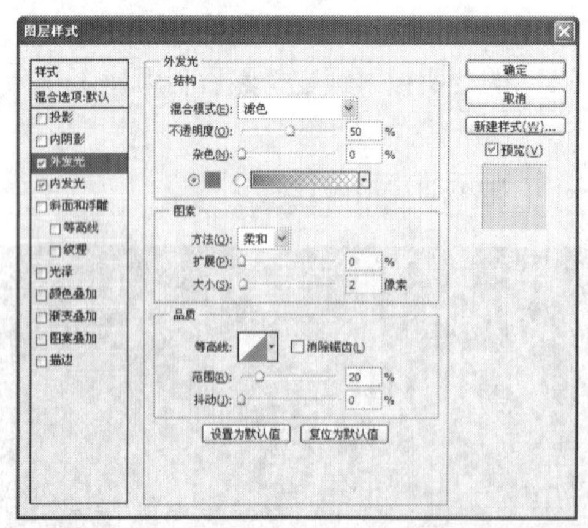

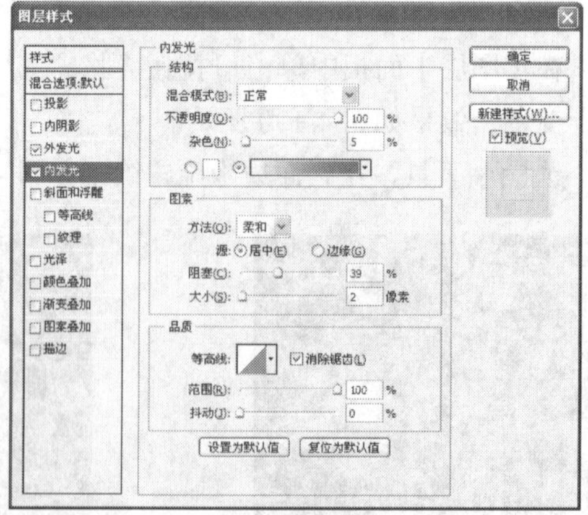

图 4-136 【图层样式】对话框

27. 单击 确定 按钮，添加图层样式，为图形添加设置的图层样式。

28. 至此，霓虹灯效果制作完成，按 Ctrl+S 组合键，将此文件命名为“霓虹灯.psd”保存。

4.7.3　绘制雪人

目的：学习路径工具、【渐变】工具和【画笔】工具的综合运用。

内容：利用【椭圆选框】工具、路径工具、【画笔】工具和【渐变】工具绘制雪人，在绘制过程中，不但学习类似雪人图形的绘制方法，还要学习和掌握利用【滤镜】命令制作下雪效果的方法。绘制的雪人如图 4-137 所示。

图 4-137　绘制的雪人

操作步骤

1. 新建一个【宽度】为“15 厘米”、【高度】为“13 厘米”、【分辨率】为“130 像素/英寸”、【颜色模式】为“RGB 颜色”、【背景内容】为“白色”的文件。

2. 选择工具，单击属性栏中的按钮，弹出【渐变编辑器】对话框，将鼠标光标移动到如图 4-138 所示的色标上单击，然后单击下方的【颜色】色块，在弹出的【选择色标颜色】对话框中将颜色设置为白色。

3. 单击 确定 按钮，将左侧色标的颜色设置为白色，然后单击右侧的色标，并单击下方的【颜色】色块，在弹出的【选择色标颜色】对话框中将颜色设置为深蓝色（R:2,G:20,B:58）。

4. 单击 确定 按钮，然后将鼠标光标移动到如图 4-139 所示的位置单击，在此处添加一个颜色色标。

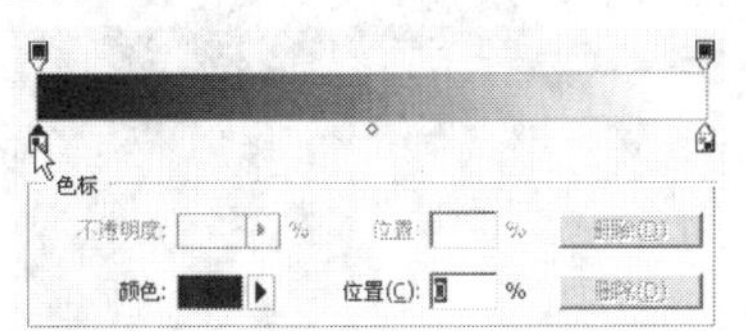

图 4-138　选择色标

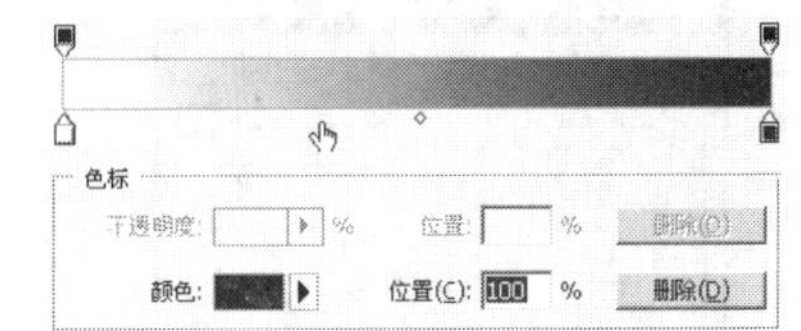

图 4-139　鼠标光标放置的位置

5. 单击下方的颜色色块，在弹出的【选择色标颜色】对话框中将颜色设置为蓝色（R:117,G:156,B:195），设置后的【渐变编辑器】对话框如图 4-140 所示。

6. 单击 确定 按钮，完成渐变色的设置，然后在属性栏中激活按钮，并将鼠标光标移动到新建的文件中自下向上拖曳，为背景添加设置的渐变色。

7. 新建“图层 1”，然后选择工具，按住 Shift 键绘制出如图 4-141 所示的圆形选区。

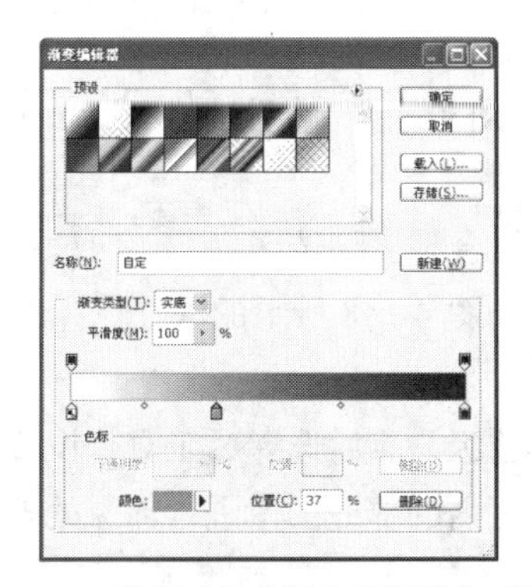

图 4-140　设置后的【渐变编辑器】对话框

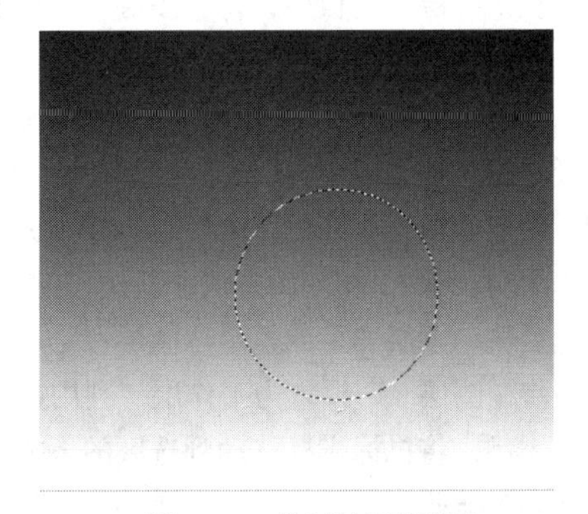

图 4-141　绘制的圆形选区

8．选择工具，用与步骤 2～步骤 5 相同的方法设置渐变颜色，参数设置如图 4-142 所示，然后单击 确定 按钮。

9．激活属性栏中的按钮，然后将鼠标光标移动到圆形选区中拖曳，为圆形选区添加如图 4-143 所示的径向渐变色。

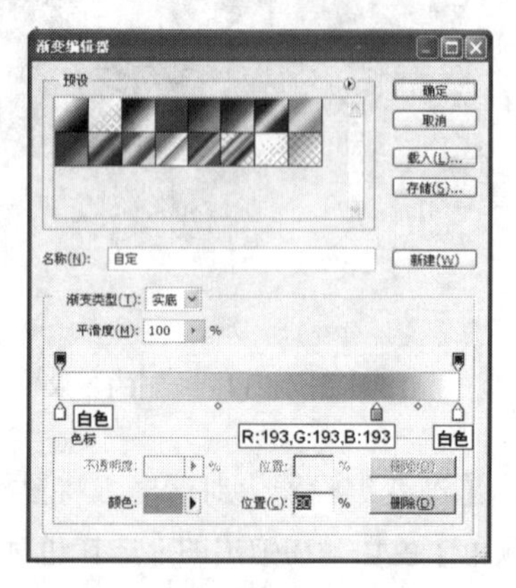

图 4-142　设置的渐变颜色

图 4-143　圆形选区填充渐变色后的效果

10．按 Ctrl+D 组合键去除选区，然后执行【滤镜】/【杂色】/【添加杂色】命令，在弹出的【添加杂色】对话框中设置各项参数，如图 4-144 所示。

11．单击 确定 按钮，图形添加杂色后的效果如图 4-145 所示。

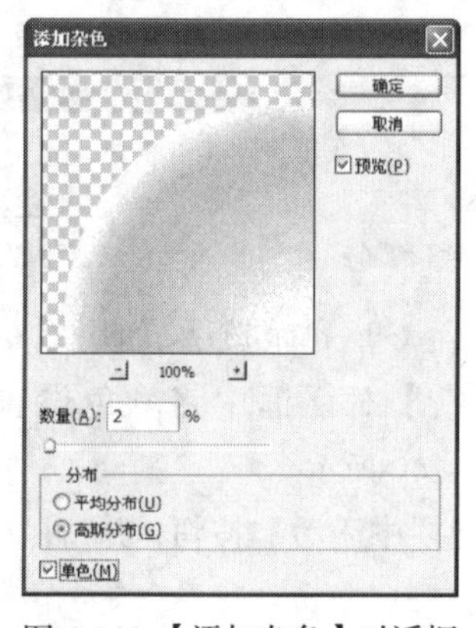

图 4-144 【添加杂色】对话框

图 4-145　添加杂色后的效果

12．在【图层】面板中，将"图层 1"复制为"图层 1 副本"，然后将复制出的图形向上移动位置，并调整至如图 4-146 所示的大小。

13．新建"图层 2"，利用和工具绘制出如图 4-147 所示的路径，然后按 Ctrl+Enter 组合键将路径转换为选区。

14．为选区填充深红色（R:159,G:0,B:0），然后按 Ctrl+D 组合键去除选区。

15．用与步骤 13 相同的方法，新建"图层 3"，并绘制出如图 4-148 所示的深红色（R:159）图形，然后将"图层 3"调整至"图层 2"的下方。

16．将"图层 2"设置为工作层，利用工具绘制椭圆形选区，然后选择工具，设置合适的笔尖大小后，将鼠标光标移动到选区的下方位置拖曳，对选区内的部分图像进行加深处理，效果如图 4-149 所示。

图 4-146　复制并调整大小后的图形

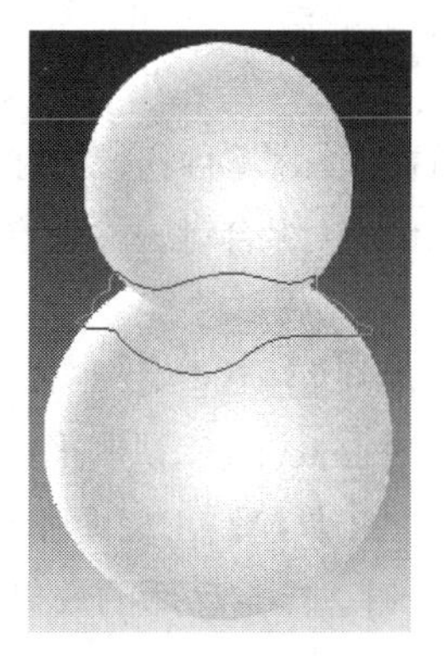

图 4-147　绘制的路径

17. 用与步骤 16 相同的方法，对图形中的其他区域进行加深处理，效果如图 4-150 所示。读者在执行相应的加深操作时，可随时参见作品。

图 4-148　绘制的图形

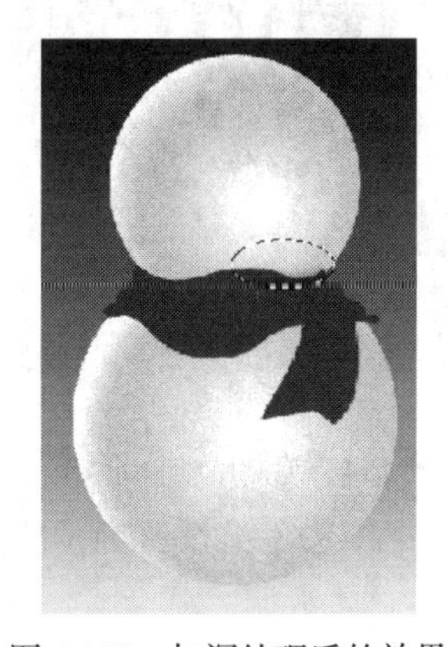

图 4-149　加深处理后的效果

图 4-150　加深处理后的效果

18. 将“图层 3”设置为工作层，并继续利用工具对其进行处理，效果如图 4-151 所示。

19. 将“图层 1 副本”复制为“图层 1 副本 2”层，然后执行【图层】/【排列】/【置为顶层】命令，将其调整至所有图层的上方。

20. 选择工具，然后单击属性栏中的按钮，在弹出的【渐变编辑器】对话框中设置渐变颜色，如图 4-152 所示。

图 4-151　加深处理后的效果

图 4-152　设置的渐变颜色

21. 单击 确定 按钮，然后按住 Ctrl 键单击“图层 1 副本 2”层的图层缩览图，加载图形的选区。

22. 将鼠标光标移动到选区中拖曳，为图形填充如图 4-153 所示的径向渐变色。

23. 按 Ctrl+D 组合键去除选区，然后执行【滤镜】/【添加杂色】命令，为图形添加设置的杂色效果。

24. 按 Ctrl+T 组合键为图形添加自由变换框，然后将图形稍微调大一点，使其覆盖下方的图形即可，然后按 Enter 键确认图形的放大调整。

25. 利用 ◯ 工具绘制出如图 4-154 所示的椭圆形选区，然后按 Delete 键删除选区内的图像，按 Ctrl+D 组合键去除选区后的效果如图 4-155 所示。

图 4-153　添加的径向渐变色

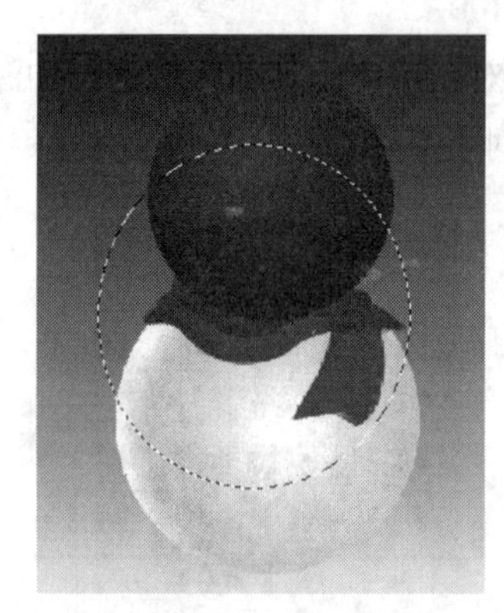

图 4-154　绘制的椭圆形选区

图 4-155　删除图像后的效果

26. 执行【图层】/【图层样式】/【投影】命令，弹出【图层样式】对话框，参数设置如图 4-156 所示。

27. 单击 确定 按钮，图形添加投影后的效果如图 4-157 所示。

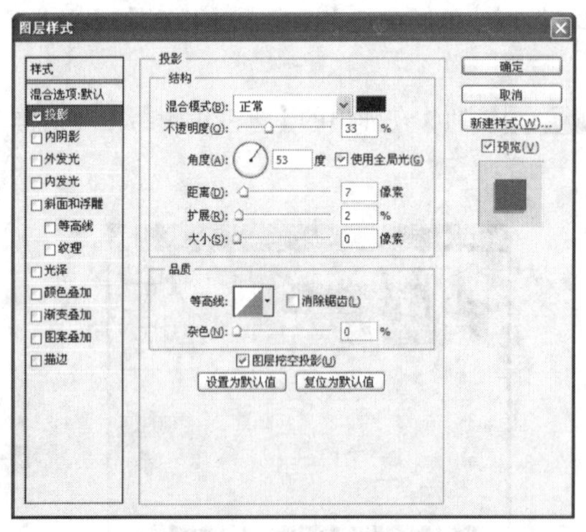

图 4-156 【图层样式】对话框

图 4-157　添加投影后的效果

28. 新建“图层 4”，利用 ◯ 工具绘制圆形选区，并将其填充为黑色，如图 4-158 所示。

29. 按 Ctrl+D 组合键去除选区，然后利用【图层】/【图层样式】/【投影】命令为其添加如图 4-159 所示的投影效果。

图 4-158　绘制的圆形

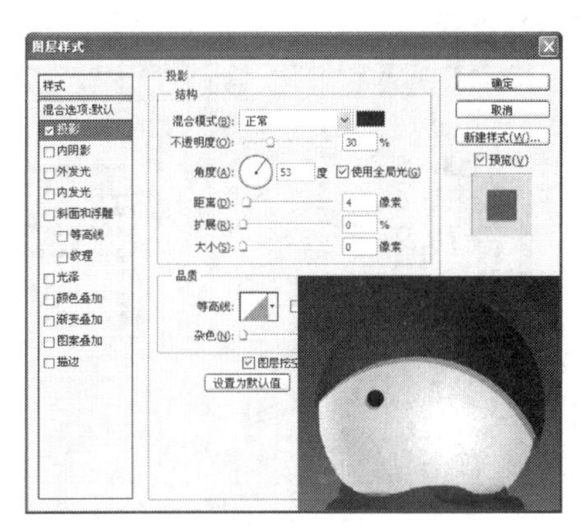

图 4-159　添加的投影效果

30. 将“图层 4”复制为“图层 4 副本”层，利用工具将复制出的图形调整至如图 4-160 所示的位置。

31. 新建“图层 5”，利用工具和工具绘制出如图 4-161 所示的路径，按 Ctrl+Enter 组合键将路径转换为选区，并填充由橘黄色（R:255,G:169,B:49）到红色（R:254,G:47,B:18）的线性渐变色，效果如图 4-162 所示。

图 4-160　复制出的图形

图 4-161　绘制的路径

图 4-162　填充的渐变色

32. 新建“图层 6”，并将其调整至“图层 5”的下面，然后利用工具绘制选区，填充黑色后将【图层】面板中的【不透明度】参数设置为“22%”，效果如图 4-163 所示，再按 Ctrl+D 组合键去除选区。

33. 选择工具，然后单击属性栏中的按钮，在弹出的【画笔】面板中选择如图 4-164 所示的笔头。

图 4-163　绘制的图形

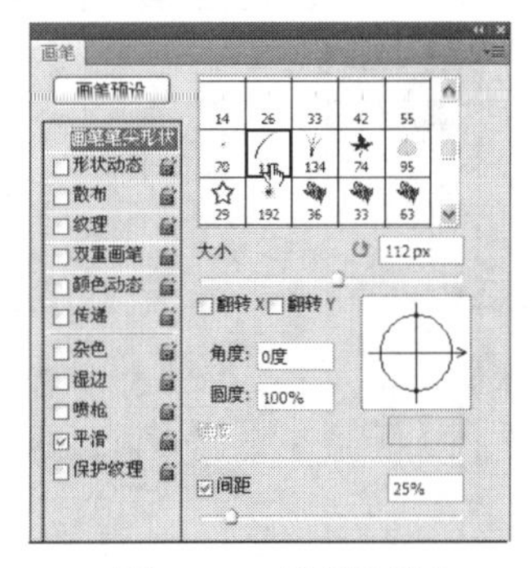

图 4-164　选择的笔尖

34. 依次选择其他选项，并分别设置各项参数，如图 4-165 所示。

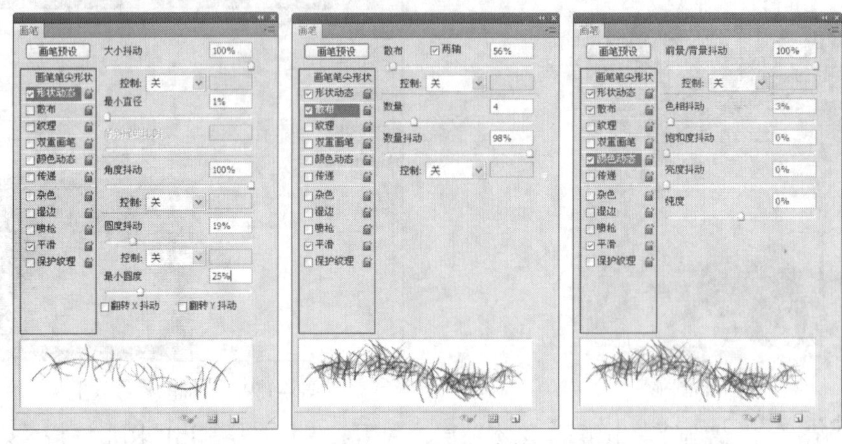

图 4-165　设置的参数

35. 新建“图层 7”，将前景色设置为深红色（R:155,G:0,B:4），然后将鼠标光标移动到画面中，按下鼠标左键不放，喷绘出如图 4-166 所示的绒球效果。

36. 用与步骤 35 相同的方法，依次在新建的图层中喷绘绒球效果，如图 4-167 所示。

37. 将左侧绒球所在的图层选中，然后将其调整至“图层 1 副本”的下方，效果如图 4-168 所示。

图 4-166　绘制的绒球效果

图 4-167　绘制的绒球

图 4-168　调整图层堆叠顺序后的效果

38. 将下方绒球所在的图层选中，然后利用【图层】/【图层样式】/【投影】命令为其添加如图 4-169 所示的投影效果。

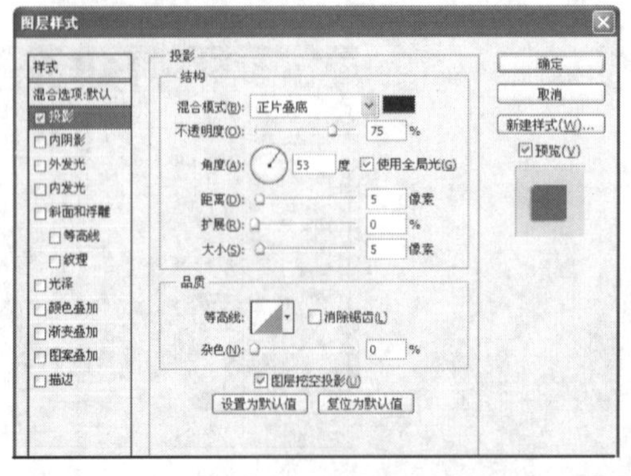

图 4-169　添加的投影效果

最后来制作雪花效果。

39. 新建“图层 11”，为其填充黑色，然后执行【滤镜】/【杂色】/【添加杂色】命令，在弹出的【添加杂色】对话框中设置各项参数，如图 4-170 所示。

40. 单击 确定 按钮，添加杂色后的效果如图 4-171 所示。

图 4-170 【添加杂色】对话框

图 4-171　添加杂色后的效果

41. 执行【滤镜】/【像素化】/【晶格化】命令，弹出【晶格化】对话框，参数设置如图 4-172 所示，单击 确定 按钮，效果如图 4-173 所示。

图 4-172 【晶格化】对话框

图 4-173　添加晶格化后的效果

42. 执行【滤镜】/【其他】/【最小值】命令，弹出【最小值】对话框，参数设置如图 4-174 所示，单击 确定 按钮，效果如图 4-175 所示。

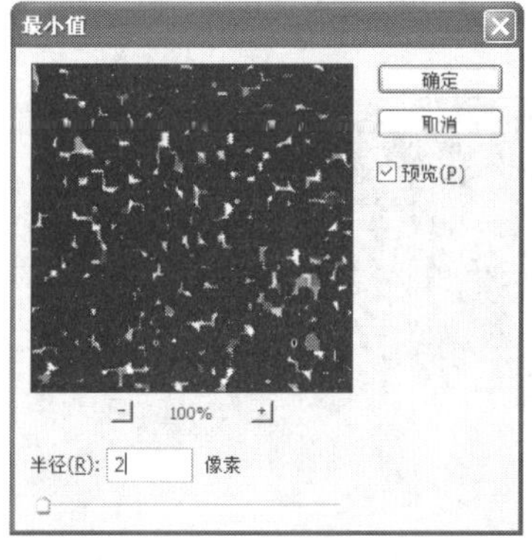

图 4-174 【最小值】对话框

图 4-175　设置最小值后的效果

43. 执行【滤镜】/【模糊】/【动感模糊】命令，弹出【动感模糊】对话框，参数设置如图 4-176 所示，单击 确定 按钮，效果如图 4-177 所示。

图 4-176 【动感模糊】对话框

图 4-177 动感模糊后的效果

44. 在【图层】面板中的 正常 下拉列表中选择【滤色】模式，效果如图 4-178 所示。

45. 新建“图层 12”，并将其调整至“图层 1”的下方，然后利用工具绘制出如图 4-179 所示的选区。

图 4-178 设置图层混合模式后的效果

图 4-179 绘制的选区

46. 执行【选择】/【修改】/【羽化】命令，在弹出的【羽化选区】对话框中将【羽化半径】的参数设置为“30 像素”，然后单击 确定 按钮。

47. 为选区填充白色，然后按 Ctrl+D 组合键去除选区，效果如图 4-180 所示。

48. 新建“图层 13”，利用工具在雪人的下方绘制圆形选区，羽化后填充灰色，制作出雪人的阴影效果。

49. 新建“图层 14”，并将其调整至所有图层的上方，然后利用工具绘制选区并为其填充白色，效果如图 4-181 所示。

图 4-180 填充白色后的效果

图 4-181 绘制选区并填色后的效果

50. 按Ctrl+D组合键去除选区，即可完成雪人的绘制。然后按Ctrl+S组合键将此文件命名为“雪人.psd”保存。

4.7.4　绘制瓷盘

目的：学习利用【渐变】工具绘制瓷盘。

内容：新建文件并设置参考线，利用【渐变】工具设置渐变颜色并填充，得到瓷盘的结构效果，然后利用【自定形状】工具绘制图形，通过旋转复制操作得到瓷盘的蓝印花效果，绘制的瓷盘图形如图 4-182 所示。

操作步骤

1. 新建一个【宽度】为“18”厘米、【高度】为“18”厘米、【分辨率】为“150”像素/英寸、【颜色模式】为“RGB 颜色”、【背景内容】为“白色”的文件。

2. 执行【视图】/【新建参考线】命令，弹出【新建参考线】对话框，设置各项参数如图 4-183 所示。单击 确定 按钮，即可在画面中的垂直方向上添加一条参考线。

图 4-182　绘制的瓷盘

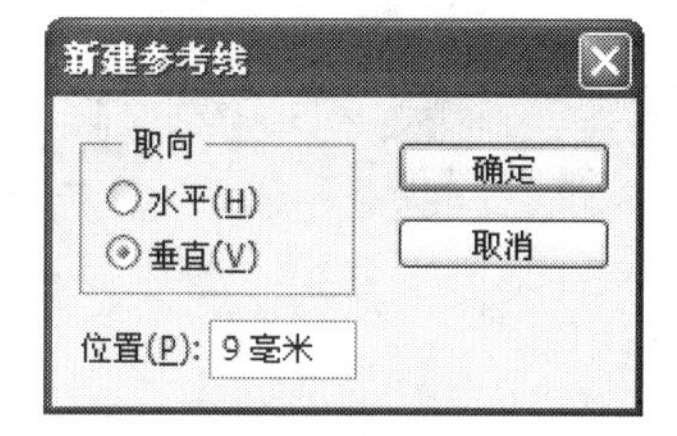

图 4-183 【新建参考线】对话框

3. 再次执行【视图】/【新建参考线】命令，在弹出的【新建参考线】对话框中设置各项参数，如图 4-184 所示。单击 确定 按钮，在画面的水平方向也添加一条参考线。

4. 新建“图层 1”，选择工具，然后按住Shift+Alt组合键，将鼠标光标移动到两条参考线的交点位置，按下鼠标左键并拖曳，绘制以参考线交点为圆心的圆形选区，如图 4-185 所示。

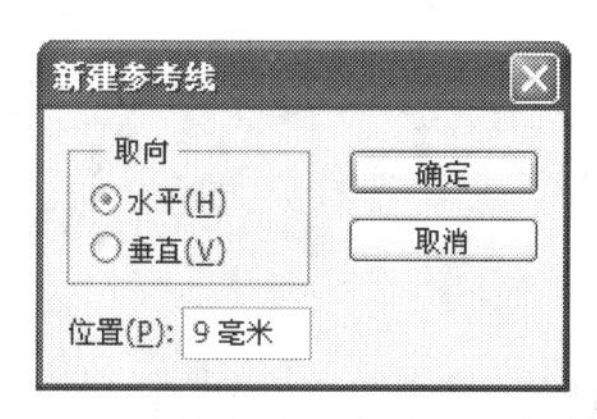

图 4-184 【新建参考线】对话框

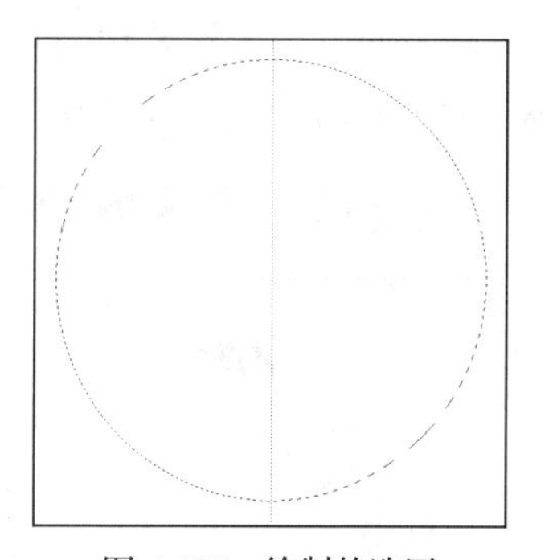

图 4-185　绘制的选区

5. 选择工具，再单击属性栏中的按钮，在弹出的【渐变编辑器】对话框中设置各项参数，如图 4-186 所示，然后单击 确定 按钮。

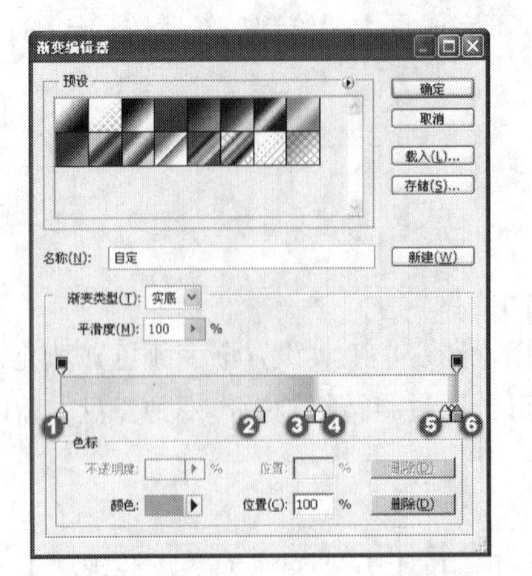
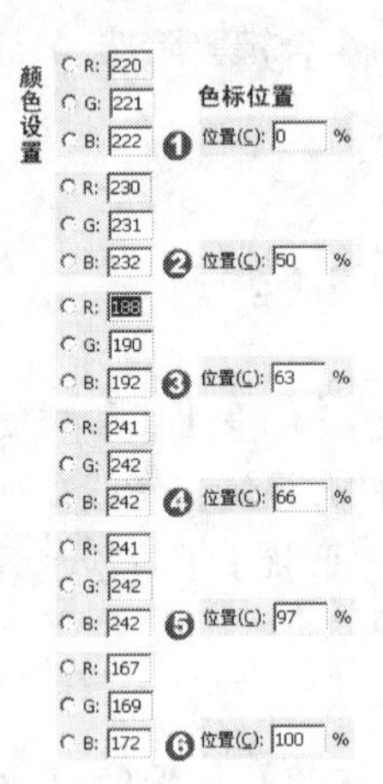

图 4-186 【渐变编辑器】对话框及颜色设置

6. 激活属性栏中的■按钮，将鼠标光标移动到两条参考线的交点位置，按下鼠标左键并向下方拖曳填充渐变色，效果如图 4-187 所示。

7. 执行【选择】/【变换选区】命令，然后将属性栏中 W: 95.0% H: 95.0% 的参数都设置为“95”，选区等比例缩小后的形态如图 4-188 所示。

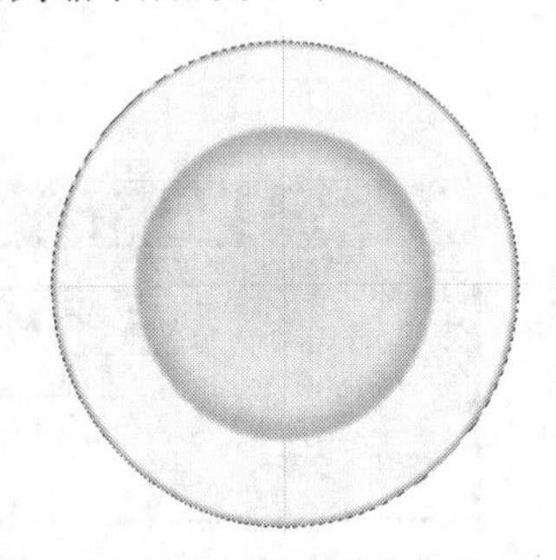

图 4-187 填充的渐变色

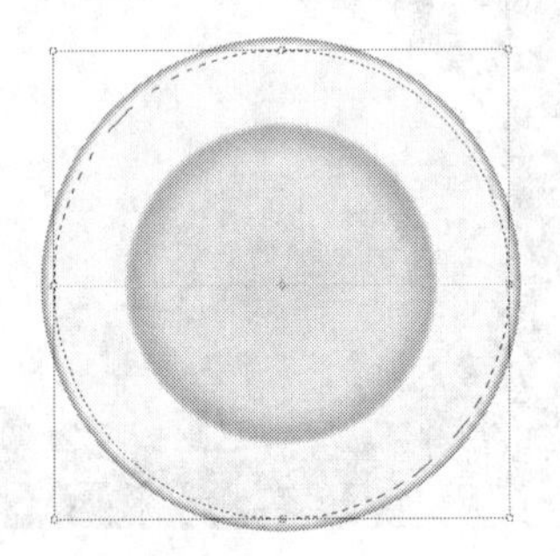

图 4-188 缩小选区状态

8. 单击属性栏中的✔按钮，确认选区的等比缩小操作。

9. 新建“图层 2”，然后将前景色设置为天蓝色（R:0,G:115,B:188）。

10. 执行【编辑】/【描边】命令，弹出【描边】对话框，设置各选项及参数如图 4-189 所示，然后单击 确定 按钮。

11. 用与步骤 7～步骤 8 相同的方法，再次将选区以中心等比例缩小，然后在内部描绘宽度为“8 px”的天蓝色（R:0,G:115,B:188）边缘，去除选区后的效果如图 4-190 所示。

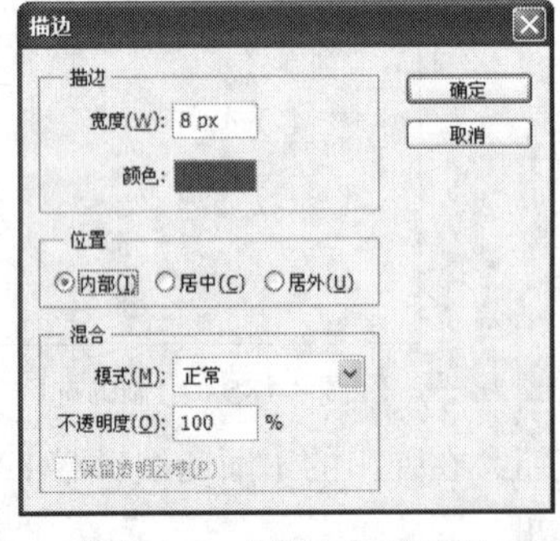

图 4-189 【描边】对话框

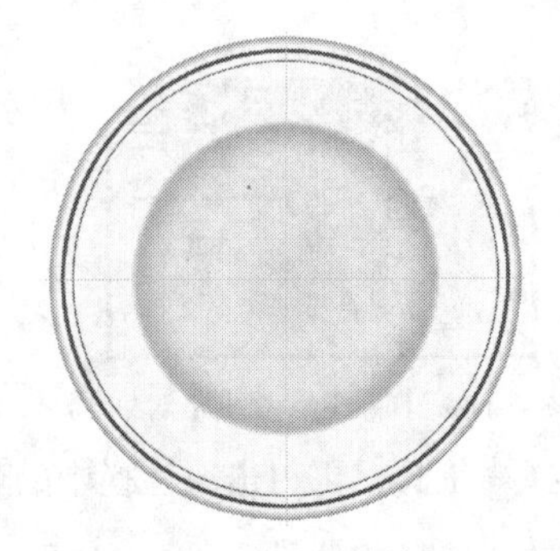

图 4-190 描边效果

12. 选择工具，激活属性栏中的按钮，然后单击【形状】选项右侧的倒三角按钮，在弹出的【形状】选项面板中选择如图 4-191 所示的形状。

13. 新建“图层 3”，确认前景色为天蓝色（R:0,G:115,B:188），然后按住 Shift 键，绘制出如图 4-192 所示的形状图形。

14. 将“图层 3”复制为“图层 3 副本”，然后利用工具将“图层 3 副本”中的图形移动到如图 4-193 所示的位置。

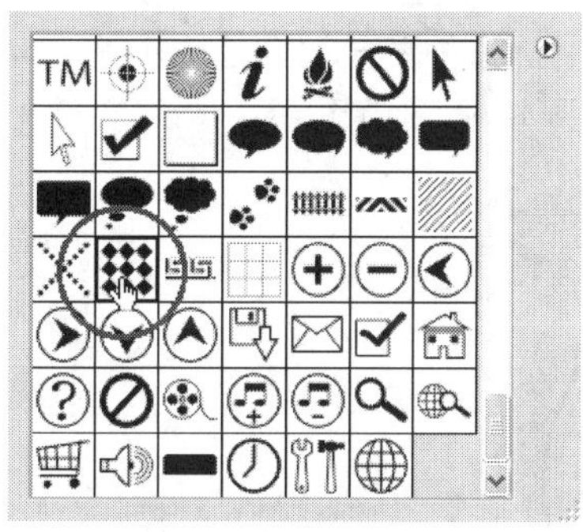

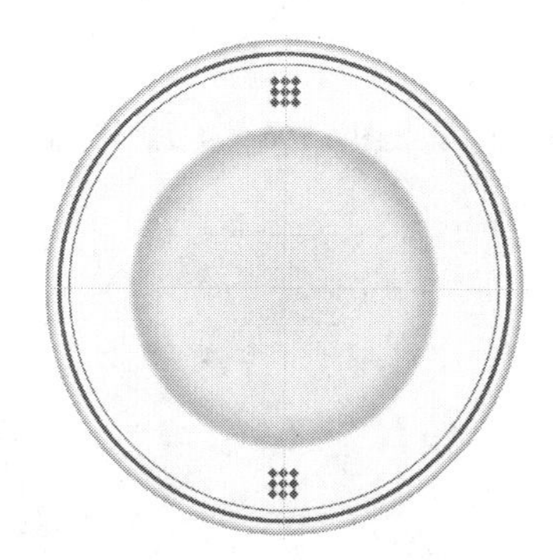

图 4-191　选择的形状　　图 4-192　绘制的形状图形　　图 4-193　移动图形位置

15. 按 Ctrl+E 组合键，将“图层 3 副本”向下合并为“图层 3”，然后按住 Ctrl 键，单击“图层 3”的图层缩览图，载入图形的选区，如图 4-194 所示。

16. 按 Ctrl+T 组合键，为“图层 3”中的图形添加自由变换框，再将属性栏中的参数设置为“45”，旋转后的图形形态如图 4-195 所示，然后按 Enter 键，确认图形的旋转操作。

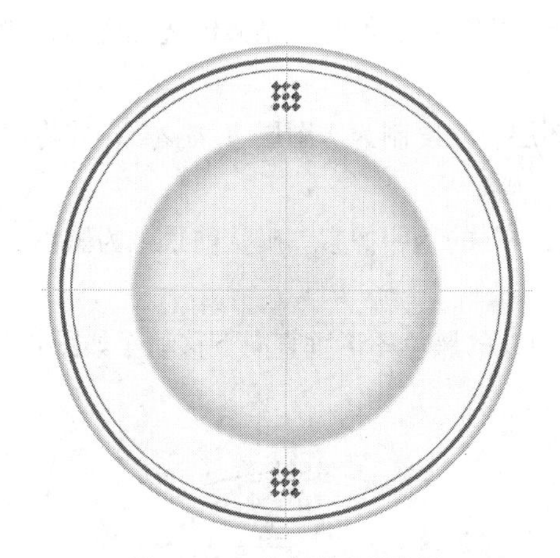

图 4-194　载入图形的选区

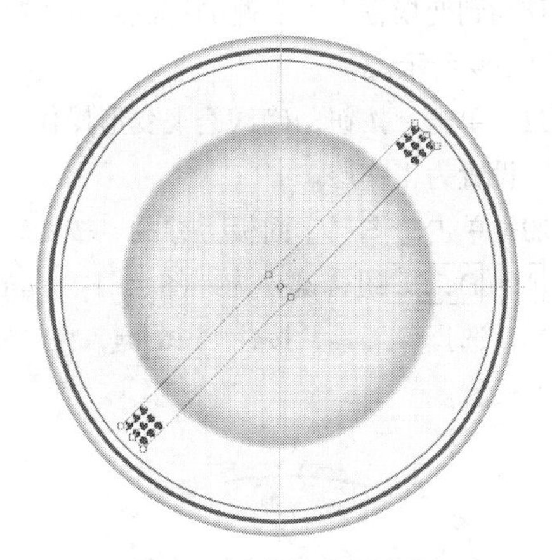

图 4-195　旋转后的图形

17. 按住 Shift+Ctrl+Alt 组合键，并连续按 3 次 R 键，重复旋转复制出如图 4-196 所示的图形。然后按 Ctrl+D 组合键，将选区去除。

18. 按 Ctrl+H 组合键将参考线隐藏，然后执行【选择】/【所有图层】命令，将【图层】面板中的所有图层选中，如图 4-197 所示。

19. 按 Ctrl+T 组合键，为选中图层中的图形添加自由变换框，然后将鼠标光标移动到变换框上方中间的控制点上，按住鼠标左键并向下拖曳，将图形在垂直方向上缩小，状态如图 4-198 所示。

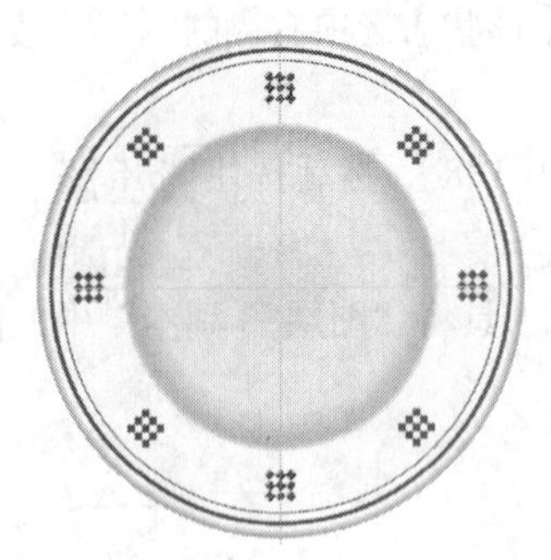

图 4-196　重复旋转复制出的图形

图 4-197　选择图层

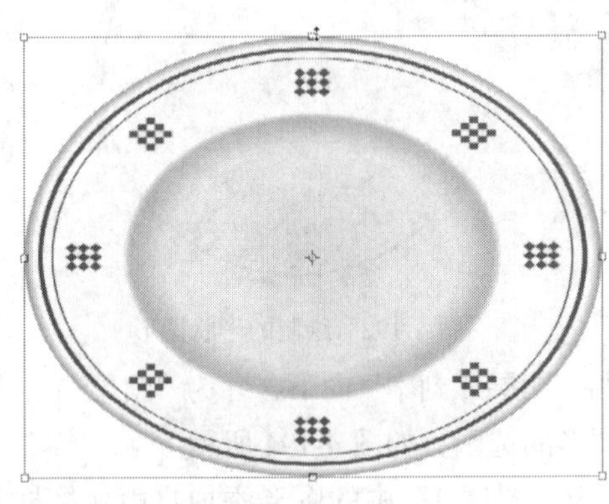

图 4-198　缩小图形

20. 执行【编辑】/【变换】/【透视】命令，将自由变换框转换为透视变形框，然后将鼠标光标移动到变换框上方右侧的控制点上，按住鼠标左键向左拖曳，给盘子稍微做透视变形，状态如图 4-199 所示。

21. 单击✔按钮，确认透视变形操作，然后将“图层 1”复制为“图层 1 副本”，并将“图层 1”设置为工作层。

22. 单击【图层】面板上方的▣按钮，锁定“图层 1”的透明像素。确认前景色为黑色，然后按 Alt+Delete 组合键，为“图层 1”填充黑色。

23. 选择▸✛工具，按住 Shift 键，将“图层 1”中填充的黑色图形垂直向下移动至如图 4-200 所示的位置。

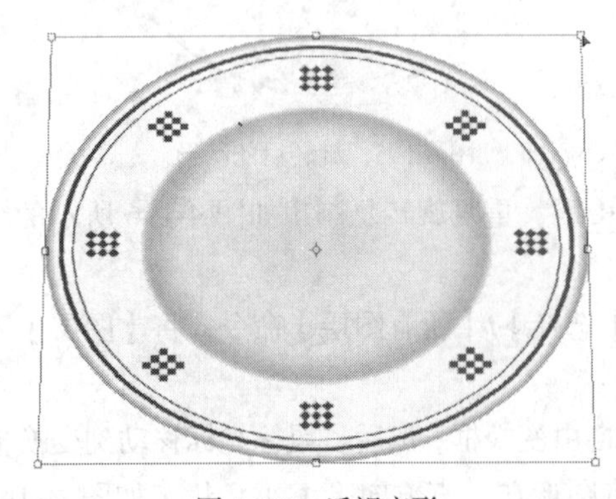

图 4-199　透视变形

图 4-200　向下移动图形位置

24. 单击【图层】面板上方的⊠按钮，取消“图层 1”的锁定透明像素。

25. 执行【滤镜】/【模糊】/【高斯模糊】命令，在弹出的【高斯模糊】对话框中将【半径】的参数设置为“12 像素”，然后单击 确定 按钮，模糊后的效果如图 4-201 所示。

图 4-201　模糊后的效果

26. 将“图层 1 副本”设置为工作层，然后执行【图像】/【调整】/【色相/饱和度】命令，弹出【色相/饱和度】对话框，设置各参数如图 4-202 所示。

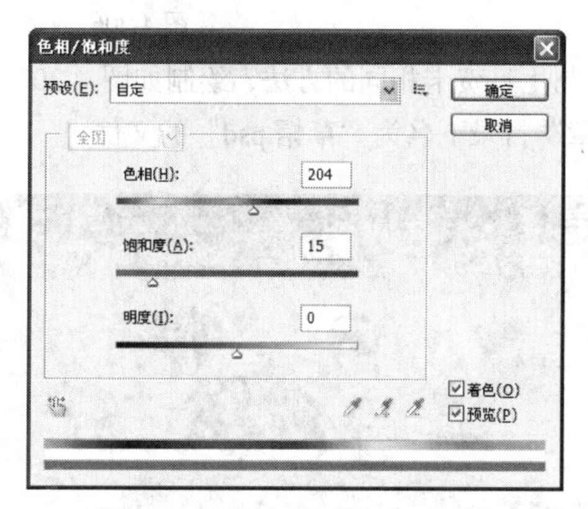

图 4-201 【色相/饱和度】对话框

27. 单击 确定 按钮，调整颜色后的盘子效果如图 4-203 所示。

28. 选择工具，在盘子的后边缘位置按下鼠标左键拖曳，将盘子的后边缘加亮，然后将背景层填充上深蓝色（R:0,G:66,B:110）。至此，盘子绘制完成，效果如图 4-204 所示。

图 4-203　调整颜色后的盘子

图 4-204　绘制完成的盘子

29. 按 Ctrl+S 组合键，将此文件命名为“盘子.psd”保存。

4.8 课后练习

1. 灵活运用路径工具、【渐变】工具和【图形】工具绘制出如图 4-205 所示的卡通画面，然后将其作为素材制作出如图 4-206 所示的新年贺卡。用到的素材图片为“图库\第 04 章”目录下名为“彩带.psd”的文件。

图 4-205 绘制的卡通画

图 4-206 制作的新年贺卡

2. 用与本章第 4.6 节绘制生日贺卡相同的方法，绘制如图 4-207 所示的生日贺卡效果。用到的素材图片为“图库\第 04 章”目录下名为“草帽.psd”的文件。

图 4-207 绘制的生日贺卡

第5章 色彩校正制作个人写真集

本章以制作个人写真集为例，详细介绍各种【图像】/【调整】命令及调整层的运用，主要知识点包括【曲线】、【通道混合器】、【色相/饱和度】、【色彩平衡】、【可选颜色】及【变化】命令等。通过本章的练习，读者可以了解各种【调整】命令的功能及产生的不同特效，以便在实际作图过程中灵活运用。

5.1 调整命令

执行【图像】/【调整】命令，系统将弹出图 5-1 所示的【调整】子菜单。

亮度/对比度(C)...	
色阶(L)...	Ctrl+L
曲线(U)...	Ctrl+M
曝光度(E)...	
自然饱和度(V)...	
色相/饱和度(H)...	Ctrl+U
色彩平衡(B)...	Ctrl+B
黑白(K)...	Alt+Shift+Ctrl+B
照片滤镜(F)...	
通道混合器(X)...	
反相(I)	Ctrl+I
色调分离(P)...	
阈值(T)...	
渐变映射(G)...	
可选颜色(S)...	
阴影/高光(W)...	
HDR 色调...	
变化...	
去色(D)	Shift+Ctrl+U
匹配颜色(M)...	
替换颜色(R)...	
色调均化(Q)	

图 5-1 【图像】/【调整】子菜单

- 【亮度/对比度】命令：通过设置不同的数值及调整滑块的不同位置，来改变图像的亮度及对比度。

- 【色阶】命令：可以调节图像各个通道的明暗对比度，从而改变图像颜色。
- 【曲线】命令：利用调整曲线的形态来改变图像各个通道的明暗数量，从而改变图像的色调。
- 【曝光度】命令：可以在线性空间中调整图像的曝光数量、位移和灰度系数，进而改变当前颜色空间中图像的亮度和明度。
- 【自然饱和度】命令：将直接调整图像的饱和度。
- 【色相/饱和度】命令：可以调整图像的色相、饱和度和亮度，它既可以作用于整个画面，也可以对指定的颜色单独调整，还可以为图像染色。
- 【色彩平衡】命令：通过调整各种颜色的混合量来调整图像的整体色彩。如果在【色彩平衡】对话框中勾选【保持明度】复选项，对图像进行调整时，可以保持图像的亮度不变。
- 【黑白】命令：可以快速将彩色图像转换为黑白图像或单色图像，同时保持对各颜色的控制。
- 【照片滤镜】命令：此命令可以模仿在相机镜头前面加彩色滤镜，以便调整通过镜头传输光的色彩平衡和色温，使图像产生不同颜色的滤色效果。
- 【通道混合器】命令：可以通过混合指定的颜色通道来改变某一颜色通道的颜色，进而影响图像的整体效果。
- 【反相】命令：可以将图像的颜色及亮度全部反转，生成图像的反相效果。
- 【色调分离】命令：可以自行指定图像中每个通道的色调级数目，然后将这些像素映射在最接近的匹配色调上。
- 【阈值】命令：通过调整滑块的位置可以调整【阈值色阶】值，从而将灰度图像或彩色图像转换为高对比度的黑白图像。
- 【渐变映射】命令：可以将选定的渐变色映射到图像中以取代原来的颜色。
- 【可选颜色】命令：可以调整图像的某一种颜色，从而影响图像的整体色彩。
- 【阴影/高光】命令：可以校正由强逆光而形成剪影的照片或者校正由于太接近相机闪光灯而有些发白的焦点。
- 【HDR 色调】命令：可以将全范围的 HDR 对比度和曝光度设置应用于各个图像。
- 【变化】命令：可以调整图像或选区的色彩、对比度、亮度和饱和度等。
- 【去色】命令：可以将原图像中的颜色去除，使图像以灰色的形式显示。
- 【匹配颜色】命令：可以将一个图像（原图像）的颜色与另一个图像（目标图像）相匹配。使用此命令，还可以通过更改亮度和色彩范围以及中和色调调整图像中的颜色。
- 【替换颜色】命令：可以用设置的颜色样本来替换图像中指定的颜色范围，其工作原理是先用【色彩范围】命令选取要替换的颜色范围，再用【色相/饱和度】命令调整选取图像的色彩。
- 【色调均化】命令：可以将通道中最亮和最暗的像素定义为白色和黑色，然后按照比例重新分配到画面中，使图像中的明暗分布更加均匀。

5.2 制作写真集画面（一）

目的：学习【图像】/【调整】命令及调整层的运用。

内容：打开素材图片后，分别利用各种【调整】命令对其进行修改，以制作出特殊色调，然后制作出写真集画面效果，素材图片及制作的写真集画面效果如图 5-2 所示。

图 5-2　素材图片及制作的写真集画面效果

操作步骤

1. 打开素材文件中“图库\第 05 章”目录下的“人物 01.jpg”文件。

首先利用【反相】命令，并结合图层混合模式和【不透明度】参数设置，将图像的色调进行统一。

2. 按 Ctrl+J 组合键，将背景层通过复制生成“图层 1”。

3. 执行【图像】/【调整】/【反相】命令，或按 Ctrl+I 组合键，将图像反相处理，效果如图 5-3 所示。

4. 在【图层】面板中，将“图层 1”的图层混合模式设置为“颜色”，效果如图 5-4 所示。

图 5-3　反相后的效果

图 5-4　设置图层混合模式后的效果

5. 将背景层再次复制，并将复制出的图层调整至“图层 1”的上方，然后将【不透明度】的参数设置为“60%”，效果如图 5-5 所示。

图 5-5　设置不透明度后的效果

接下来，通过【通道混合器】命令对树叶的颜色进行调整，注意在下面应用【调整】菜单下的命令时，将灵活运用调整层。

通过新建调整层可以用不同的颜色调整方式来调整下方图层中图像的颜色，如果对填充的颜色或调整的颜色效果不满意，可随时重新调整或删除调整层，原图像不会被破坏。

6. 单击下方的 按钮，在弹出的命令列表中选择【通道混合器】命令，然后在【调整】面板中设置各项参数，如图 5-6 所示。

7. 将“通道混合器 1”层的图层混合模式设置为“变亮”，此时调整树叶颜色后的效果如图 5-7 所示。

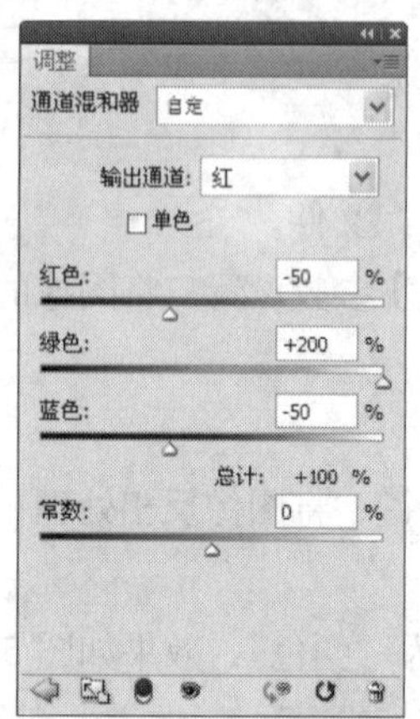

图 5-6 【调整】面板参数设置

图 5-7 树叶颜色调整后的效果

最后，利用【可选颜色】命令将图像调整为偏暖一点的色调，然后利用【亮度/对比度】命令和【色阶】命令，将图像的亮度和对比度进行调整。

8. 再次单击 按钮，在弹出的命令列表中选择【可选颜色】命令，然后在【调整】面板中分别调整红色、黄色、中性色和黑色的参数，如图 5-8 所示。

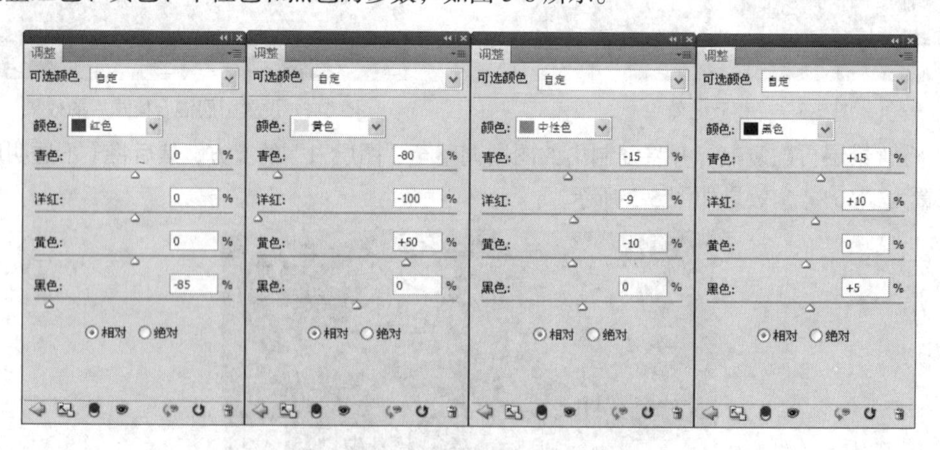

图 5-8 颜色调整参数

调整【可选颜色】命令后的效果如图 5-9 所示。

9. 单击 按钮，在弹出的命令列表中选择【亮度/对比度】命令，然后在【调整】面板中将【亮度】的参数设置为“9”，【对比度】的参数设置为“20”，效果如图 5-10 所示。

图 5-9　调整暖色调后的效果

图 5-10　调整亮度和对比度后的效果

10. 单击 按钮，在弹出的命令列表中选择【色阶】命令，然后在【调整】面板中调整各项参数，如图 5-11 所示，使画面更清晰，效果如图 5-12 所示。

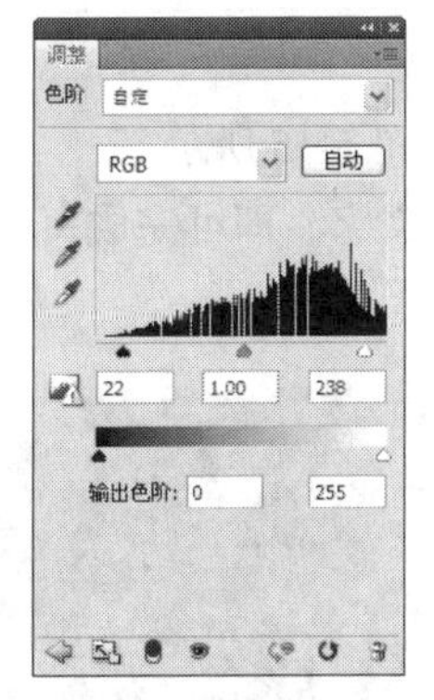

图 5-11　调整的色阶参数

图 5-12　调整后的效果

11. 至此，图像调整完成，按 Shift+Ctrl+S 组合键，将此文件命名为“调整中性色.psd”另存。

下面我们将调整后的图像，应用于写真集画面中。

12. 新建一个【宽度】为“25 厘米”、【高度】为“18 厘米”、【分辨率】为“150 像素/英寸”、【颜色模式】为“RGB 颜色”、【背景内容】为“白色”的文件，然后为“背景”层填充上黄灰色（R:215,G:205,B:190）。

13. 将“调整中性色.psd”文件设置为工作状态，按 Alt+Shift+Ctrl+E 组合键，将所有的图层复制并合并为一个新的图层“图层 2”。

14. 将合并后的图像移动复制到新建的文件中，并调整至如图 5-13 所示的大小及位置。

图 5-13　图像调整后的大小及位置

15. 执行【图层】/【图层样式】/【描边】命令，在弹出的【图层样式】对话框中，依次设置【描边】和【投影】的参数，如图 5-14 所示。

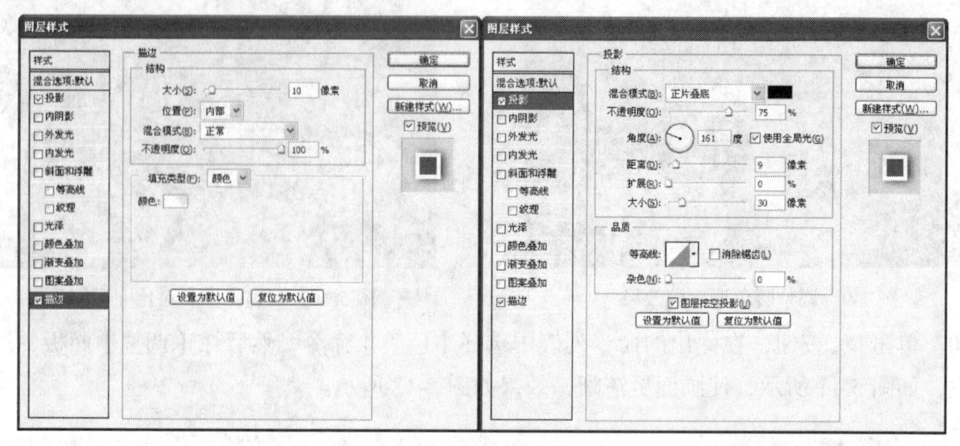

图 5-14　设置的图层样式参数

16. 单击 确定 按钮，图像添加描边及投影后的效果如图 5-15 所示。

17. 利用 T 工具，在图像的右下方输入如图 5-16 所示的黑色文字，即可完成写真集画面的制作。

图 5-15　添加描边及投影后的效果

图 5-16　输入的文字

18. 按 Ctrl+S 组合键，将此文件命名为“写真集画面（一）.psd”保存。

5.3 制作写真集画面（二）

目的：学习【图像】/【调整】命令及调整层的运用。

内容：导入素材图片后，分别利用【调整】命令对其进行修改，以制作出特殊色调效果，制作的写真集画面如图 5-17 所示。

操作步骤

1. 新建一个【宽度】为“25 厘米”、【高度】为“18 厘米”、【分辨率】为“150 像素/英寸”、【颜色模式】为“RGB 颜色”、【背景内容】为“白色”的文件，然后为“背景”层填充上黄灰色（R:215,G:205,B:190）。

2. 按 Ctrl+A 组合键，将画面全部选中，然后执行【选择】/【变换选区】命令，为选区添加自由变换框。

图 5-17　制作的写真集画面

3. 将属性栏中 W: 95 H: 95.00% 的参数都设置为"95%"，然后按 Enter 键，确认选区的变换操作。

4. 按 Shift+Ctrl+I 组合键，将选区反选，反选后的选区形态如图 5-18 所示。

5. 新建"图层 1"，为选区填充上黑色，然后按 Ctrl+D 组合键，将选区去除。

6. 打开素材文件中"图库\第 05 章"目录下的"人物 02.jpg"文件。

7. 将人物图像移动复制到新建文件中生成"图层 2"，然后将其调整大小后放置到如图 5-19 所示的位置。

图 5-18　反选后的选区形态

图 5-19　图片放置的位置

8. 按住 Ctrl 键，单击"图层 2"左侧的图层缩览图添加选区，然后单击【图层】面板下方的 按钮，在弹出的菜单中选择【可选颜色】命令，在弹出的【调整】面板中设置参数，如图 5-20 所示，调整后的图像效果如图 5-21 所示。

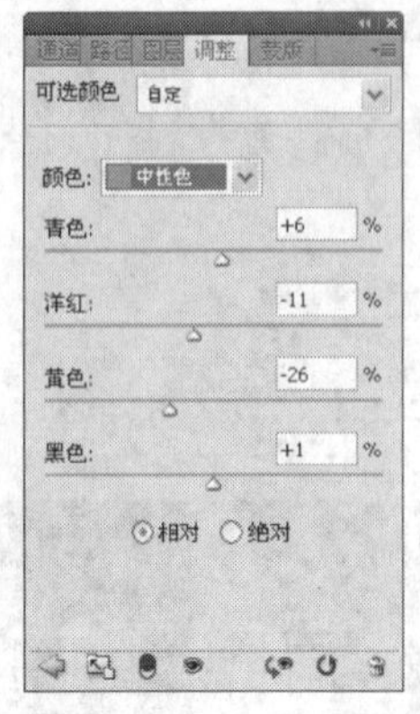

图 5-20 【调整】面板

图 5-21 调整后的图像效果

9. 再次载入“图层 2”中图像的选区，然后单击【图层】面板下方的 按钮，在弹出的菜单中选择【曲线】命令，在弹出的【调整】面板中调整曲线形态，如图 5-22 所示，以增强图像的层次感，调整后的图像效果如图 5-23 所示。

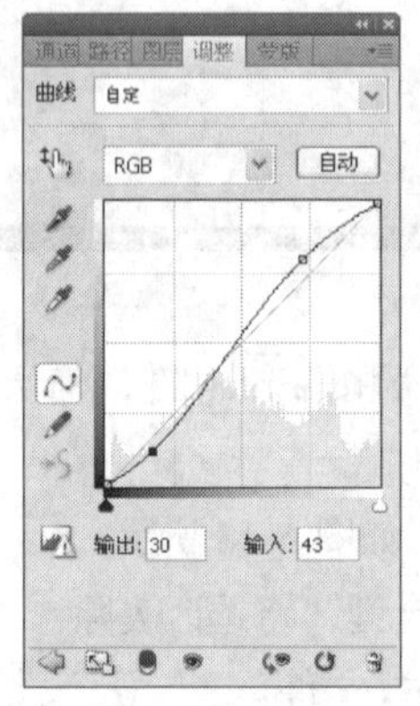

图 5-22 【调整】面板

图 5-23 调整后的图像效果

10. 打开素材文件中“图库\第 05 章”目录下的“人物 03.jpg”文件，并将其移动复制到新建文件中生成“图层 3”，然后将其调整大小后放置到如图 5-24 所示的位置。

11. 利用 工具根据人物的区域绘制出如图 5-25 所示的矩形选区。

图 5-24 图像调整后的大小

图 5-25 绘制的矩形选区

12. 单击【图层】面板下方的按钮，为“图层 3”添加图层蒙版，将选区以外的图像隐藏，效果如图 5-26 所示。

13. 按住Ctrl键，单击“图层 3”左侧的图层缩览图添加选区，然后单击【图层】面板中的按钮，在弹出的菜单中选择【照片滤镜】命令，在弹出的【调整】面板中设置选项，如图 5-27 所示，调整后的图像效果如图 5-28 所示。

图 5-26 隐藏图像后的效果

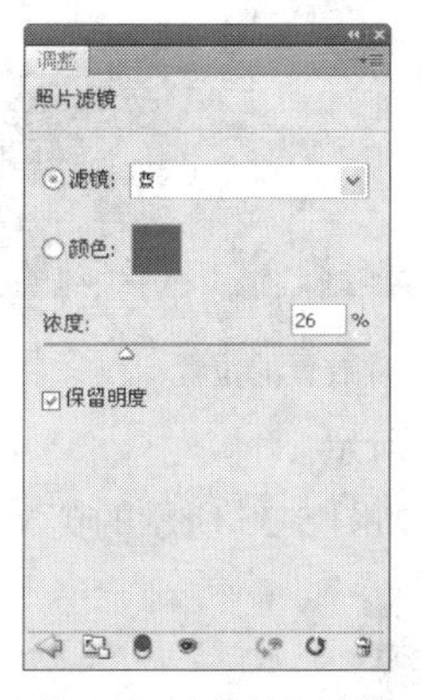

图 5-27 选择的蓝滤镜

图 5-28 调整后的效果

14. 打开素材文件中“图库\第 05 章”目录下的“人物 04.jpg”文件，并将其移动复制到新建文件中生成“图层 4”，然后将其调整大小后放置到如图 5-29 所示的位置。

图 5-29 图片放置的位置

15. 按住Ctrl键，单击“图层 4”左侧的图层缩览图添加选区，然后单击【图层】面板下方的按钮，在弹出的菜单中选择【色阶】命令，在弹出的【调整】面板中，选择“蓝”通道，然后设置如图 5-30 所示的色阶参数，调整后的图像效果如图 5-31 所示。

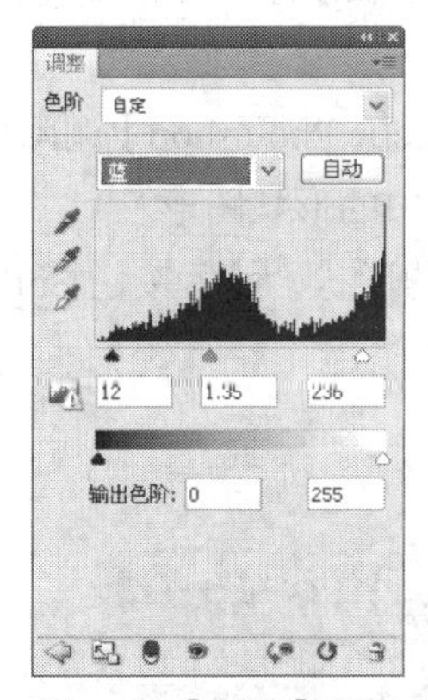

图 5-30 【调整】面板

图 5-31 调整后的图像效果

16. 打开素材文件中“图库\第 05 章”目录下的“人物 05.jpg”文件，并将其移动复制到新建文件中生成“图层 5”，然后将其调整大小后放置到如图 5-32 所示的位置。

17. 按住Ctrl键，单击“图层 5”左侧的图层缩览图添加选区，然后单击【图层】面板下方的按钮，在弹出的菜单中选择【照片滤镜】命令，在弹出的【调整】面板中设置参数，如图 5-33 所示。

图 5-32　图片放置的位置

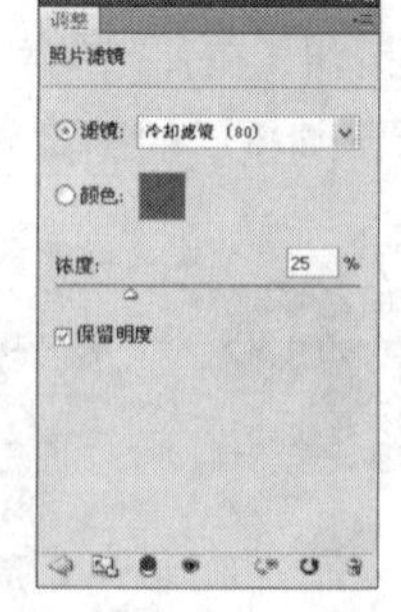

图 5-33　【调整】面板

调整后的图像效果如图 5-34 所示。

18. 利用工具，依次输入如图 5-35 所示的英文字母。

图 5-34　调整后的图像效果

图 5-35　输入的英文字母

19. 新建“图层 6”，然后将前景色设置为暗紫色（R:140,G:105,B:105）。

20. 选择工具，激活属性栏中的按钮，并单击属性栏中【形状】选项右侧的倒三角按钮，在弹出的【自定形状】面板中单击右上角的按钮。

21. 在弹出的下拉菜单中选择【全部】命令，然后在弹出【Adobe Photoshop】询问面板中单击 确定 按钮，用“全部”的形状图形替换【自定形状】面板中的形状图形。

22. 拖动【自定形状】面板右侧的滑块，选择如图 5-36 所示的形状，然后按住 Shift 键，在画面中按住鼠标左键并拖曳，绘制出如图 5-37 所示的皇冠图形。

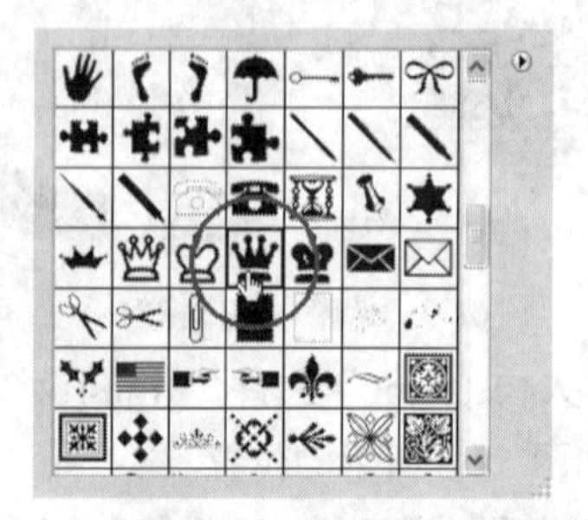
图 5-36　【自定形状】面板

图 5-37　绘制的皇冠图形

至此，个人写真集画面已制作完成，整体效果如图 5-17 所示。

23．按 Ctrl+S 组合键，将文件命名为“写真集画面（二）.psd”保存。

5.4 课堂实训

下面灵活运用本章所学的【调整】菜单命令，来对图像进行色彩调整。

5.4.1 调整金秋色调

目的：学习把夏日的风景图片调整成金秋色调。

内容：利用【色相/饱和度】命令把夏日的风景图片调整成金秋效果，风景素材及调整出的金秋色调效果如图 5-38 所示。

图 5-38　风景素材及调整出的效果

操作步骤

1．打开素材文件中“图库\第 05 章”目录下的“风景.jpg”文件，执行【图像】/【模式】/【CMYK 颜色】命令，将当前文件的 RGB 颜色模式转换为 CMYK 颜色模式。

对于 RGB 颜色的图像，其色彩显示较为鲜艳，在利用颜色调整命令时，较艳丽的色彩很容易发生变化而达不到想要的理想效果，所以本例在颜色开始调整之前，首先将其转换为 CMYK 颜色模式。这一步操作非常重要，如果读者不转换图像模式，用下面的参数将调整不出预期的效果。

2．按 Ctrl+U 组合键，弹出【色相/饱和度】对话框，依次设置绿色和青色的相应参数，如图 5-39 所示。

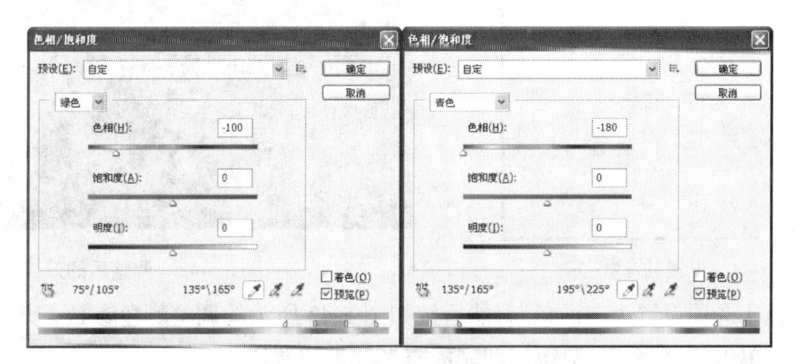

图 5-39 【色相/饱和度】对话框

提示

在调整【色相/饱和度】对话框中的参数时，调整完“绿色”的参数后，不要关闭对话框，直接在下拉列表中再选择“青色”进行调整，调整完成后，再单击 确定 按钮，否则不能出现与本例完全相同的效果。

3. 单击 确定 按钮，即可完成图像的调整，按 Shift+Ctrl+S 组合键，将此文件命名为“金秋色调.jpg”另存。

5.4.2 调整霞光色调

目的：学习把白天拍摄的人物照片调整成傍晚的霞光效果。

内容：执行【可选颜色】命令，通过设置和调整不同的颜色参数，把白天拍摄的人物照片调整成傍晚的霞光效果，照片素材及调整出的傍晚霞光效果如图 5-40 所示。

图 5-40 照片素材及调整出的傍晚霞光效果

操作步骤

1. 打开素材文件中“图库\第 05 章”目录下的“照片 01.jpg”文件。

2. 执行【图像】/【调整】/【可选颜色】命令，在弹出的【可选颜色】对话框中将【颜色】选项设置为“中性色”，然后按如图 5-41 所示调整颜色参数，此时的画面效果如图 5-42 所示。

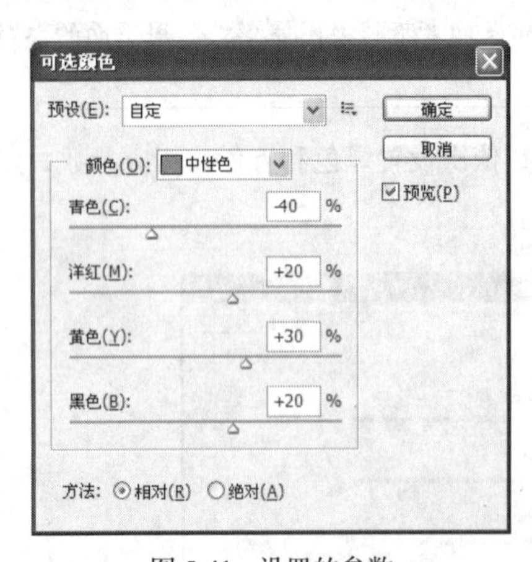

图 5-41 设置的参数

图 5-42 调整后的效果

3. 将【颜色】选项设置为“白色”，然后按如图 5-43 所示的调整颜色参数，此时的画面效果如图 5-44 所示，单击 确定 按钮，即完成霞光效果的调整。

图 5-43　设置的参数

图 5-44　调整后的效果

读者也可自行调整以上的【颜色】参数，看是否能调整出更漂亮的颜色效果来。

4. 按 Shift+Ctrl+S 组合键，将此文件命名为“霞光色调.jpg”另存。

5.4.3　调整曝光过度的照片

目的：把曝光过度的照片调整成正常亮度。

内容：利用【曝光度】命令以及【照片滤镜】命令，把曝光过度的照片调整成正常亮度，照片素材及调整正常亮度后的效果如图 5-45 所示。

图 5-45　照片素材及调整正常亮度后的效果

操作步骤

1. 打开素材文件中“图库\第 05 章”目录下的“照片 02.jpg”文件。

2. 执行【图像】/【调整】/【曝光度】命令，弹出【曝光度】对话框，参数设置如图 5-46 所示，单击 确定 按钮，图像调整后的效果如图 5-47 所示。

3. 执行【窗口】/【通道】命令，将【通道】面板调出，按住 Ctrl 键单击 RGB 通道左侧的缩览图，将画面中的亮部区域作为选区载入，如图 5-48 所示。

4. 新建“图层 1”，并为选区填充白色，然后按 Ctrl+D 组合键去除选区。

5. 将“图层 1”的图层混合模式设置为“柔光”，【不透明度】的参数设置为“70%”，效果如图 5-49 所示。

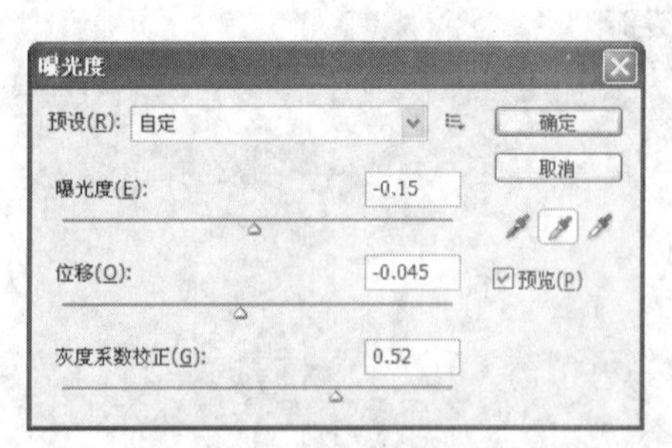

图 5-46 【曝光度】对话框

图 5-47 调整后的效果

图 5-48 载入选区

图 5-49 添加混合模式后的效果

6. 按 Ctrl+E 组合键，将“图层 1”合并到“背景”层中，然后执行【图像】/【调整】/【照片滤镜】命令，在弹出的【照片滤镜】对话框中设置各项参数，如图 5-50 所示。

7. 单击 确定 按钮，添加蓝色滤镜后的画面效果如图 5-51 所示。

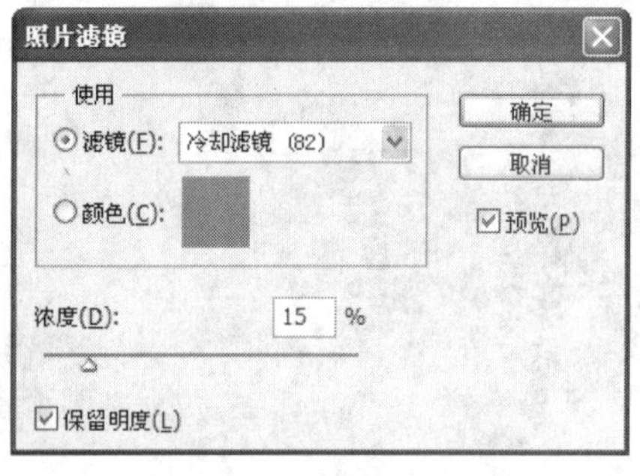

图 5-50 【照片滤镜】对话框

图 5-51 添加蓝色滤镜后的效果

下面利用工具对人物的婚纱颜色进行修复，使其还原原片中的白色效果。

8. 选择工具，设置合适的笔头大小及【不透明度】参数后，将鼠标光标移动到人物的婚纱位置拖曳，还原婚纱的颜色。

9. 至此，图像调整完成，对比效果如图 5-45 所示。按 Shift+Ctrl+S 组合键，将此文件命名为“曝光过度调整.jpg”另存。

5.4.4 调整曝光不足的照片

目的：把曝光不足的照片调整成正常亮度。

内容：在拍摄照片时，如果因天气、光线或相机的曝光度不够，拍摄出的照片会出现曝光不足的情况，而利用【色阶】命令可以很容易地把曝光不足的照片调整成正常亮度。照片素材及调整正常亮度后的效果如图 5-52 所示。

图 5-52　照片素材及调整正常亮度后的效果

1. 打开素材文件中“图库\第 05 章”目录下的“照片 03.jpg”文件。
2. 执行【图像】/【调整】/【色阶】命令（快捷键为 Ctrl+L 组合键），弹出【色阶】对话框，激活【设置白场】按钮，然后将鼠标光标移动到照片中最亮的颜色点位置单击选择参考色，鼠标光标放置的位置如图 5-53 所示。
3. 单击鼠标左键拾取参考色后，画面的显示效果如图 5-54 所示。

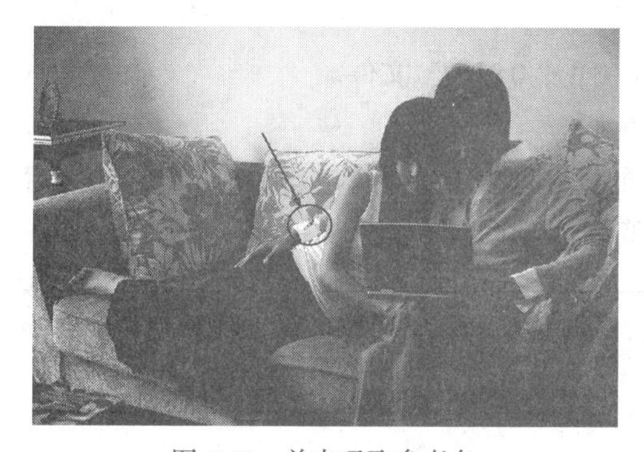

图 5-53　单击吸取参考色

图 5-54　拾取参考色后的照片显示效果

4. 在【色阶】对话框中调整【输入色阶】的参数，如图 5-55 所示。
5. 单击 确定 按钮，即可完成照片的处理，最终效果如图 5-56 所示。

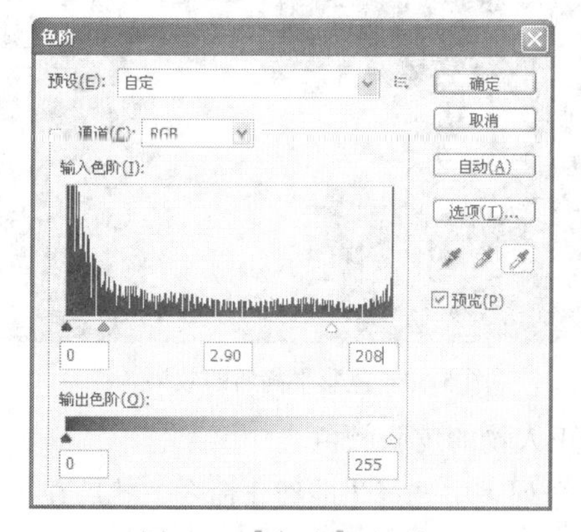

图 5-55 【色阶】对话框

图 5-56　处理完成的照片效果

6. 按 Shift+Ctrl+S 组合键，将调整后的照片命名为“曝光不足调整.jpg”另存。

5.4.5 矫正照片颜色

目的： 把偏色的照片调整成正常色调。

内容： 对人像的皮肤颜色进行调整，是图像处理工作中经常要做的工作，这需要读者掌握一定的调整技巧，且能够学会分析图像颜色的组成。下面利用【色彩平衡】命令、【曲线】命令和【色相/饱和度】命令来对偏色的图片进行调整，调整前后的对比效果如图 5-57 所示。

图 5-57 照片素材及调整前后的对比效果

操作步骤

1. 打开素材文件中“图库\第 05 章”目录下的“照片 04.jpg”文件。

首先利用【色彩平衡】命令来矫正图像的整体色调。

2. 单击【图层】面板下方的 按钮，在弹出的命令列表中选择【色彩平衡】命令，然后在【调整】面板中设置选项参数，如图 5-58 所示，图像调整后的效果如图 5-59 所示。

在实际的调色过程中，建议用户尽量使用调整层来调整图像，以方便后期的编辑和修改。

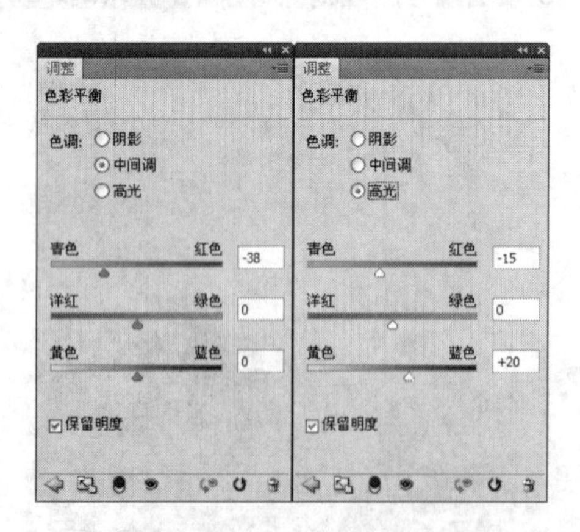

图 5-58 调整的中间调和高光参数

图 5-59 色彩平衡后的效果

接下来，利用【曲线】命令来将画面调亮，同时矫正人物的皮肤颜色。

3. 单击【图层】面板下方的 按钮，在弹出的命令列表中选择【曲线】命令，然后在【调整】面板中依次调整曲线的形态，如图 5-60 所示。

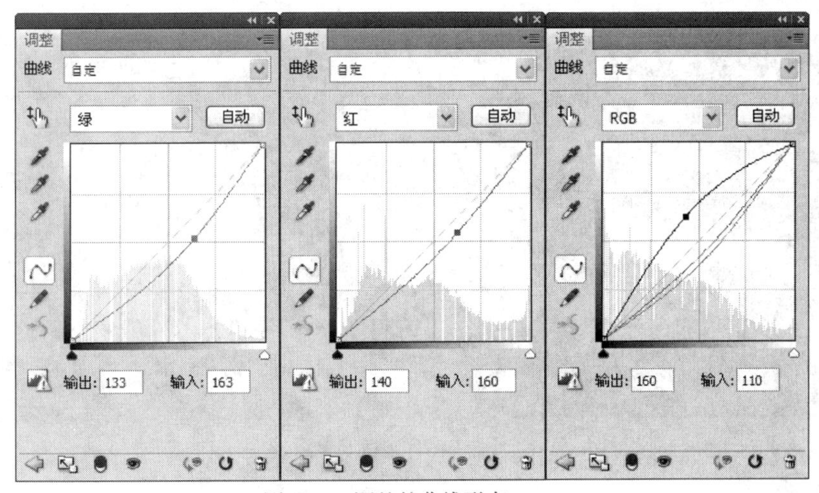

图 5-60　调整的曲线形态

图像调整亮度及矫正皮肤颜色后的效果如图 5-61 所示。

下面再利用【色相/饱和度】命令，对图像的色相以及饱和度稍微调整一下，使画面显得更加柔和。

4. 单击【图层】面板下方的 按钮，在弹出的命令列表中选择【色相/饱和度】命令，然后在【调整】面板中设置【色相】和【饱和度】的参数，如图 5-62 所示。

图 5-61　调整亮度及皮肤色后的效果

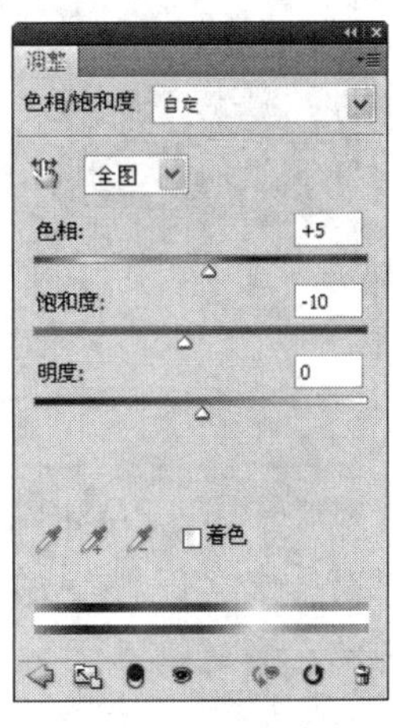

图 5-62　设置的参数

5. 至此，图像调整完成，按 Shift+Ctrl+S 组合键，将此文件命名为“矫正图像颜色.psd”另存。

5.4.6　美白皮肤并润色

目的：学习给普通人物照片修饰美白皮肤的方法。

内容：打开普通人物照片，利用各种滤镜命令、颜色调整命令以及【画笔】、【历史记录画笔】工具修饰人物的皮肤，得到美白的皮肤效果。图片素材及美白皮肤后的最终效果如图 5-63 所示。

图 5-63　图片素材及美白效果

操作步骤

1. 打开素材文件中“图库\第 05 章”目录下的“照片 05.jpg”文件。

2. 执行【滤镜】/【杂色】/【蒙尘与划痕】命令，弹出【蒙尘与划痕】对话框，参数设置如图 5-64 所示。单击 确定 按钮，生成的画面效果如图 5-65 所示。

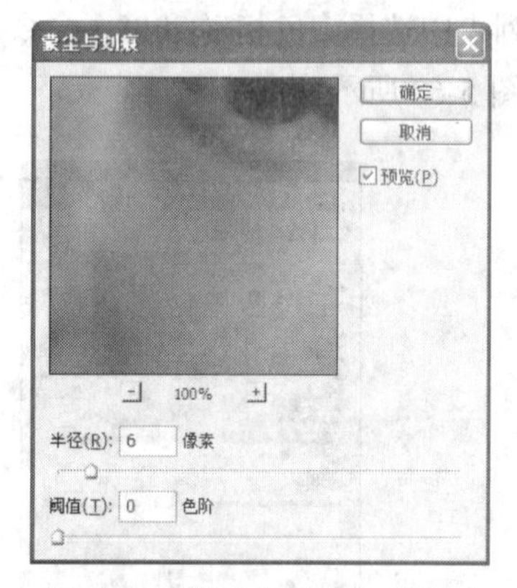

图 5-64 【蒙尘与划痕】对话框

图 5-65　画面效果

3. 执行【滤镜】/【模糊】/【高斯模糊】命令，弹出【高斯模糊】对话框，参数设置如图 5-66 所示。单击 确定 按钮，生成的画面效果如图 5-67 所示。

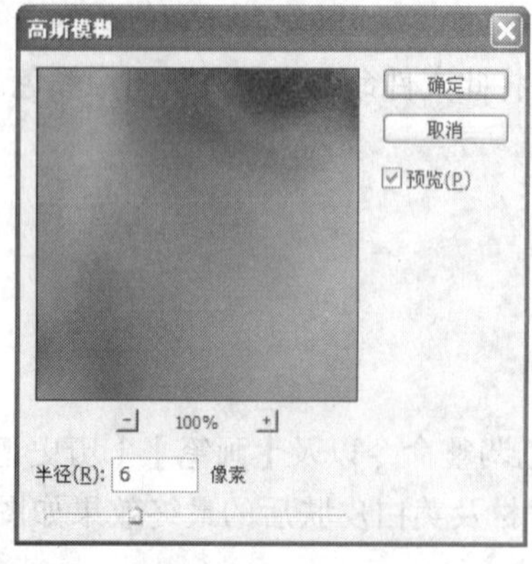

图 5-66 【高斯模糊】对话框

图 5-67　模糊效果

图像模糊处理后，下面利用工具对人物的五官、头发及衣服位置进行还原。

4. 选择工具，设置合适的笔头大小后，将鼠标光标移动到人物的嘴部位置拖曳，还原此处的清晰度，如图 5-68 所示。

5. 将属性栏中的不透明度: 40% 参数设置为“40%”，然后在人物的鼻子、眼睛、眉毛、头发及衣服位置依次拖曳，还原原来的清晰度，效果如图 5-69 所示。

图 5-68　还原清晰度

图 5-69　还原清晰度

6. 将【通道】面板调出，按住 Ctrl 键单击 RGB 通道左侧的缩览图，将画面中的高光区域作为选区载入。

7. 新建“图层 1”，并为选区填充白色，然后将“图层 1”的【不透明度】参数设置为“70%”，效果如图 5-70 所示。

8. 按 Ctrl+D 组合键去除选区，然后单击【图层】面板底部的按钮，在弹出的菜单中选择【曲线】命令，并在【调整】面板中依次调整曲线的形态，如图 5-71 所示。

图 5-70　载入选区并填充白色

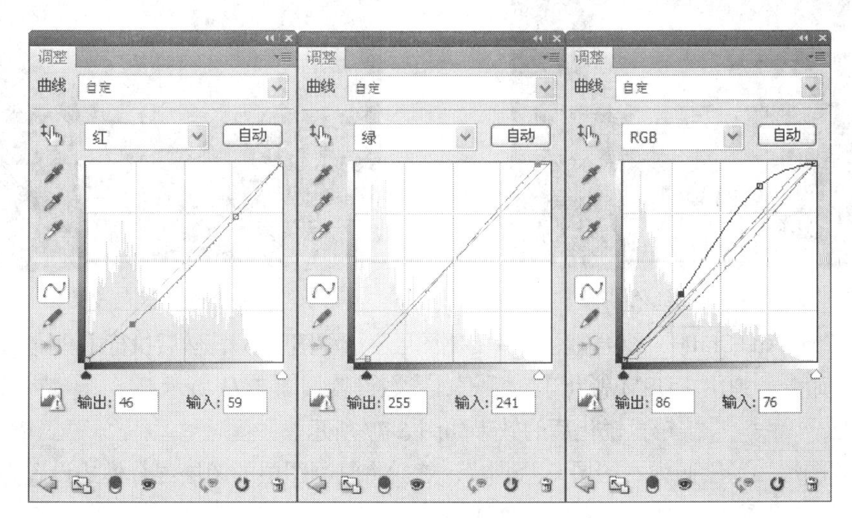

图 5-71　调整曲线的形态

图像调整后的效果如图 5-72 所示。

图 5-72　图像调整后的效果

美白效果制作完成后，下面利用工具为人物添加脸部的红润效果。

9. 新建“图层 2”，将前景色设置为红色（R:255），然后选择工具，并设置属性栏中的选项及参数如图 5-73 所示。

图 5-73　属性设置

10. 将鼠标光标分别移动到人物的左、右脸颊位置单击，喷绘红色，效果如图 5-74 所示。

11. 将前景色设置为绿色（R:143,G:195,B:31），然后在人物的脸部轮廓及脖子区域拖曳鼠标光标，喷绘绿色，效果如图 5-75 所示。

图 5-74　绘制红色

图 5-75　润色效果

12. 按 Ctrl+Alt+Shift+E 组合键，合并复制图层生成“图层 3”，然后执行【滤镜】/【锐化】/【USM 锐化】命令，弹出【USM 锐化】对话框，参数设置如图 5-76 所示。

13. 单击 确定 按钮，锐化后的效果如图 5-77 所示。

14. 将“图层 3”复制为“图层 3 副本”，然后将复制图层的图层混合模式设置为“柔光”，【不透明度】参数设置为“30%”，完成润色处理。

15. 按 Shift+Ctrl+S 组合键，将此文件命名为“美白润色.psd”另存。

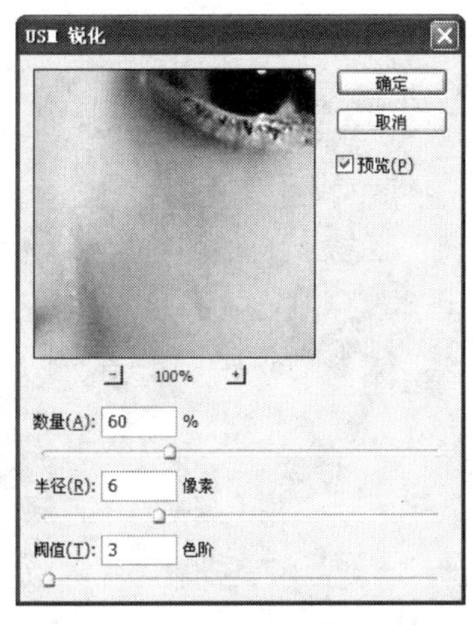

图 5-76 【USM 锐化】对话框

图 5-77　锐化后的效果

5.4.7　黑白照片彩色化

目的： 学习给黑白照片上色的方法。

内容： 本例来学习一种非常简单的给黑白照片上色的方法。黑白照片及上色后的效果对比如图 5-78 所示。

图 5-78　黑白照片及上色前后的对比效果

操作步骤

1. 打开素材文件中“图库\第 05 章”目录下的“照片 06.jpg”和“照片 07.jpg”文件。其中黑白照片是需要上色的，彩色照片是作为上色时颜色参考用的。

2. 选择工具，在彩色照片的人物脸部位置单击，如图 5-79 所示，将其设置为前景色，作为给黑白照片绘制皮肤的基本颜色。

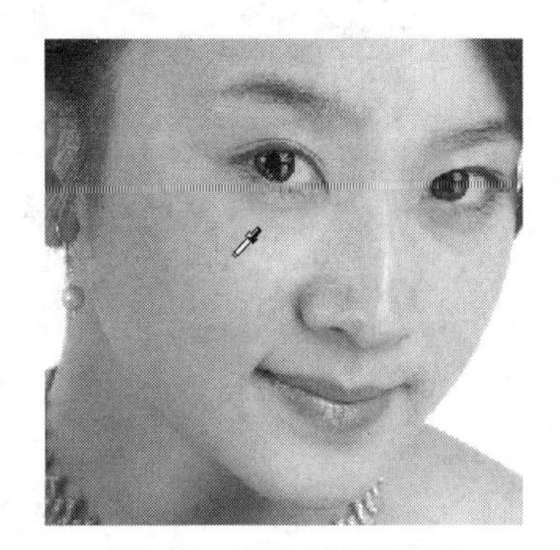

图 5-79　拾取颜色的位置

3. 新建“图层 1”，然后选择工具，设置合适大小的画笔在皮肤位置绘制颜色，注意眼睛和嘴巴位置不要绘制，如图 5-80 所示。

4. 将“图层 1”的图层混合模式设置为“颜色”，效果如图 5-81 所示。

图 5-80 绘制皮肤颜色

图 5-81 设置混合模式后的效果

5. 将前景色设置为紫红色（R:234,G:104,B:162），设置一个较小的画笔，并设置属性栏中【不透明度】的参数为“30%”。

6. 新建“图层 2”，设置图层混合模式为“颜色”，【不透明度】参数为“80%”，然后在眼皮位置润饰上颜色，如图 5-82 所示。

7. 将前景色设置为灰红色（R:195,G:105,B:110），给嘴唇绘制上口红颜色，再设置一个较大的画笔，在脸部、手部位置再不同程度地润饰上一点红色，使其皮肤的红色出现少许的变化，效果如图 5-83 所示。

图 5-82 在眼皮位置润饰上颜色

图 5-83 润饰的颜色

8. 新建“图层 3”，依次将前景色设置为深红色（R:164,G:0,B:0）；黄色（R:255,G:240,B:0）和绿色（R:0,G:153,B:68），并利用工具在小女孩的帽子图形上绘制颜色，效果如图 5-84 所示。

9. 将“图层 3”的图层混合模式设置为“颜色”，效果如图 5-85 所示。

10. 新建“图层 4”，设置图层混合模式为“颜色”，然后利用工具在裙子位置绘制蓝色（R:120,G:166,B:207），制作牛仔裙效果，如图 5-86 所示。

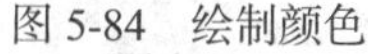
图 5-84　绘制颜色

图 5-85　设置混合模式后的效果

图 5-86　绘制的牛仔裙效果

11. 将“背景”层设置为工作层，选择工具，并在属性栏中激活按钮，然后在灰色背景中单击，给背景添加选区，如图 5-87 所示。

12. 新建“图层 5”，设置图层混合模式为“颜色”，然后为选区填充紫红色（R:174,G:93,B:161），并将图层的【不透明度】参数设置为“60%”，添加紫红色背景后的效果如图 5-88 所示。

图 5-87　添加的选区

图 5-88　添加紫红色背景后的效果

13. 选择工具，设置合适的笔头大小后，将女孩身上的紫红色擦除，得到如图 5-89 所示的效果。

14. 选择 工具，在属性栏中设置【不透明度】参数为“20%”，利用紫红色在肩膀两边的头发位置轻轻地绘制上淡淡的紫红色，效果如图 5-90 所示。

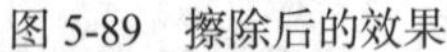

图 5-89 擦除后的效果

图 5-90 涂抹头发后的效果

此时，将黑白照片进行彩色化处理就基本完成了，下面我们将整体画面进行提亮。

15. 按 Shift+Ctrl+Alt+E 组合键，复制所有图层并合并，得到“图层 6”，然后将图层混合模式设置为“滤色”，【不透明度】参数设置为“80%”，照片的整体亮度提高了，效果如图 5-91 所示。

16. 按 Ctrl+M 组合键，弹出【曲线】对话框，调整曲线的形态如图 5-92 所示，稍微降低一下照片的亮度。

图 5-91 提亮后的画面效果

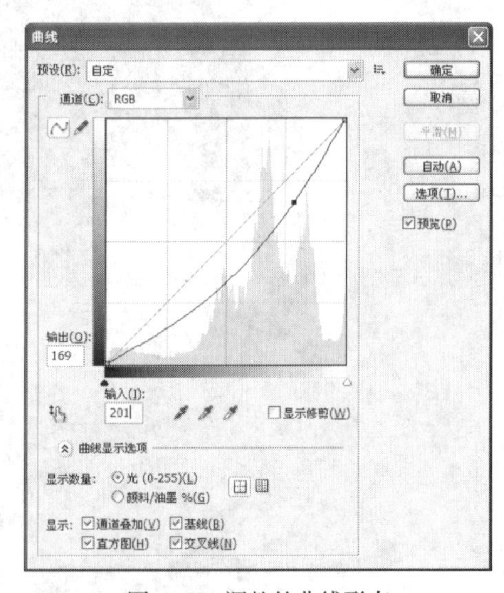

图 5-92 调整的曲线形态

17. 单击 确定 按钮，即可完成照片的彩色化处理。然后按 Shift+Ctrl+S 组合键，将此文件命名为“黑白照片彩色化.psd”另存。

5.5 课后练习

1. 灵活运用【图像】/【调整】/【变化】命令将图像调整为单色调，然后设计出相册效果，素材图片及设计的相册效果如图 5-93 所示。用到的素材图片为“图库\第 05 章”目录下名为“婚纱照 01.jpg”的文件。

图 5-93　素材图片及设计的相册效果

2. 灵活运用【图像】/【调整】/【色相/饱和度】命令将图像调整为暖色调，然后设计出相册效果，素材图片及设计的相册效果如图 5-94 所示。用到的素材图片为“图库\第 05 章”目录下名为“婚纱照 02.jpg”和“翅膀.psd”的文件。

图 5-94　素材图片及设计的相册效果

第6章 海报及各种广告设计

本章以设计海报和制作易拉宝广告为例，详细介绍文字工具的灵活运用。在实际工作中，几乎每一幅作品都需要用文字来说明，将文字以更加丰富多彩的形式表现，是设计领域非常重要的一个创作主题。通过 Photoshop 强大的编辑功能，还可以对文字进行多姿多彩的特效制作和样式编辑，使设计的作品更加生动有趣。

6.1 文字工具

文字工具包括【横排文字】工具T、【直排文字】工具IT、【横排文字蒙版】工具T和【直排文字蒙版】工具IT，分别用于输入水平、垂直文字以及水平和垂直的文字选区。

利用文字工具可以在文件中输入点文字或段落文字。点文字适合在文字内容较少的画面中使用，如标题或需要制作特殊效果的文字；当作品中需要输入大量的说明性文字内容时，利用段落文字输入就非常适合。以点文字输入的标题和以段落文字输入的文本内容如图 6-1 所示。

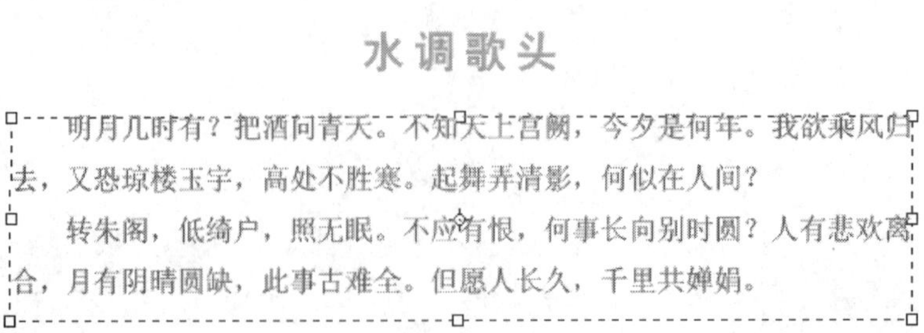

水调歌头

明月几时有？把酒问青天。不知天上宫阙，今夕是何年。我欲乘风归去，又恐琼楼玉宇，高处不胜寒。起舞弄清影，何似在人间？

转朱阁，低绮户，照无眠。不应有恨，何事长向别时圆？人有悲欢离合，月有阴晴圆缺，此事古难全。但愿人长久，千里共婵娟。

图 6-1　输入的点文字和段落文字

6.1.1　创建点文字

利用文字工具输入点文字时，每行文字都是独立的，行的长度随着文字的输入不断增加，无论输入多少文字都是在一行内，只有按 Enter 键才能切换到下一行输入文字。

输入点文字的操作方法为：在【文字】工具组中选择 T 工具或 IT 工具，鼠标光标将显示为文字输入光标或符号，在文件中单击指定输入文字的起点，然后在属性栏或【字符】面板中设置相应的文字选项，再输入需要的文字即可。按 Enter 键可使文字切换到一下行；单击属性栏中的 ✓ 按钮，可完成点文字的输入。

6.1.2　创建段落文字

在图像中添加文字，很多时候需要输入一段内容，如一段商品介绍等。输入这种文字时可利用定界框来创建段落文字。即先利用文字工具绘制一个矩形定界框，以限定段落文字的范围，然后在输入文字时，系统将根据定界框的宽度自动换行。

输入段落文字的具体操作方法为：选择 T 工具或 IT 工具，然后在文件中拖曳鼠标光标绘制一个定界框，并在属性栏、【字符】面板或【段落】面板中设置相应的选项，即可在定界框中输入需要的文字。文字输入到定界框的右侧时将自动切换到下一行。输入完一段文字后，按 Enter 键可以切换到下一段文字。如果输入的文字太多以致定界框中无法全部容纳，定界框右下角将出现溢出标记符号⊞，此时可以通过拖曳定界框四周的控制点，以调整定界框的大小来显示全部的文字内容。文字输入完成后，单击属性栏中的 ✓ 按钮，即可完成段落文字的输入。

在绘制定界框之前，按住 Alt 键单击或拖曳鼠标光标，将会弹出【段落文字大小】对话框，在对话框中设置定界框的宽度和高度，然后单击 确定 按钮，可以按照指定的大小绘制定界框。按住 Shift 键，可以创建正方形的文字定界框。

6.1.3　创建文字选区

用【横排文字蒙版】工具 和【直排文字蒙版】工具 可以创建文字选区，文字选区具有与其他选区相同的性质。

创建文字选区的操作方法为：选择 工具或 工具，并设置文字选项，再在文件中单击，此时图像暂时转换为快速蒙版模式，画面中会出现一个红色的蒙版，即可开始输入需要的文字，在输入文字过程中，如要移动文字的位置，可按住 Ctrl 键，然后将鼠标光标移动到变形框内按下鼠标左键并拖曳即可。单击属性栏中的 ✓ 按钮，即可完成文字选区的创建。

6.2　蛋糕店海报设计

目的：学习海报的设计方法及文字的灵活运用。

内容：创建渐变背景后，分别将各水果图片进行合成，然后输入文字并进行编辑，制作海报中的文字效果。设计的海报效果如图 6-2 所示。

图 6-2　设计的海报

6.2.1　制作背景并合成图像

下面来制作蛋糕店海报背景并合并图像。

操作步骤

1. 新建一个【宽度】为“17 厘米”、【高度】为“23 厘米”、【分辨率】为“150 像素/英寸”、【颜色模式】为“RGB 颜色”、【背景内容】为“白色”的文件。

2. 新建“图层 1”，然后利用工具，为其由上至下填充从浅紫色（R:190,G:95,B:230）到白色的线性渐变色，效果如图 6-3 所示。

3. 利用工具和工具，绘制并调整出如图 6-4 所示的路径，然后按 Ctrl+Enter 组合键，将路径转换为选区。

图 6-3　填充渐变色后的效果

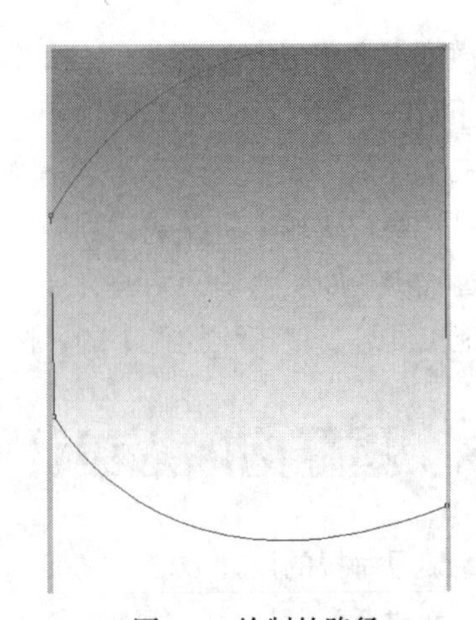

图 6-4　绘制的路径

4．新建“图层 2”，选择工具，并在属性栏中设置一个较大的柔边缘笔头，在选区内依次描绘白色和紫色（R:160,G:95,B:200），效果如图 6-5 所示。

5．按 Ctrl+D 组合键，将选区去除，然后利用工具和工具，绘制并调整出如图 6-6 所示的路径。

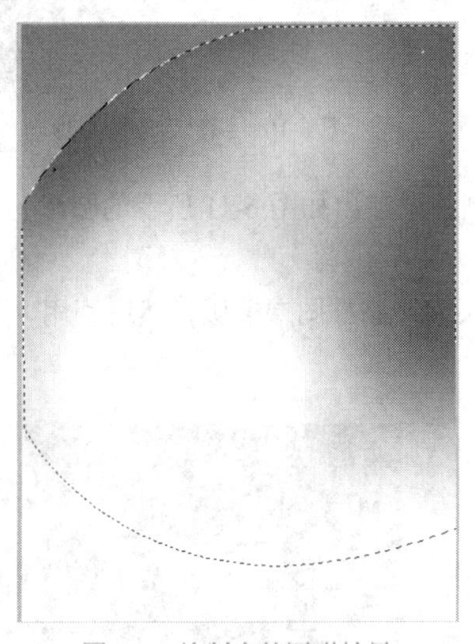

图 6-5　绘制出的图形效果

图 6-6　绘制的路径

6．按 Ctrl+Enter 组合键，将路径转换为选区，然后新建“图层 3”，并为选区填充上浅紫色（R:198,G:110,B:238），再按 Ctrl+D 组合键，将选区去除。

7．新建“图层 4”，然后将前景色设置为淡紫色（R:240,G:215,B:255）。

8．选择工具，单击属性栏中的按钮，在弹出的【画笔选项】面板中设置各项参数，如图 6-7 所示，再在画面的右上角位置单击，喷绘出如图 6-8 所示的圆形。

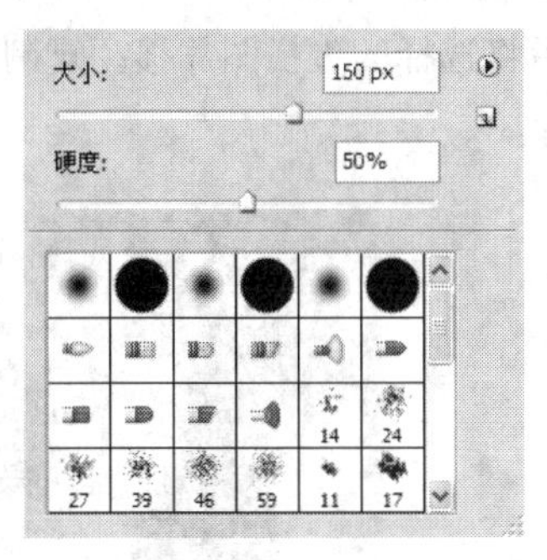

图 6-7 【画笔选项】面板

图 6-8　喷绘出的图形

9. 按 Ctrl+T 组合键，为圆形添加自由变换框，然后调整至如图 6-9 所示的形态，再按 Enter 键，确认图形的变换操作。

10. 按住 Ctrl 键，单击“图层 4”左侧的图层缩览图添加选区，然后按住 Ctrl+Alt 组合键，将鼠标光标移动至选区内，按住鼠标左键并拖曳，移动复制圆形。

11. 再次按 Ctrl+T 组合键，为复制出的图形添加自由变换框，并将其调整至如图 6-10 所示的形态，然后按 Enter 键，确认图形的变换操作。

图 6-9　调整后的图形形态

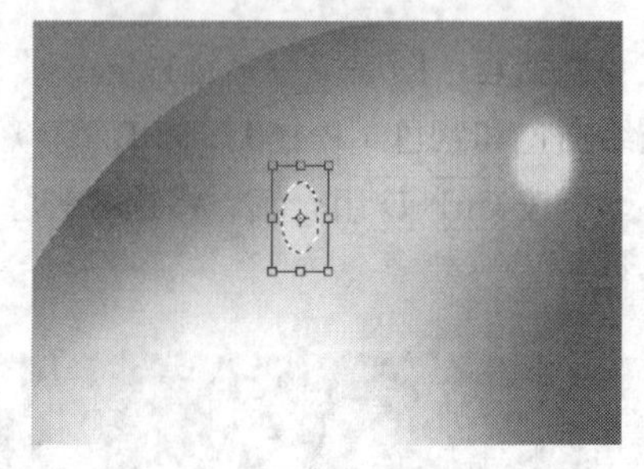

图 6-10　调整后的图形形态

12. 用与步骤 10～步骤 11 相同的方法，依次复制并调整出如图 6-11 所示的圆形，然后将选区去除。

13. 单击【图层】面板下方的 按钮，为“图层 4”添加图层蒙版，然后利用 工具，在画面中喷绘黑色编辑蒙版，效果如图 6-12 所示。

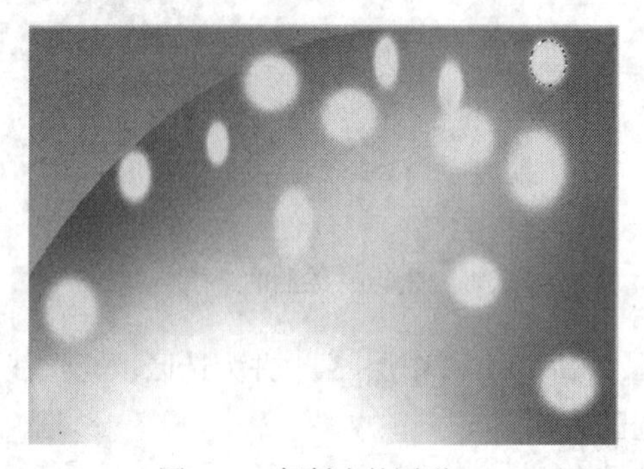

图 6-11　复制出的图形

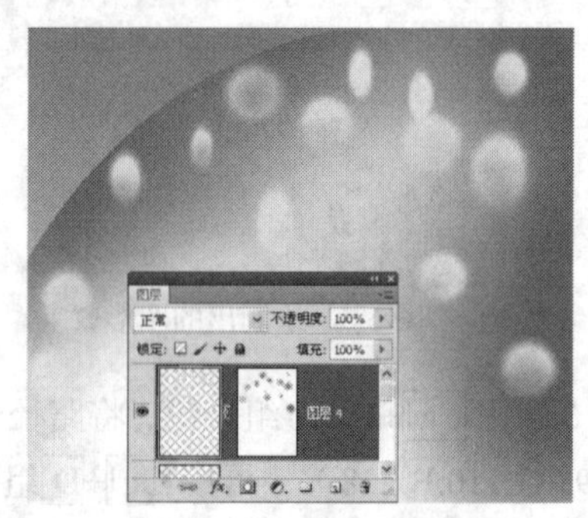

图 6-12　编辑蒙版后的效果

14. 打开素材文件中“图库\第 06 章”目录下的“蛋糕.jpg”文件，然后利用 工具和 工具，依次绘制并调整出如图 6-13 所示的路径，将画面中的蛋糕图片选中。

15. 按 Ctrl+Enter 组合键，将路径转换为选区，然后将选择的蛋糕图片移动复制到新建文件中生成“图层 5”，并调整至如图 6-14 所示的大小及位置。

图 6-13　绘制的路径

图 6-14　图片放置的位置

16. 打开素材文件中“图库\第 06 章”目录下的“蛋糕 01.jpg”文件，如图 6-15 所示。

17. 利用工具和工具依次将画面中的两个蛋糕图片选中，然后移动复制到新建文件中生成“图层 6”和“图层 7”，并将生成的图层调整至“图层 5”的下方，效果如图 6-16 所示。

图 6-15　打开的图片

图 6-16　图片放置的位置

18. 打开素材文件中“图库\第 06 章”目录下的“草莓和香瓜.psd”文件，然后将草莓和香瓜图片依次移动复制到新建文件中生成“图层 8”和“图层 9”，并分别调整大小后放置到如图 6-17 所示的位置，注意图层堆叠顺序的调整。

19. 按 Ctrl+S 组合键，将文件命名为“海报设计.psd”保存。

图 6-17　图片放置的位置

6.2.2　添加文字

接上例，本节来为蛋糕店海报设计添加文字。

操作步骤

1. 利用 T 工具，依次输入如图 6-18 所示的粉红色（R:245,G:65,B:200）文字。

图 6-18　输入的文字

2. 利用 T 工具并结合【字符】面板，依次选择文字并将其字号进行调整，调整后的文字效果如图 6-19 所示。

3. 执行【图层】/【栅格化】/【文字】命令，将文字层转换为普通层，利用工具并结合【编辑】/【自由变换】命令，将文字调整至如图 6-20 所示的形态。

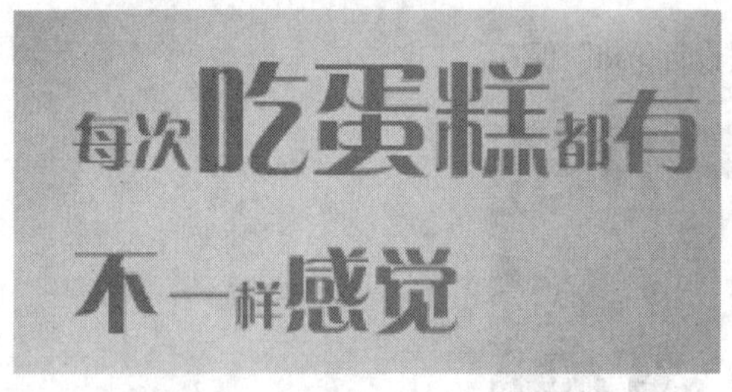

图 6-19　调整字号后的文字效果

图 6-20　调整后的文字形态

4. 利用工具，绘制出如图 6-21 所示的矩形选区，将“感”字下方的“心”部选择，然后按 Delete 键将选择的内容删除。

5. 用与步骤 4 相同的方法，将“觉”字进行修剪，修剪后的文字形态如图 6-22 所示。

图 6-21　绘制的选区

图 6-22　修剪后的文字形态

6. 执行【图层】/【图层样式】/【描边】命令，在弹出的【图层样式】对话框中设置参数，如图 6-23 所示。

7. 单击 确定 按钮，添加描边样式后的文字效果如图 6-24 所示。

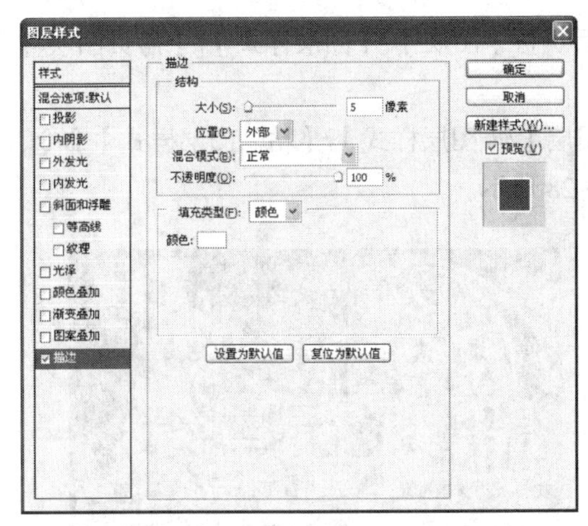

图 6-23 【图层样式】对话框

图 6-24　添加描边样式后的文字效果

8. 将“甜蜜之旅”文字层设置为当前层，然后用与步骤 2～步骤 7 相同的方法，将其调整至如图 6-25 所示的形态。

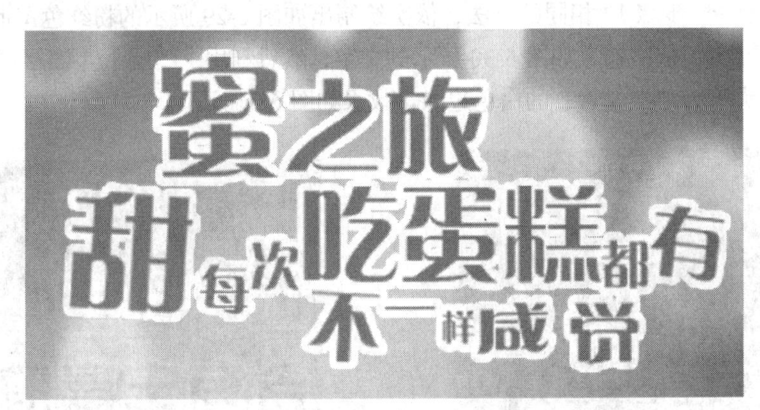

图 6-25　调整后的文字形态

9. 利用工具和工具，绘制并调整出如图 6-26 所示的路径，然后按 Ctrl+Enter 组合键，将路径转换为选区。

10. 新建“图层 10”，为选区填充上粉红色（R:245,G:65,B:200），效果如图 6-27 所示，然后将选区去除。

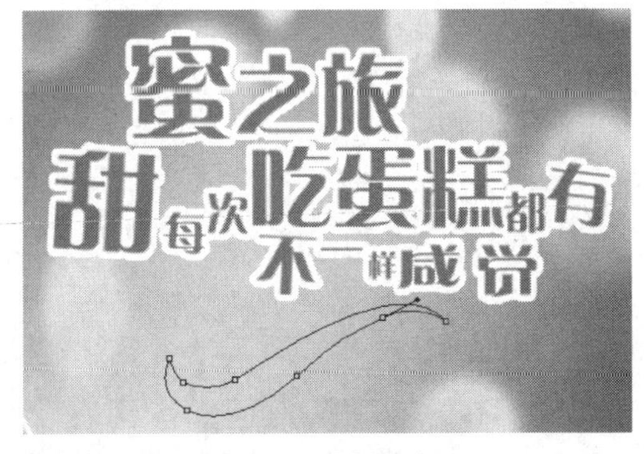

图 6-26　绘制的路径

图 6-27　填充颜色后的效果

11. 将“甜蜜之旅”文字层设置为当前层，然后执行【图层】/【图层样式】/【拷贝图层样式】命令，将当前层中的图层样式复制到剪贴板中。

12. 将“图层 10”设置为当前层，然后执行【图层】/【图层样式】/【粘贴图层样式】命令，将剪贴板中的图层样式粘贴到当前层中，效果如图 6-28 所示。

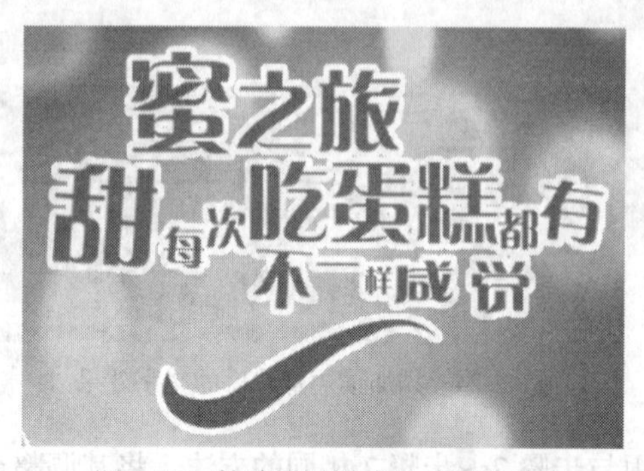

图 6-28　粘贴图层样式后的图形效果

图 6-29　绘制出的图形

13. 用与步骤 9～步骤 12 相同的方法，依次绘制出如图 6-29 所示的粉红色图形。

14. 利用 T 工具，依次输入如图 6-30 所示的文字，然后利用【图层】/【图层样式】/【描边】命令，为其添加大小为“3 像素”的白色边缘，效果如图 6-31 所示。

图 6-30　输入的文字

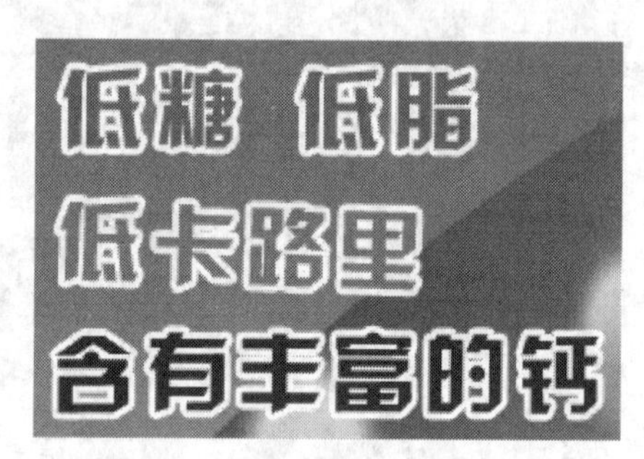

图 6-31　添加描边样式后的文字效果

15. 利用【编辑】/【自由变换】命令，依次将步骤 14 中输入的文字调整至如图 6-32 所示的形态。

16. 选择 ◯ 工具，按住 Shift 键，绘制出如图 6-33 所示的圆形选区。

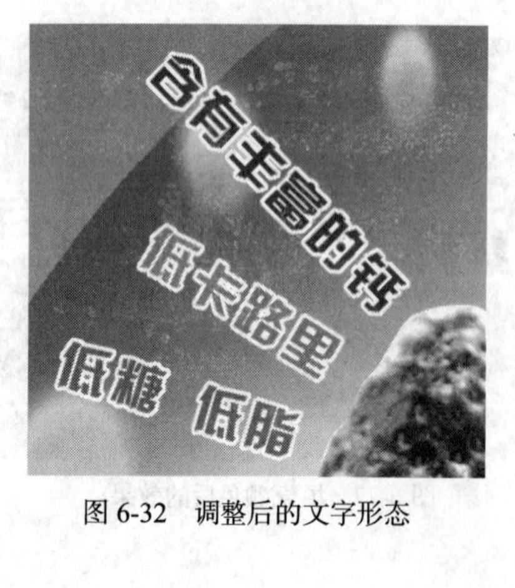

图 6-32　调整后的文字形态

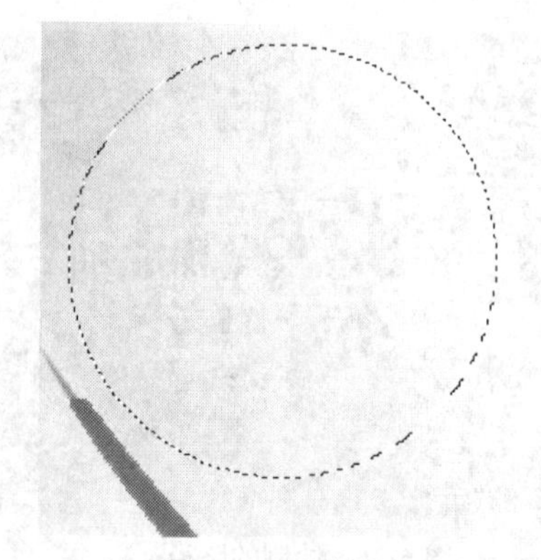

图 6-33　绘制的选区

17. 新建“图层 17”，为选区填充上蓝紫色（R:150,G:110,B:218），效果如图 6-34 所示。

18. 继续利用◯工具，绘制出如图 6-35 所示的白色圆形，然后将选区去除。

图 6-34　填充颜色后的效果

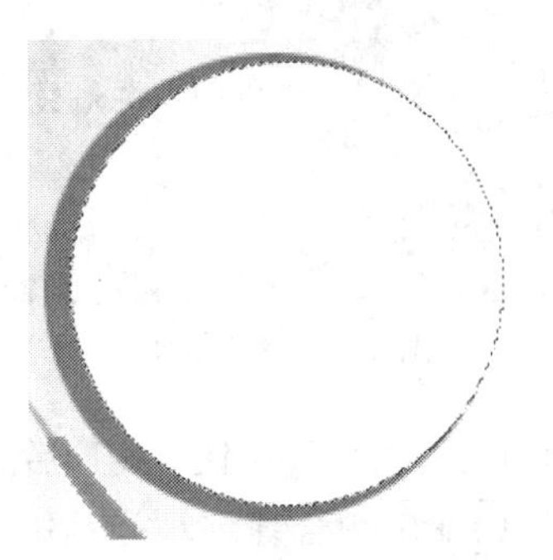

图 6-35　绘制的图形

19. 用移动复制图形的方法，将圆形依次复制，并将复制出的图形调整大小后分别放置到如图 6-36 所示的位置。

图 6-36　复制出的图形放置的位置

20. 打开素材文件中“图库\第 06 章”目录下的“水果.psd”文件，然后将各水果图片依次移动复制到新建文件中，调整大小后分别放置到如图 6-37 所示的位置。

图 6-37　图片放置的位置

21. 利用 T 工具，输入如图 6-38 所示的黑色文字。

22. 单击属性栏中的 按钮，在弹出的【变形文字】对话框中设置参数，如图 6-39 所示。

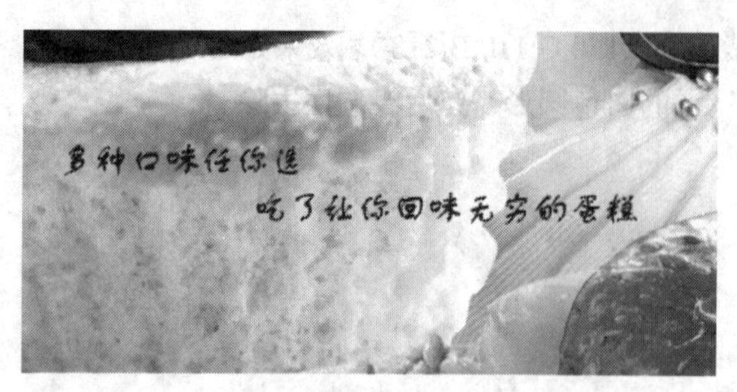

图 6-38 输入的文字

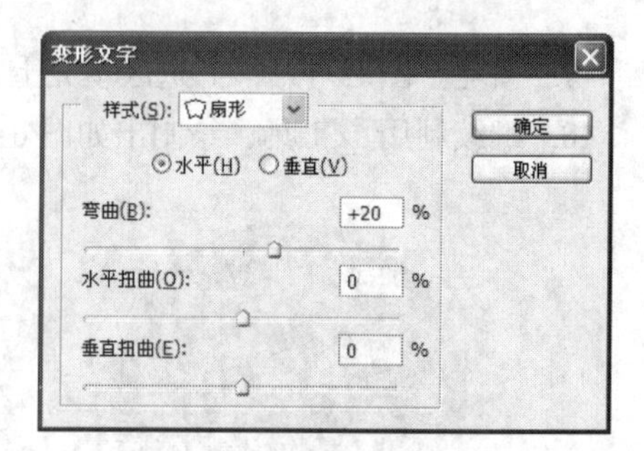

图 6-39 【变形文字】对话框

23. 单击 确定 按钮，变形后的文字形态如图 6-40 所示。

24. 按 Ctrl+T 组合键，为文字添加自由变换框，然后将其调整至如图 6-41 所示的形态及位置，再按 Enter 键，确认文字的变换操作。

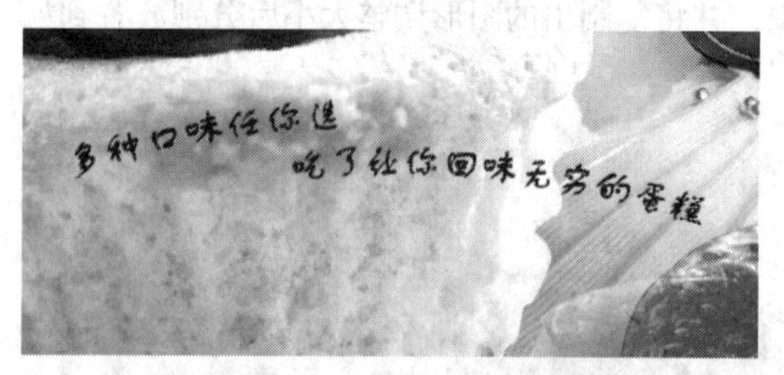

图 6-40 变形后的文字形态

图 6-41 调整后的文字形态

25. 利用 工具和 工具，绘制并调整出如图 6-42 所示的路径。

26. 新建图层，然后将前景色设置为黑色，选择 工具，设置笔头大小为“3 px”，然后单击【路径】面板下方的 按钮，用设置的画笔描绘路径，隐藏路径后效果如图 6-43 所示。

图 6-42 绘制的路径

图 6-43 描绘路径并隐藏后的效果

27. 利用 工具，依次输入如图 6-44 所示的粉红色（R:245,G:65,B:200）文字。

图 6-44 输入的文字

28. 选择“全新的自助销售方式…”文字层，执行【图层】/【图层样式】/【混合选项】命令，在弹出的【图层样式】对话框中设置参数，如图 6-45 所示。

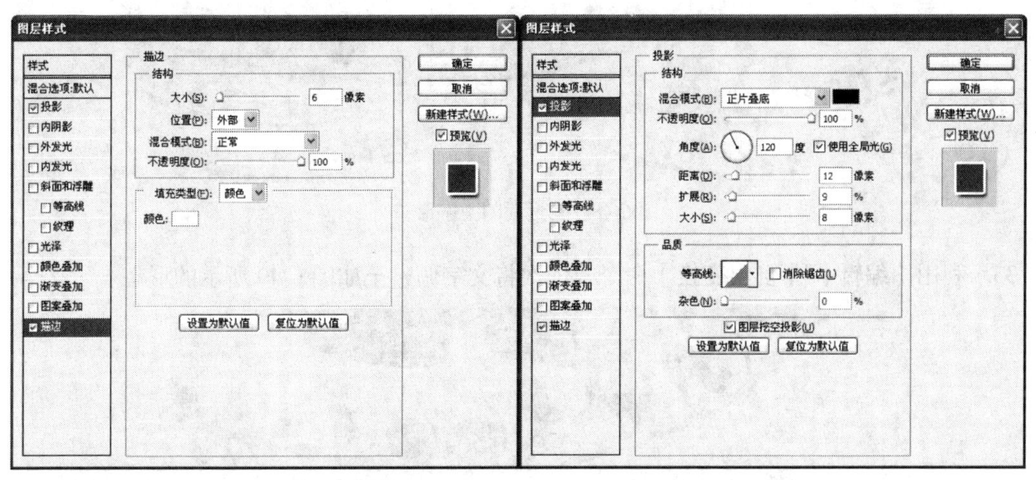

图 6-45 【图层样式】对话框

29. 单击 确定 按钮，为文字添加描边和投影效果，然后将该图层样式复制，并粘贴至“独特的口味丰富多彩…”文字层中，效果如图 6-46 所示。

图 6-46 添加图层样式后的文字效果

30. 确认“全新的自助销售方式…”文字层处于当前层状态，单击 T 工具属性栏中的 按钮，在弹出的【变形文字】对话框中设置参数，如图 6-47 所示。

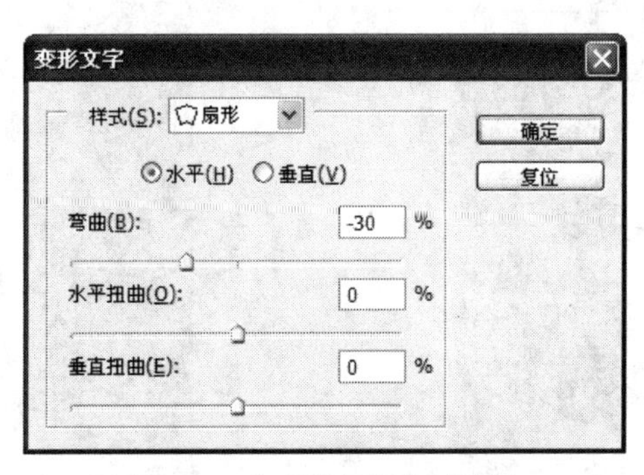

图 6-47 【变形文字】对话框

31. 单击 确定 按钮，对文字进行变形处理，然后选择“独特的口味丰富多彩……”文字层，并单击 按钮，在弹出的【变形文字】对话框中将【样式】设置为“扇形”；选择【水平】

单选项；【弯曲】选项的参数设置为“-20%”。

32. 单击 确定 按钮，变形后的文字形态如图 6-48 所示。

图 6-48　变形后的文字形态

33. 利用【编辑】/【自由变换】命令，依次将文字调整至如图 6-49 所示的形态。

图 6-49　调整后的文字形态

34. 至此，海报设计完成。按 Ctrl+S 组合键，将文件保存。

下面灵活运用【自由变换】命令将设计的海报画面制作成易拉宝效果。

35. 打开素材文件中“图库\第 06 章”目录下的“易拉宝.jpg”文件。

36. 将“海报设计.psd”文件设置为工作状态，然后按 Alt+Shift+Ctrl+E 组合键，将所有图层复制并合并为一个层。

37. 将合并后的图层移动复制到“易拉宝.jpg”文件中，然后按 Ctrl+T 组合键为图像添加自由变换框，并激活属性栏中的 按钮，将【H】的参数设置为“50%”，将图像等比例缩小。

38. 将鼠标光标放置到变形框中按下鼠标左键并拖曳，将图像的左下角与易拉宝图片中白色区域的左下角对齐，如图 6-50 所示。

39. 按住 Ctrl 键依次调整图像的其他角控制点，将画面调整至如图 6-51 所示的形态。

图 6-50　图像调整大小后放置的位置

图 6-51　图像调整后的形态

40. 按 Enter 键确认图像的调整，即可完成易拉宝效果的制作。

41. 按 Shift+Ctrl+S 组合键，将文件命名为“易拉宝效果.psd”另存。

6.3 课堂实训

下面灵活运用文字工具来进行各种广告设计，包括高炮广告设计、展架广告设计和报纸广告设计等。

6.3.1 高炮广告设计

目的：学习美术文本的输入与编辑。

内容：设计的高炮广告实景效果如图 6-52 所示。

图 6-52　设计的高炮广告实景效果

操作步骤

1. 将素材文件中“图库\第 06 章”目录下的“纸纹.tif”和“破碎的文字.psd”文件打开，然后将破碎的文字移动复制到“纸纹”文件中，调整至合适的大小后放置到画面的左上角。

2. 利用 T 工具在画面的左上角输入如图 6-53 所示的黑色英文字母，然后依次将“破碎文字”和“黑色英文字母”所在图层的图层混合模式设置为“柔光”，【不透明度】的参数设置为“70%”，调整后的效果如图 6-54 所示。

图 6-53　输入的文字

图 6-54　设置混合模式和不透明度后的效果

3. 将素材文件中“图库\第 06 章”目录下的“标志.psd”文件打开，然后将标志图形移动复制到“纸纹”文件中，调整至合适的大小后放置到画面的左上角，然后利用T工具输入如图 6-55 所示的绿色（R:0,G:92,B:50）文字及数字。

4. 将素材文件中“图库\第 06 章”目录下的“郁金香.jpg”文件打开，然后双击【图层】面板中的“背景”层，在弹出的【新建图层】对话框中单击 确定 按钮，将“背景”层转换为“图层 0”。

5. 选择工具，激活属性栏中的按钮，并将【容差】的参数设置为“50”，然后在浅蓝色背景处依次单击添加选区，将背景颜色选中。

6. 按 Delete 键将选中的背景删除，效果如图 6-56 所示，然后按 Ctrl+D 组合键去除选区。

图 6-55 输入的文字

图 6-56 删除背景后的效果

7. 将郁金香图片移动复制到“纸纹”文件中，然后依次将其移动复制并旋转，组合出如图 6-57 所示的画面效果。

图 6-57 复制的郁金香图像效果

8. 利用T工具依次输入如图 6-58 所示的文字（为以后修改起来方便建议每一行文字为一个图层）。

9. 将输入文字的字体都设置为“文鼎 CS 大黑”，然后分别设置文字的字号及颜色，效果如图 6-59 所示。

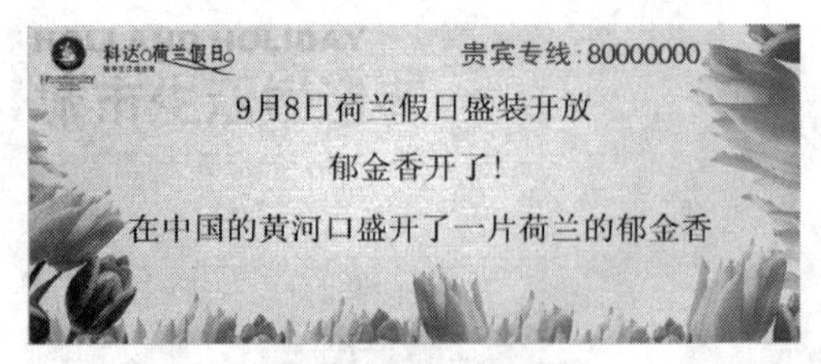

图 6-58 输入的文字

图 6-59 设置后的效果

10. 将第一行文字所在的图层设置为工作层，然后利用【图层】/【图层样式】中的【投影】和【描边】命令，依次为文字添加投影和描边样式，参数设置及效果如图 6-60 所示。

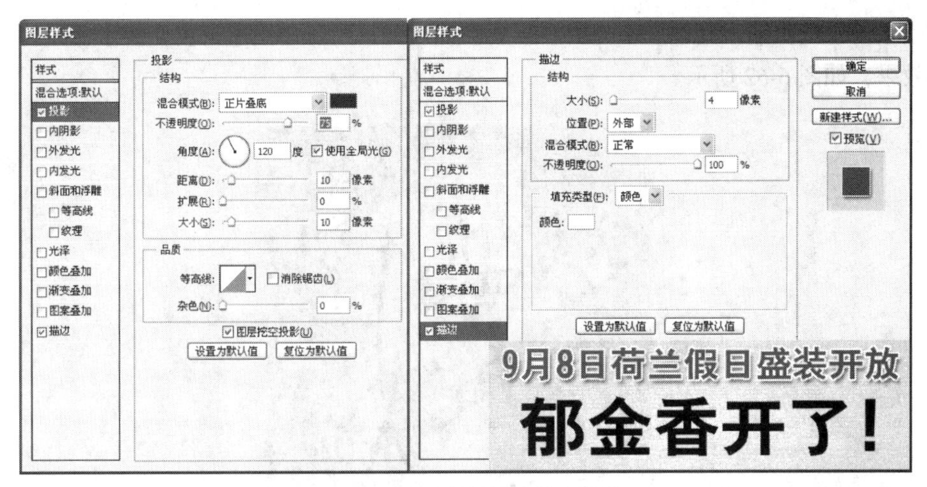

图 6-60　文字的投影和描边样式

11. 在添加样式后的文字层上单击鼠标右键，在弹出的快捷菜单中选择【拷贝图层样式】命令。然后分别将其他两个文字层设置为工作层，并在其上单击鼠标右键，在弹出的快捷菜单中选择【粘贴图层样式】命令，效果如图 6-61 所示。

图 6-61　粘贴图层样式后的效果

12. 按 Shift+Ctrl+S 组合键，将此文件命名为“高炮广告设计.psd”另存。

13. 将素材文件中“图库\第 06 章”目录下的“大型广告牌.jpg”文件打开，然后将“高炮广告设计.psd”文件设置为工作状态。

14. 执行【图层】/【合并可见图层】命令，将所有图层合并为一个层，然后将其移动复制到“大型广告牌”文件中。

15. 执行【编辑】/【自由变换】命令，将高炮广告画面调整至与白色区域相同的形态，即可完成高炮广告的设计。

16. 按 Shift+Ctrl+S 组合键，将此文件命名为“高炮广告.psd”另存。

6.3.2　展架广告设计

目的：学习展架的制作方法及文字的编辑操作。

内容：新建文件后输入文字，然后将文字栅格化并对字形进行修改，然后利用剪贴蒙版制作图案字效果，再依次输入其他文字完成展架画面的设计，最后利用【自由变换】命令将画面制作为实体效果，如图 6-62 所示。

图 6-62　制作的展架效果

操作步骤

1. 新建一个【宽度】为“12 厘米”、【高度】为“20 厘米”、【分辨率】为“120 像素/英寸”、【颜色模式】为“RGB 颜色”、【背景内容】为“白色”的文件，然后为“背景”层填充上黄灰色（R:255,G:235,B:210）。

在实际的作图过程中，读者一定要按照要求的尺寸创建文件大小，此处只是用于练习，为了提高机器的运行速度，所以创建了小尺寸的文件。

2. 将前景色设置为深红色（R:160,G:35,B:45），然后利用T工具输入如图 6-63 所示的文字。

3. 执行【图层】/【栅格化】/【文字】命令，将文字层转换为普通层，然后利用工具，在如图 6-64 所示的位置绘制矩形选区将笔画选中。

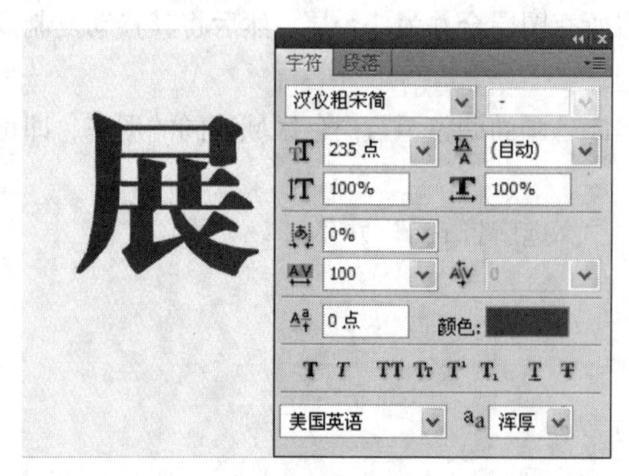

图 6-63　输入的文字

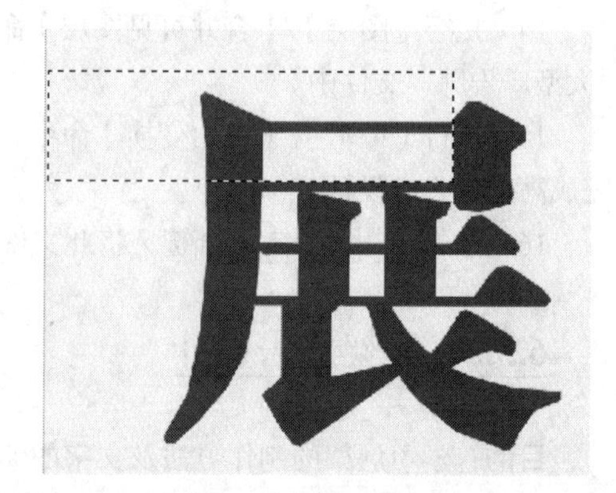

图 6-64　绘制的矩形选区

4. 按Delete键，将选区中的笔画删除，然后再绘制出如图 6-65 所示的矩形选区，并为其填充深红色。

5. 利用工具根据笔画绘制出如图 6-66 所示的选区，然后填充深红色。

图 6-65　绘制的矩形选区

图 6-66　绘制的选区

6. 继续利用工具，绘制出如图 6-67 所示的选区，然后为其填充深红色，再按Ctrl+D组合键，去除选区。

7. 打开素材文件中“图库\第 06 章”目录下的“油画.jpg”文件，然后将其移动复制到新建的文件中，并调整至如图 6-68 所示的大小及位置，将“展”字覆盖即可。

图 6-67　绘制的选区

图 6-68　图片调整的大小及位置

8. 按Enter键确认，然后执行【图层】/【创建剪贴蒙版】命令，将画面根据下方“展”字的区域显示，效果及【图层】面板如图 6-69 所示。

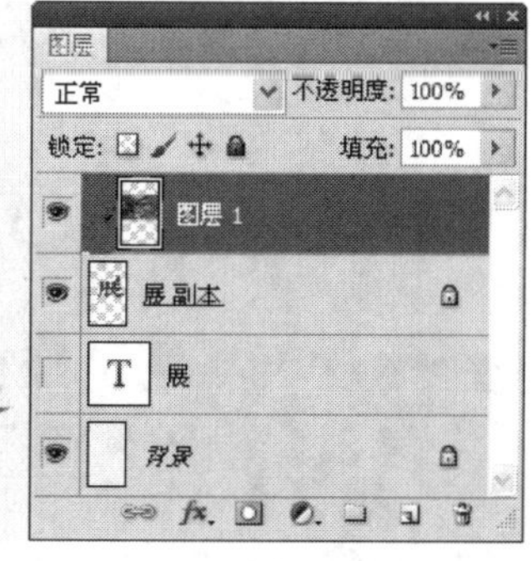

图 6-69　创建剪贴蒙版后的效果及【图层】面板

9. 选择T工具，在“展”字的上方再输入如图 6-70 所示的文字。

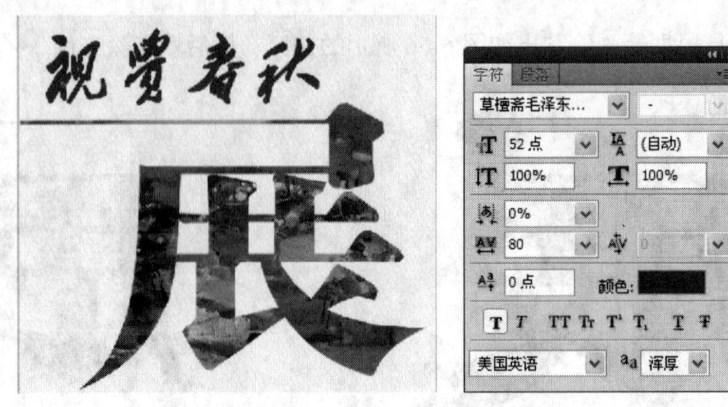

图 6-70　输入的文字

10. 继续利用T工具，输入如图 6-71 所示的文字，然后利用□工具在新建的图层中依次绘制出如图 6-72 所示的灰色（R:190,G:185,B:175）线形。

图 6-71　输入的文字

图 6-72　绘制的线形

11. 继续利用□工具在新建的图层中，依次绘制出如图 6-73 所示的深红色（R:160,G:35,B:45）矩形。

12. 选择T工具，在“展”字的下方依次输入如图 6-74 所示的黑色文字，即可完成画展海报的设计。

图 6-73　绘制的图形

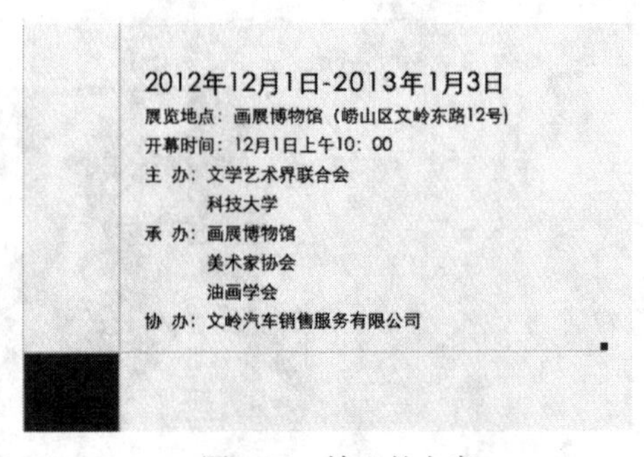

图 6-74　输入的文字

13. 按 Ctrl+S 组合键，将此文件命名为“画展海报.psd”另存。

下面我们将设计的画展海报制作成 X 展架效果。

14. 打开素材文件中“图库\第 06 章”目录下的“展架.jpg”文件。

15. 将“画展海报.psd”文件设置为工作状态，然后按 Alt+Shift+Ctrl+E 组合键，将所有图层复制并合并为一个层。

16. 将合并后的图层移动复制到“展架.jpg”文件中，然后利用【自由变换】命令将其调整至如图 6-75 所示的形态。

17. 按 Enter 键确认图像的变形调整，然后将“图层 1”复制为“图层 1 副本”层，并执行【编辑】/【变换】/【垂直翻转】命令，如图 6-76 所示。

18. 执行【编辑】/【变换】/【斜切】命令，将鼠标光标放置到变形框右侧中间的控制点上，按下鼠标左键并向下拖曳，将图形调整至如图 6-77 所示的形态。

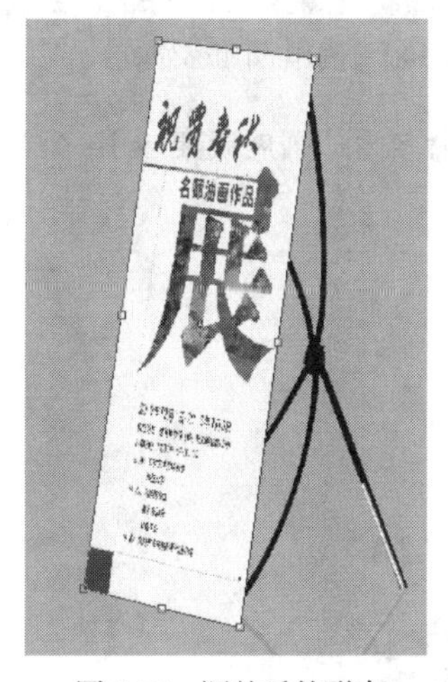

图 6-75　调整后的形态

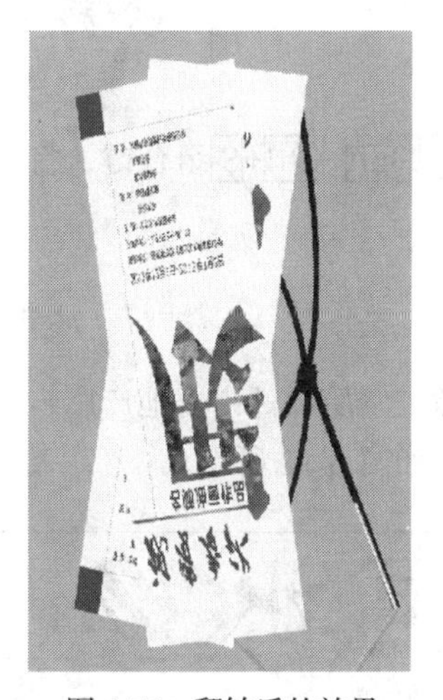

图 6-76　翻转后的效果

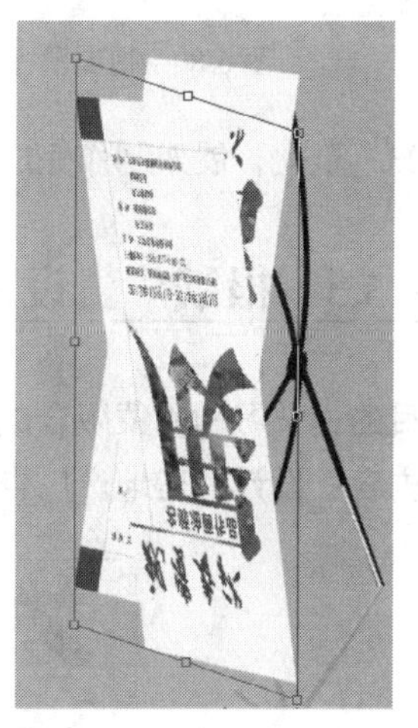

图 6-77　斜切变形后的效果

19. 将鼠标光标移动到变形框内按下鼠标左键并向下拖曳，使复制出图像的左上角与原图像的左下角对齐。

20. 继续调整图像使复制出图像的右上角与原图像的右下角对齐，如图 6-78 所示，然后按 Enter 键确认。

21. 单击【图层】面板下方的按钮，为“图层 1 副本”层添加图层蒙版，然后选择工具，并在【渐变样式】面板中选择如图 6-79 所示的“黑、白”渐变方式。

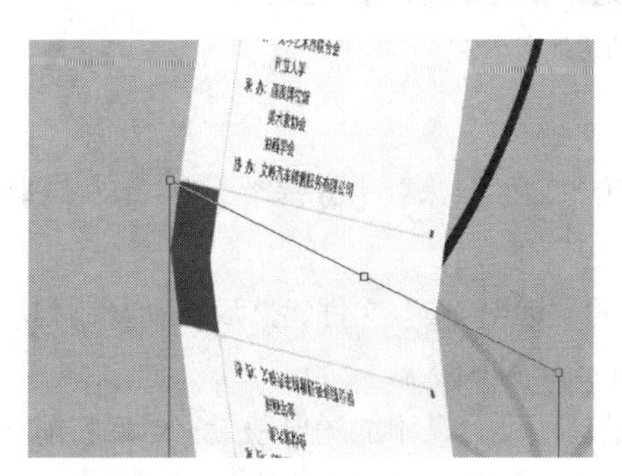

图 6-78　图像调整后的形态

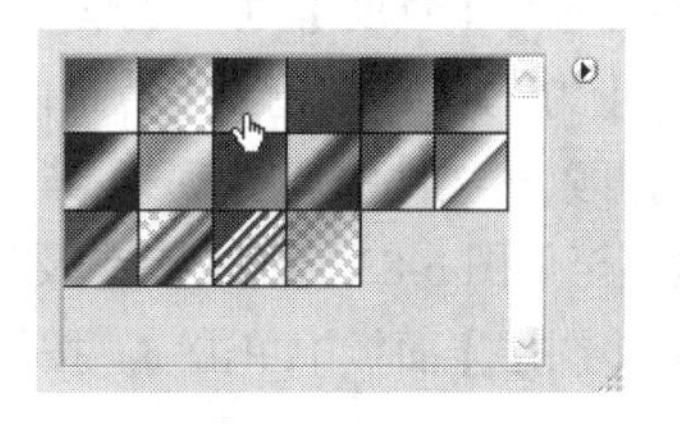

图 6-79　选择的渐变方式

22. 将鼠标光标移动到如图 6-80 所示的位置，按下鼠标左键自上向下拖曳，释放鼠标左键后，即为图层蒙版添加了渐变色，生成的效果及【图层】面板如图 6-81 所示。

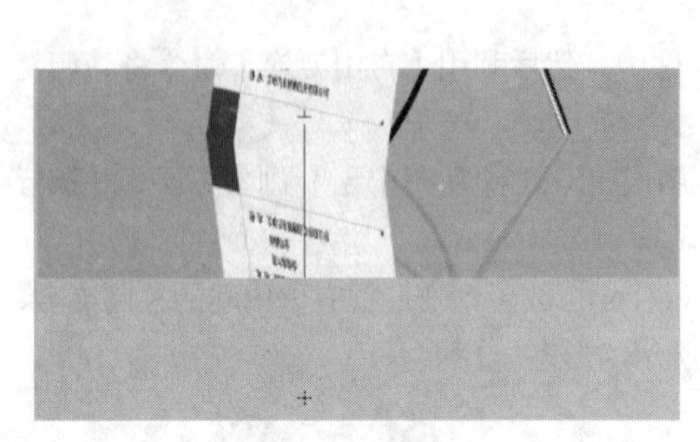

图 6-80　拖曳鼠标状态

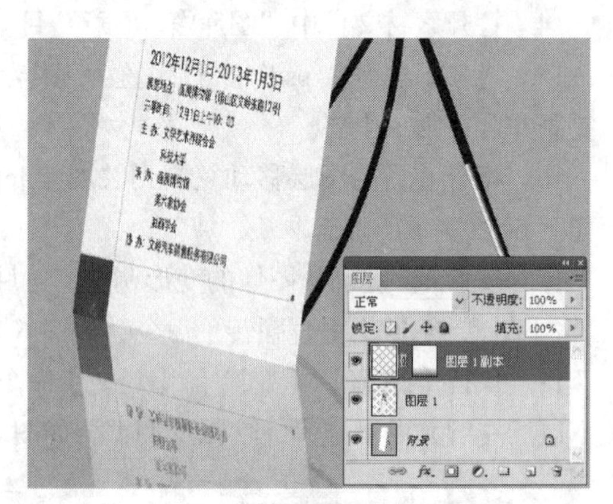

图 6-81　制作的倒影效果

23. 至此，展架制作完成，按 Shift+Ctrl+S 组合键，将文件命名为“画展展架.psd”另存。

6.3.3　报纸广告设计

目的：学习利用蒙版合成图像，然后设计出房地产广告。

内容：设计的房地产广告效果如图 6-82 所示。

图 6-82　设计的房地产广告

操作步骤

1. 新建一个【宽度】为“18 厘米”、【高度】为“12.5 厘米”、【分辨率】为“180 像素/英寸”、【颜色模式】为“RGB 颜色”、【背景内容】为“白色”的文件。

2. 打开素材文件中“图库\第 06 章”目录下的“远山.jpg”文件，然后移动复制到新建文件中，并调整至如图 6-83 所示的大小及位置，再按 Enter 键确认。

3. 在【图层】面板中单击 按钮，为生成的“图层 1”添加图层蒙版，然后将前景色设置为黑色。

4. 选择工具，并选择“前景到透明”的渐变选项，确认属性栏中的按钮处于激活状态，在画面中自下向上拖曳鼠标光标，为图层蒙版填充渐变色，生成的画面效果及【图层】面板形态如图 6-84 所示。

图 6-83　“远山”图片调整的大小及位置

图 6-84　编辑蒙版后的效果

5. 将素材文件中“图库\第 06 章”目录下的“小提琴.jpg”文件打开，然后利用工具将白色背景选择，如图 6-85 所示。

6. 按 Shift+Ctrl+I 组合键将选区反选，然后利用工具将选区内的图像移动复制到新建文件中，并调整至如图 6-86 所示的大小及位置。

图 6-85　选择的白色背景

图 6-86　导入图像调整的大小及位置

7. 按 Enter 键确认，然后按住 Ctrl 键单击“图层 2”的图层缩览图加载选区，再在【图层】面板中单击按钮，在弹出的菜单中选择【色彩平衡】命令。

8. 在弹出的【调整】面板中设置参数，如图 6-87 所示，画面效果如图 6-88 所示。

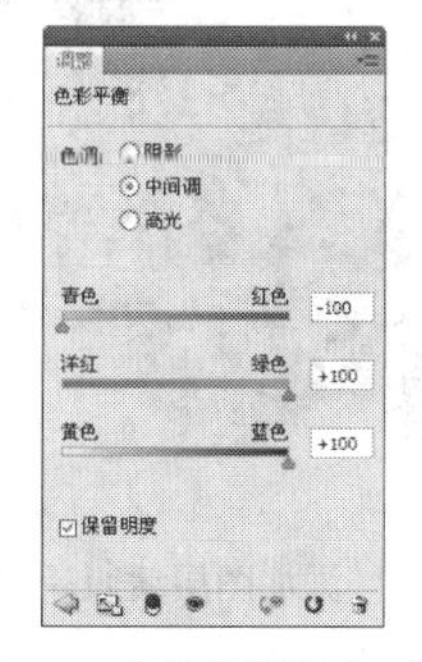

图 6-87【色彩平衡】对话框

图 6-88　调整色调后的效果

9. 将素材文件中“图库\第 06 章”目录下的“效果图.jpg”文件打开，然后利用工具将其移动复制到新建文件中，放置的位置如图 6-89 所示。

10. 再次按住 Ctrl 键单击“图层 2”的图层缩览图，加载小提琴图形的选区，然后执行【选择】/【修改】/【收缩】命令，在弹出的【收缩选区】对话框中将【收缩量】的参数设置为“10”像素。

11. 单击 确定 按钮，选区收缩后的效果如图 6-90 所示。

图 6-89　图像放置的位置

图 6-90　选区收缩后的效果

12. 执行【选择】/【修改】/【羽化】命令，在弹出的【羽化选区】对话框中将【羽化半径】的参数设置为“30”像素。

13. 单击 确定 按钮，选区羽化后的效果如图 6-91 所示。

14. 执行【图层】/【图层蒙版】/【显示选区】命令，图像添加图层蒙版后的效果如图 6-92 所示。

图 6-91　选区羽化后的效果

图 6-92　添加图层蒙版后的效果

15. 按住 Ctrl 键单击“图层 2”的图层缩览图，再次加载小提琴图形的选区，然后按 Shift+Ctrl+I 组合键将选区反选。

16. 单击“图层 3”的蒙版缩览图，然后为选区填充灰色（R:90,G:90,B:95），此时的画面效果如图 6-93 所示。

17. 按 Ctrl+D 组合键去除选区，然后利用工具在画面的上边缘处描绘黑色，使蒙版中的画面与其下面的图像更好地融合，效果如图 6-94 所示。

图 6-93　填充灰色后的效果

图 6-94　编辑蒙版后的效果

18. 将素材文件中“图库\第 06 章”目录下的“海鸥.psd”文件打开，然后利用工具将其移动复制到新建文件中，并调整至如图 6-95 所示的大小及位置。

19. 用移动复制及缩放操作依次在画面中复制两个海鸥，如图 6-96 所示。

图 6-95　海鸥图片调整后的大小及位置

图 6-96　复制出的海鸥

图像合成后，下面来输入相关的广告文字内容。

20. 新建“图层 5”，利用工具在画面的下方绘制暗红色（R:100,G:40,B:60）矩形，然后利用T工具在画面的左上方输入如图 6-97 所示的黑色文字。

21. 利用【图层】/【图层样式】/【外发光】命令为文字添加外发光效果，在弹出的【图层样式】对话框中设置的参数及生成的效果如图 6-98 所示。

图 6-97　输入的黑色文字

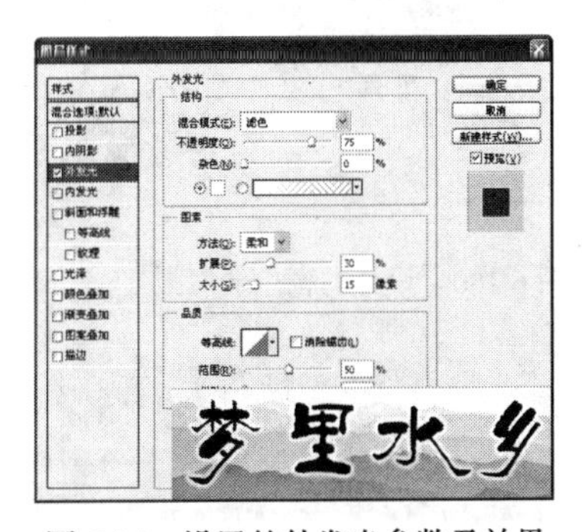

图 6-98　设置的外发光参数及效果

22. 利用IT和T工具在画面中依次输入其他的相关文字，如图 6-99 所示，即可完成地产广告的设计。

图 6-99　输入的文字

23. 按Ctrl+S组合键，将此文件命名为“地产广告.psd”另存。

6.4 课后练习

1. 灵活运用图层及文字的输入和编辑操作，设计出如图 6-100 所示的音乐会海报。用到的素材图片为“图库\第 06 章”目录下名为“白云.psd”、“海螺.psd”、“乐器 01.psd”、“乐器 02.psd”、“螺纹.psd”和“素材.psd”的文件。

2. 灵活运用文字、路径的描绘功能、形状图形及复制操作，设计出如图 6-101 所示的电影海报。用到的素材图片为“图库\第 06 章”目录下名为“街舞人物.psd”的文件。

图 6-100　设计的音乐会海报

图 6-101　设计的电影海报

第7章 特效制作

本章以制作各种特效为例，详细介绍【滤镜】命令的使用方法。通过本章的学习，读者可以了解各种【滤镜】命令的功能及产生的不同特效。

7.1 滤镜命令

选择菜单栏中的【滤镜】命令，弹出【滤镜】菜单，如图 7-1 所示。

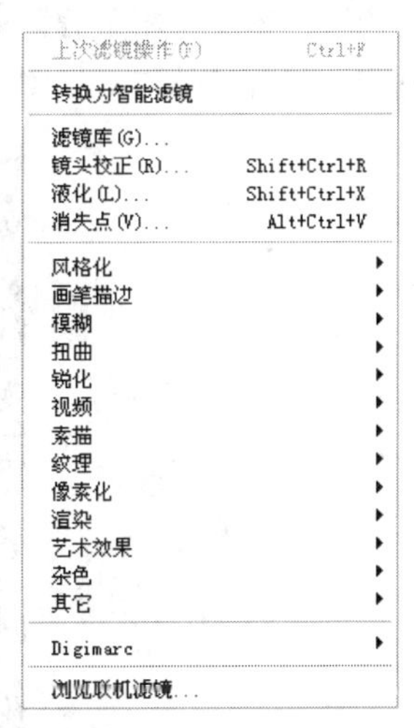

图 7-1 【滤镜】菜单

- 【上次滤镜操作】命令：使图像重复上一次所使用的滤镜。
- 【转换为智能滤镜】命令：可将当前对象转换为智能对象，且在使用滤镜时原图像不会被破坏。智能滤镜作为图层效果存储在【图层】面板中，并可以随时重新调整这些滤镜的参数。
- 【滤镜库】命令：可以累积应用滤镜，并多次应用单个滤镜。还可以重新排列滤镜并更改已应用每个滤镜的设置等，以便实现所需的效果。
- 【镜头校正】命令：使用此命令，可以修复常见的镜头瑕疵，如桶形和枕形失真、晕影和色差等。该滤镜命令在 RGB 颜色模式或灰度模式下只能用于 8 位 / 通道和 16 位 / 通道的图像。
- 【液化】命令：使用此命令，可以使图像产生各种各样的图像扭曲变形效果。
- 【消失点】命令：可以在打开的【消失点】对话框中通过绘制的透视线框来仿制、绘制和粘贴与选定图像周围区域相类似的元素进行自动匹配。
- 【风格化】命令：可以使图像产生各种印象派及其他风格的画面效果。
- 【画笔描边】命令：在图像中增加颗粒、杂色或纹理，从而使图像产生多样的艺术画笔绘画效果。

- 【模糊】命令：可以使图像产生模糊效果。
- 【扭曲】命令：可以使图像产生多种样式的扭曲变形效果。
- 【锐化】命令：将图像中相邻像素点之间的对比增加，使图像更加清晰化。
- 【视频】命令：该命令是 Photoshop 的外部接口命令，用于从摄像机输入图像或将图像输出到录像带上。
- 【素描】命令：可以使用前景色和背景色置换图像中的色彩，从而生成一种精确的图像艺术效果。
- 【纹理】命令：可以使图像产生多种多样的特殊纹理及材质效果。
- 【像素化】命令：可以使图像产生分块，呈现出由单元格组成的效果。
- 【渲染】命令：使用此命令，可以改变图像的光感效果。例如，可以模拟在图像场景中放置不同的灯光，产生不同的光源效果、夜景等。
- 【艺术效果】命令：可以使 RGB 模式的图像产生多种不同风格的艺术效果。
- 【杂色】命令：可以使图像按照一定的方式混合入杂点，制作着色像素图案的纹理。
- 【其他】命令：使用此命令，读者可以设定和创建自己需要的特殊效果滤镜。
- 【Digimarc】(作品保护）命令：将自己的作品加上自己的标记，对作品进行保护。
- 【浏览连机滤镜】命令：使用此命令可以到网上浏览外挂滤镜。

7.2 梦幻背景效果制作

目的：学习利用滤镜命令制作梦幻背景效果的方法。

内容：主要利用【滤镜】菜单中的【镜头光晕】和【极坐标】命令，并结合【渐变】调整层来制作梦幻背景效果，如图 7-2 所示。

图 7-2 制作的梦幻背景效果

操作步骤

1. 新建一个【宽度】为“10 厘米”、【高度】为“10 厘米”、【分辨率】为“200 像素/英寸”、【颜色模式】为“RGB 颜色”、【背景内容】为“白色”的文件。

2. 为“背景”层填充黑色，然后执行【滤镜】/【渲染】/【镜头光晕】命令，弹出【镜头光晕】对话框。

3. 选择【电影镜头】单选项，然后将鼠标光标移动到窗口的左上角位置单击，将光晕移动到画面的左上角，如图 7-3 所示。

4. 单击 确定 按钮，效果如图 7-4 所示。

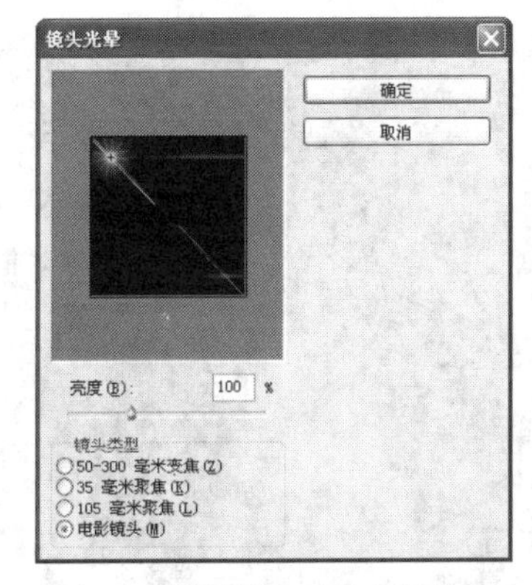

图 7-3　设置的选项及光晕位置

图 7-4　添加的光晕效果

5. 再执行两次【滤镜】/【渲染】/【镜头光晕】命令，在【镜头光晕】对话框中将光晕分别调整至如图 7-5 所示的位置，生成的画面效果如图 7-6 所示。

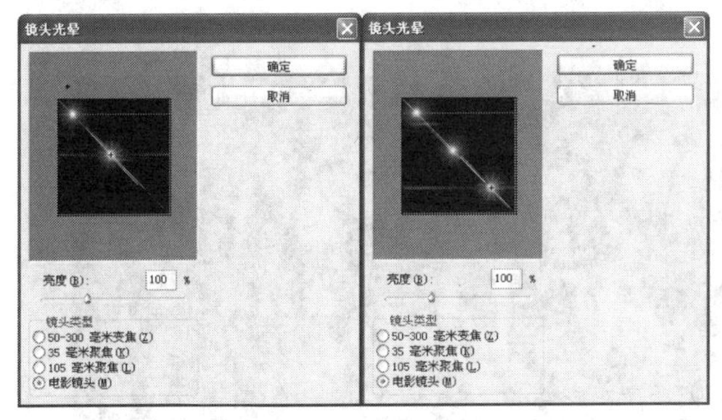

图 7-5　设置的光晕位置

图 7-6　生成的效果

6. 执行【滤镜】/【扭曲】/【极坐标】命令，设置选项如图 7-7 所示，单击 确定 按钮，效果如图 7-8 所示。

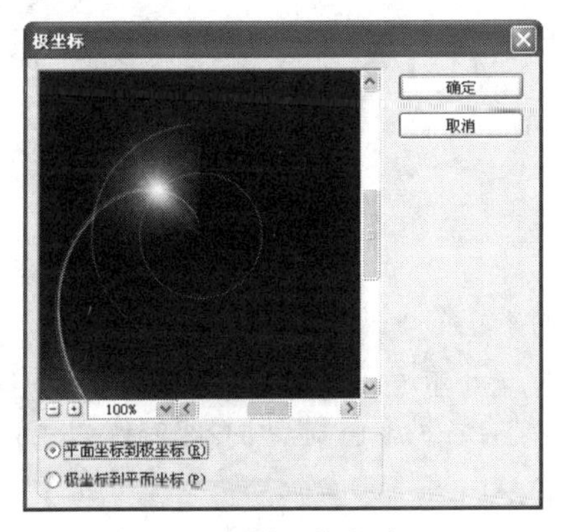

图 7-7　设置的选项

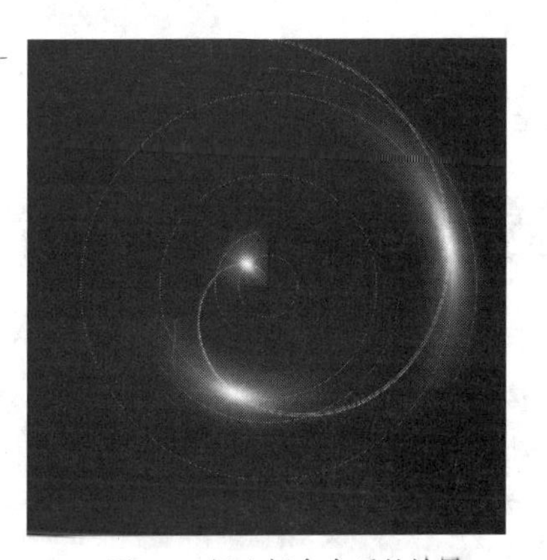

图 7-8　极坐标命令后的效果

7. 将背景色设置为黑色，然后按 Ctrl+A 组合键，将画面选中，再单击按钮并按住 Shift 键向下移动画面，将极坐标后的画面移动到整个画布的中心位置。

8. 按 Ctrl+D 组合键，去除选区，然后单击【图层】面板下方的按钮，在弹出的菜单中选择【渐变】命令，设置渐变颜色及参数，如图 7-9 所示。

9. 单击 确定 按钮，然后将调整层的图层混合模式设置为“叠加”，效果如图 7-10 所示。

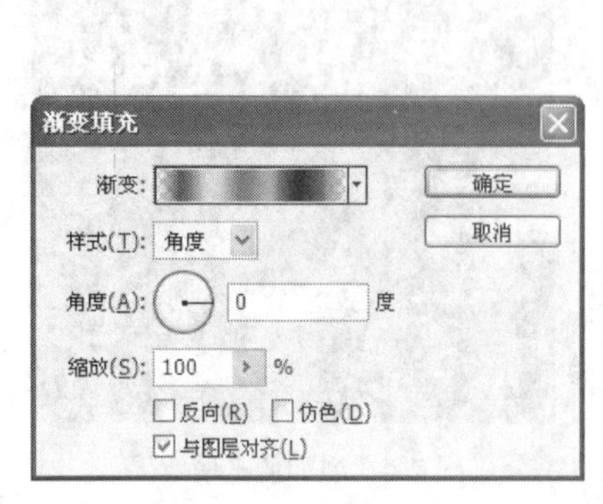

图 7-9　设置的渐变颜色

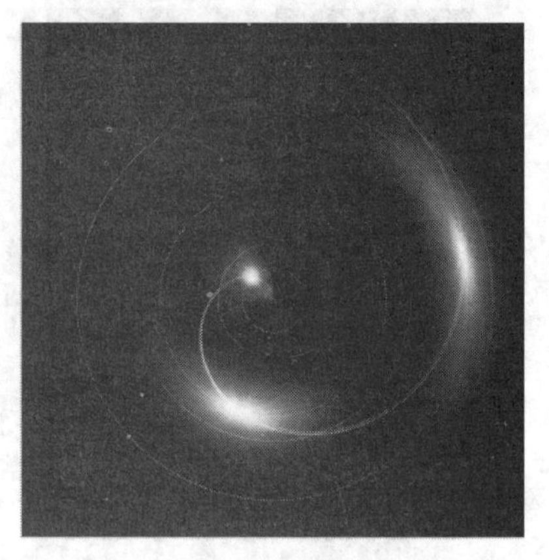

图 7-10　叠加渐变色后的效果

10. 利用T工具输入如图 7-11 所示的白色字母。此处可随意输入，本例只为点缀画面，没有实际意义。

图 7-11　输入的字母

11. 至此，梦幻背景效果制作完成，按 Ctrl+S 组合键，将此文件命名为“梦幻背景.psd”另存。

7.3　烟雾效果字制作

目的：学习制作烟雾效果的方法，掌握路径与各种滤镜命令的应用。

内容：利用路径工具绘制出文字效果，然后进行描绘并涂抹，并利用【高斯模糊】、【波浪】和【动感模糊】等滤镜命令进行特殊效果的制作，最后结合各种颜色调整命令来制作烟雾字效果，如图 7-12 所示。

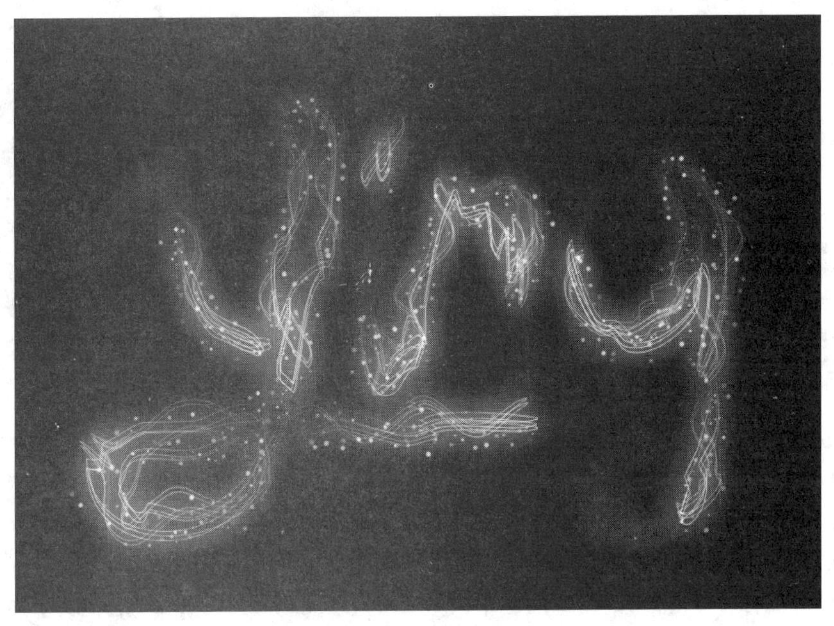

图 7-12　制作的烟雾效果字

操作步骤

1. 新建一个【宽度】为“20 厘米”、【高度】为“15 厘米”、【分辨率】为“120 像素/英寸”、【模式】为“RGB 颜色”的文件，将背景填充上黑色。

2. 利用工具和工具，绘制并调整出如图 7-13 所示的路径，描绘的路径为字母“ying”，然后在【路径】面板中，将路径另存为“路径 1”。

3. 将前景色设置为白色，并新建“图层 1”。

4. 选择工具，按 F5 键打开【画笔】面板，选择如图 7-14 所示的“尖角 13”画笔。

图 7-13　绘制的路径

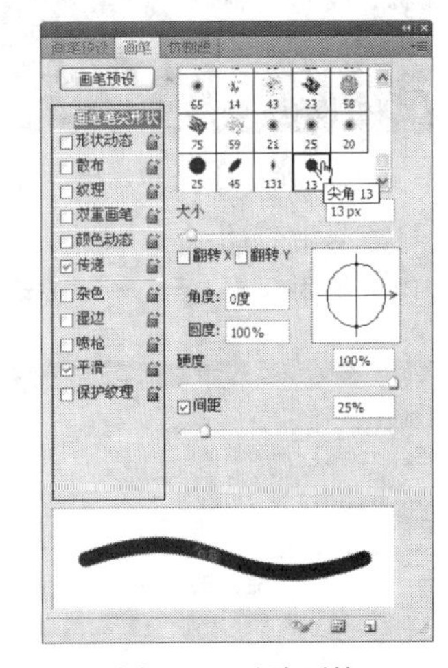

图 7-14　选取画笔

5. 打开【路径】面板，单击右上角的按钮，在弹出的菜单中选择【描边路径】命令，弹出【描边路径】对话框，设置选项如图 7-15 所示。

6. 单击 确定 按钮，描边后的路径效果如图 7-16 所示。

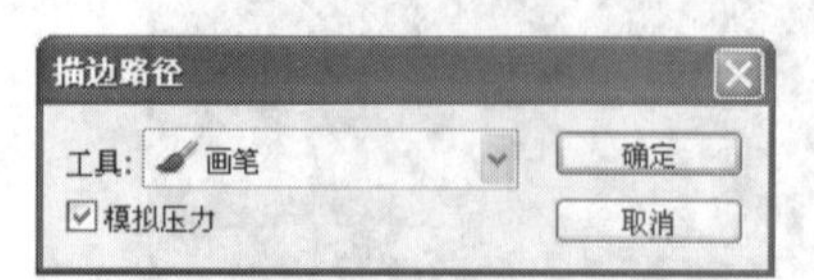

图 7-15 【描边路径】对话框

图 7-16　描边后的路径效果

7. 按 Ctrl+H 组合键，将路径隐藏，然后按 Ctrl+J 组合键，将“图层 1”复制为“图层 1 副本”层，再单击“图层 1”左边的图标，隐藏图层。

8. 执行【滤镜】/【模糊】/【高斯模糊】命令，在弹出的【高斯模糊】对话框中，将【半径】的参数设置为“4 像素”，单击 确定 按钮，模糊后的效果如图 7-17 所示。

9. 选择【涂抹】工具，在属性栏中设置一个【大小】为“30px”，【硬度】为“0%”的笔头，将【强度】设置为“60%”。

10. 利用设置的【涂抹】工具把文字涂抹成如图 7-18 所示的形状。

图 7-17　模糊后的效果

图 7-18　涂抹的文字

11. 双击“图层 1 副本”层，弹出【图层样式】对话框，设置各项参数如图 7-19 所示。

12. 单击 确定 按钮，文字效果如图 7-20 所示。

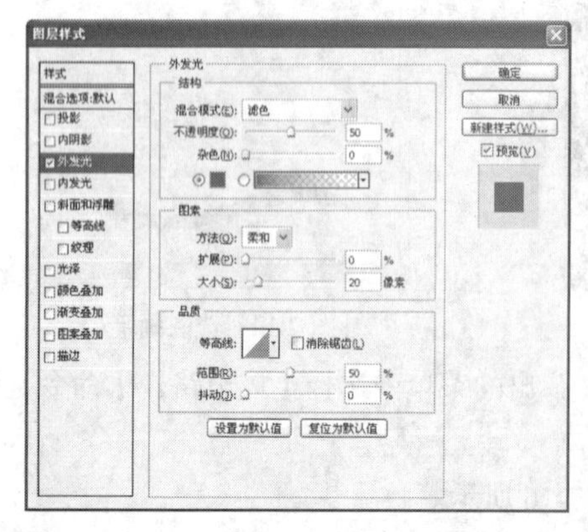

图 7-19 【图层样式】参数设置

图 7-20　添加样式后效果

13. 按Ctrl+J组合键，复制“图层 1 副本”层为“图层 1 副本 2”层，然后把“图层 1 副本”层隐藏。

14. 将“图层 1 副本 2”层的图层混合模式设置为“颜色减淡”，效果如图 7-21 所示。

图 7-21　设置混合模式效果

15. 按住Ctrl键，单击“图层 1 副本 2”层的缩览图载入选区，如图 7-22 所示。

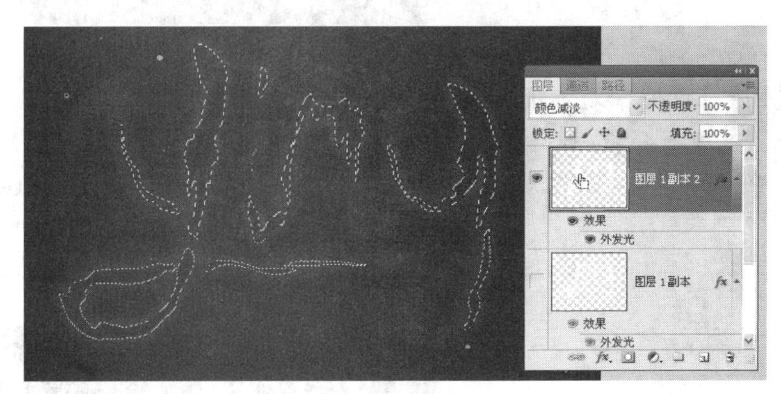

图 7-22　载入文字选区

16. 在【路径】面板底部单击【从选区生成工作路径】按钮，将载入的选区转换成工作路径，如图 7-23 所示。

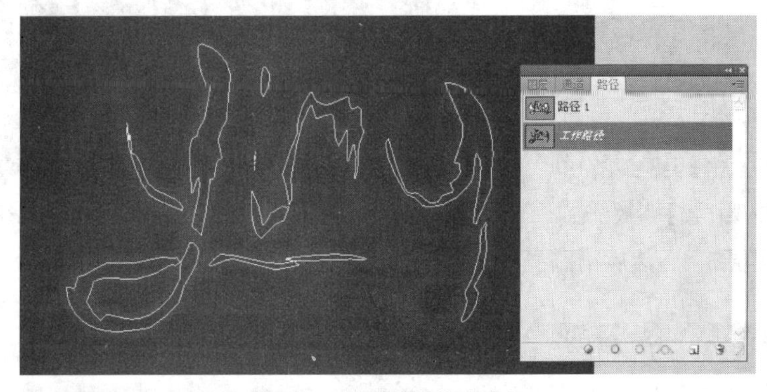

图 7-23　将选区转换成路径

17. 在“工作路径”上双击，在弹出的【存储路径】面板中单击 确定 按钮，把工作路径另存为“路径 2”。

18. 选择工具，在属性栏中设置一个【大小】为“1 px”,【硬度】为“0%”的笔头,【强度】设置为“100%”。

19. 按Shift+N组合键新建“图层 2”，单击【路径】面板右上角的按钮，在弹出的菜单中选择【描边路径】命令，弹出【描边路径】对话框，设置选项如图 7-24 所示。

20. 单击 确定 按钮，然后在【路径】面板下面的灰色区域单击将路径隐藏，描边后的路径效果如图 7-25 所示。

图 7-24 【描边路径】对话框

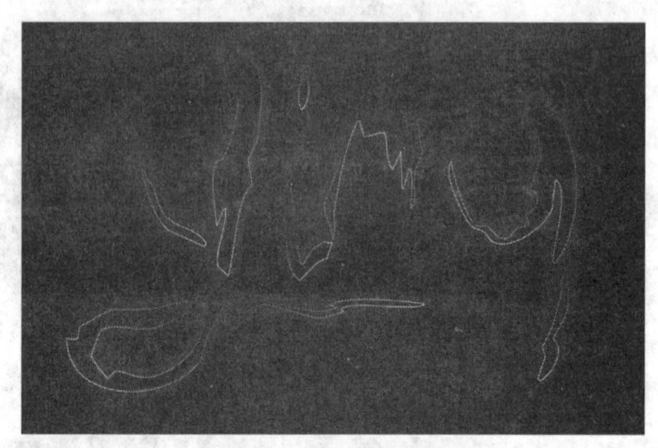

图 7-25 描边后的路径效果

21. 打开【图层】面板，双击“图层 2”层，弹出【图层样式】对话框，设置参数如图 7-26 所示，然后单击 确定 按钮。

22. 打开【路径】面板，在“路径 2”上按下鼠标左键拖动到下面的按钮上，复制“路径 2”为“路径 2 副本”。

23. 利用工具和工具，移动路径的位置并调整下形状，如图 7-27 所示。

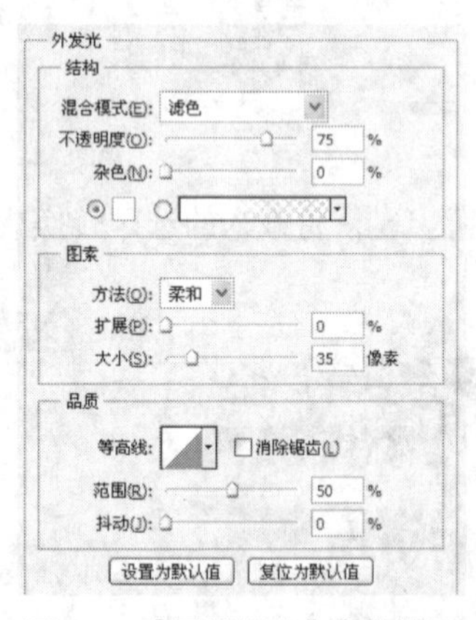

图 7-26 【图层样式】参数设置

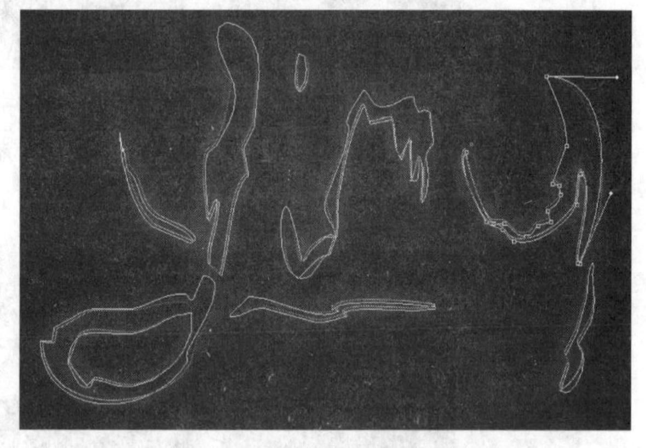

图 7-27 复制并调整后的路径

24. 新建“图层 3”，然后给路径描边并设置与“图层 2”相同的“外发光”效果，如图 7-28 所示。

25. 复制“图层 3”为“图层 3 副本”层，然后选择工具，并按键盘中的方向键，向上移动线的位置，得到如图 7-29 所示的效果。

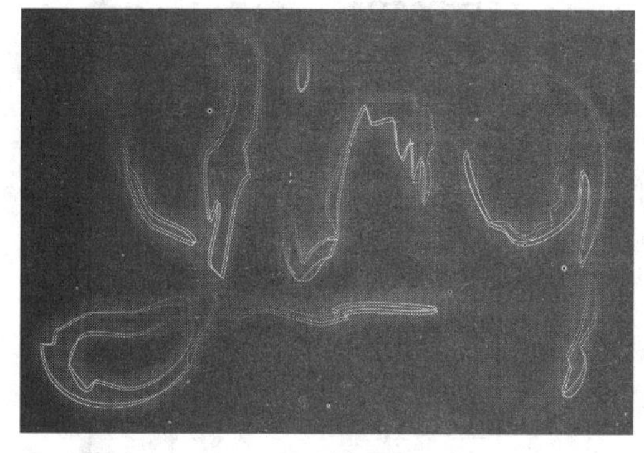
图 7-28　描边效果

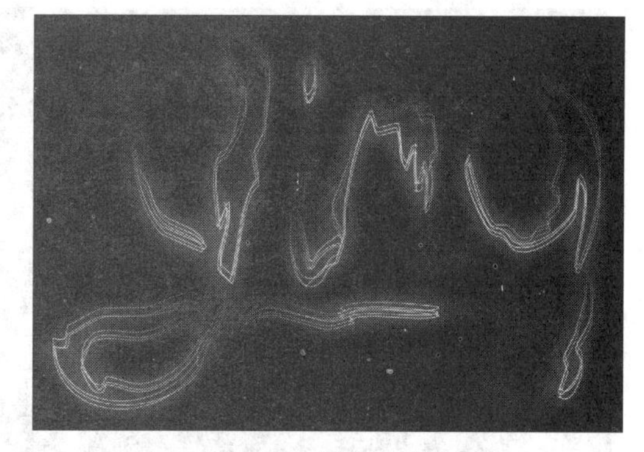
图 7-29　复制出的线

26. 复制“图层 3 副本”为“图层 3 副本 2”层，然后执行【滤镜】/【扭曲】/【波浪】命令，参数设置如图 7-30 所示。

27. 单击按钮，扭曲后的线效果如图 7-31 所示。

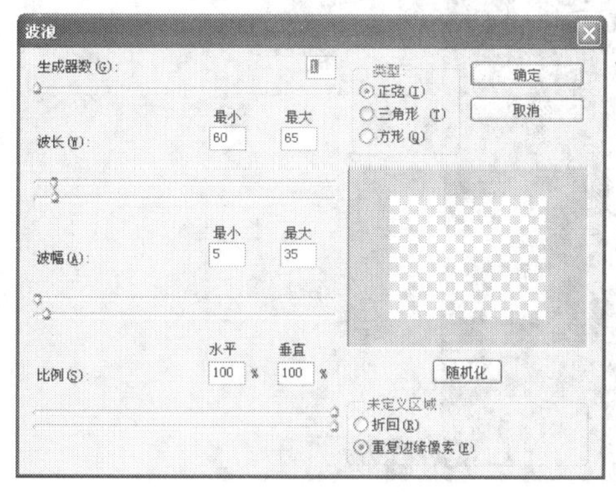

图 7-30 【波浪】参数设置

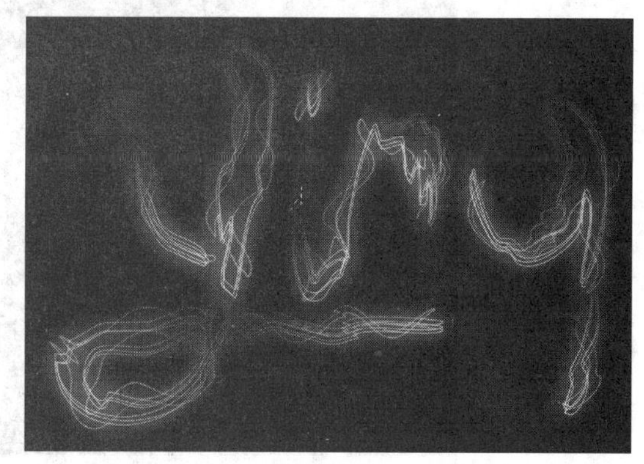
图 7-31　扭曲后的线效果

28. 再复制两层，按键盘中的方向键，上下左右随便移动线的位置，得到如图 7-32 所示的效果。

29. 执行【滤镜】/【模糊】/【动感模糊】命令，参数设置如图 7-33 所示。

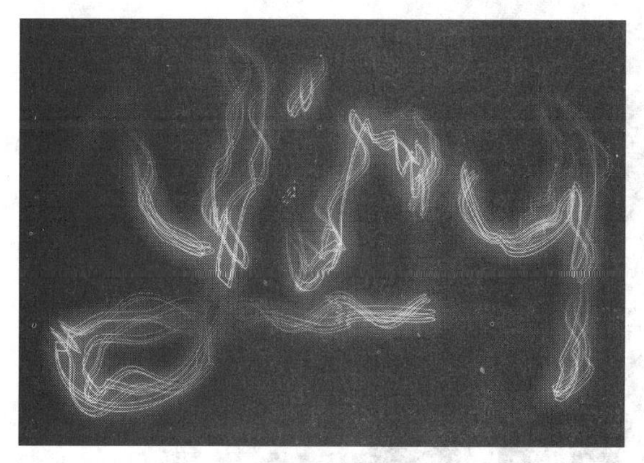
图 7-32　复制出的线

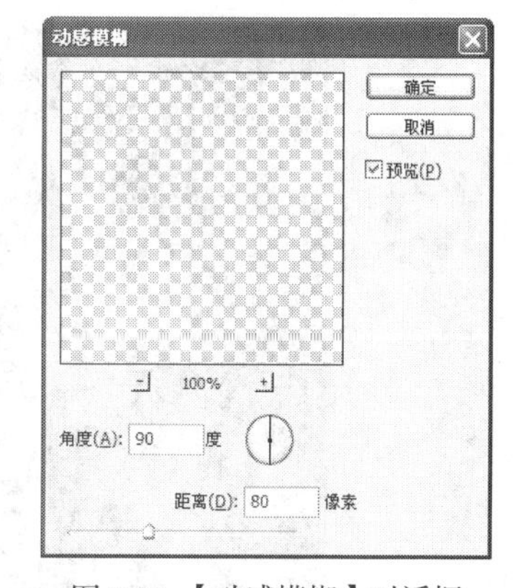

图 7-33 【动感模糊】对话框

30. 单击 确定 按钮，模糊后的线效果如图 7-34 所示。

31. 单击【图层】面板下面的按钮，在弹出的菜单中执行【渐变】命令，设置渐变填充颜色如图 7-35 所示，渐变颜色为紫色、蓝色、紫色。

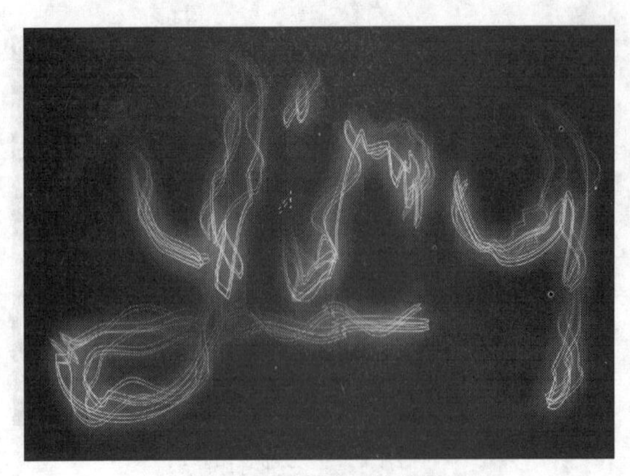

图 7-34　模糊后的效果

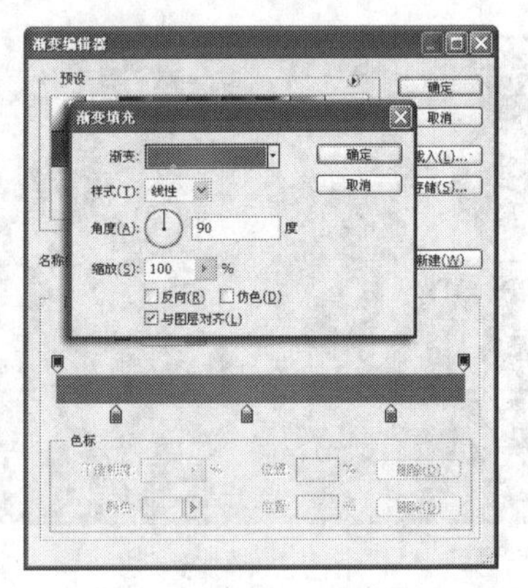

图 7-35　设置的渐变颜色

32. 单击 确定 按钮，并将图层的混合模式设置为“柔光”，效果如图 7-36 所示。

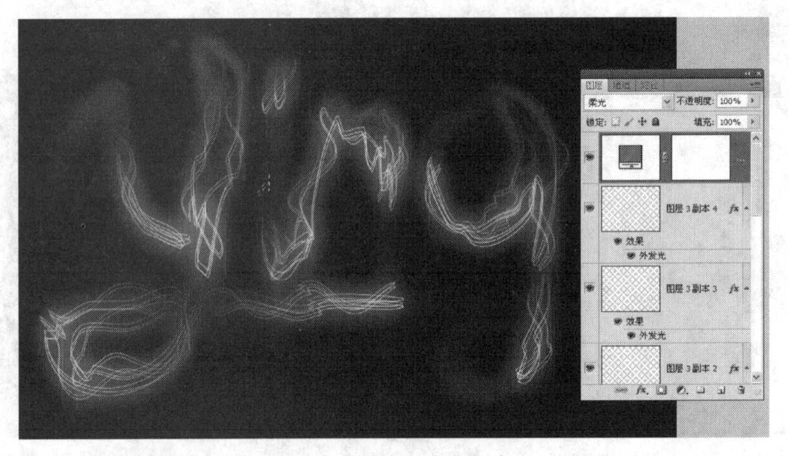

图 7-36　填充的渐变颜色

33. 单击【图层】面板下方的 按钮，为“渐变”调整层添加图层蒙版，然后利用 工具，在蒙版中从上到下填充由黑色到白色的渐变色，效果如图 7-37 所示。

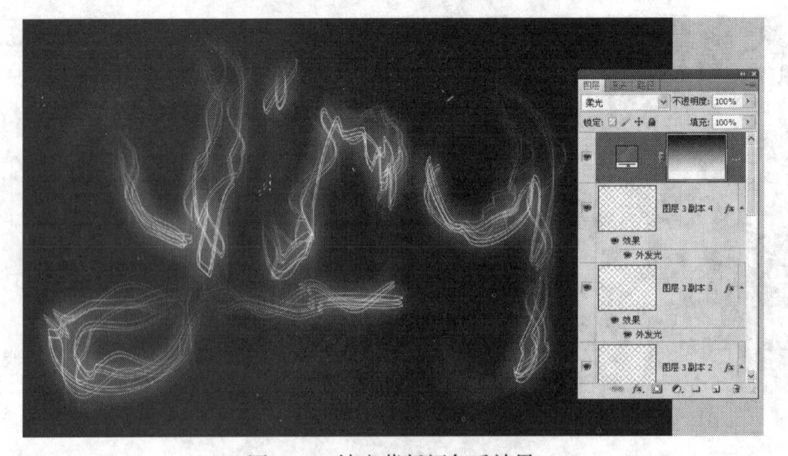

图 7-37　填充蒙版颜色后效果

34. 打开【路径】面板，将“路径 2 副本”显示，然后在【图层】面板中新建“图层 4”。

35. 选择 工具，按 F5 键，打开【画笔】面板，设置画笔选项和参数如图 7-38 所示。

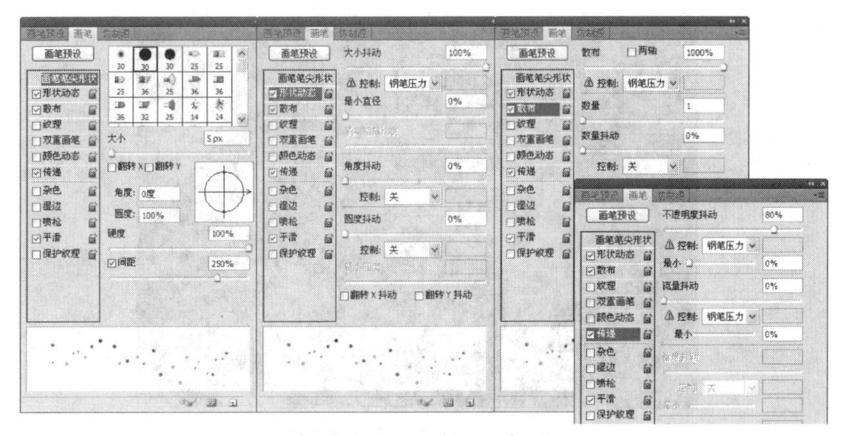

图 7-38 【画笔】面板参数设置

36. 给路径描边，在【描边路径】对话框中将“模拟压力”选项的勾选取消。

37. 把路径隐藏，然后给描绘后的白色点添加上“外发光”图层样式，制作完成的烟雾效果字，如图 7-39 所示。

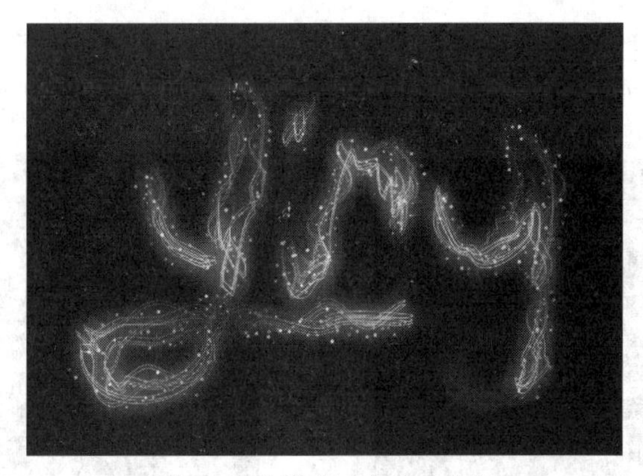

图 7-39 制作完成的艺术文字

38. 按 Ctrl+S 组合键，将此文件命名为“艺术文字.psd”另存。

7.4 课堂实训

下面灵活运用滤镜命令及各种工具来进行特效制作。

7.4.1 绘制孔雀羽毛扇

目的：学习利用【风】滤镜命令制作羽毛效果的方法，并掌握重复复制图形的方法。

内容：利用【风】滤镜命令制作羽毛效果，经过旋转复制后，制作出如图 7-40 所示的羽毛扇效果。

操作步骤

1. 新建一个【宽度】为“24 厘米”、【高度】为“16 厘米”、【分辨率】为“72 像素/英寸”的白色文件，然后为“背景”层填充上黑色。

图 7-40　制作的羽毛扇效果

2. 新建“图层 1”，然后将前景色设置为白色。

3. 选择工具，单击属性栏中的按钮，在弹出的【画笔设置】面板中将【大小】的参数设置为“2 px”，【硬度】的参数设置为“100%”，然后按住 Shift 键，绘制出如图 7-41 所示的白色直线。

4. 按 Ctrl+T 组合键，为直线添加自由变换框，再将属性栏中 45 度的参数设置为“45”度，旋转后的图形形态如图 7-42 所示，然后按 Enter 键，确认图形的变形操作。

图 7-41　绘制的直线

图 7-42　变形后的图形形态

5. 执行【滤镜】/【风格化】/【风】命令，在弹出的【风】对话框中设置选项，如图 7-43 所示，单击 确定 按钮，效果如图 7-44 所示。

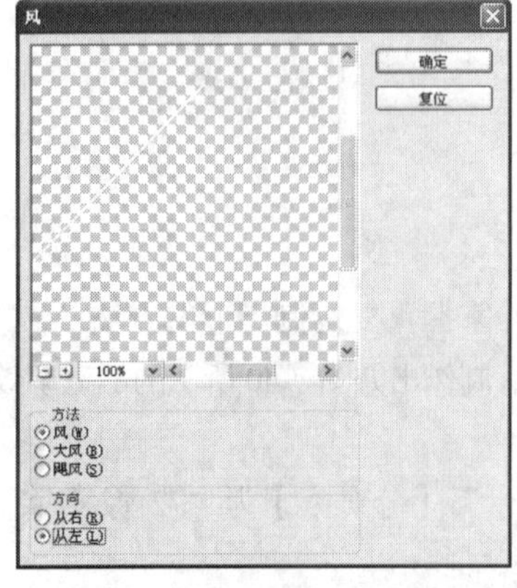

图 7-43　设置【风】选项

图 7-44　执行【风】命令后的效果

6. 按Ctrl+F组合键，重复执行【风】命令，生成的效果如图 7-45 所示。

7. 按 Ctrl+T 组合键，为直线添加自由变换框，再将属性栏中 -45 度的参数设置为“-45”度，旋转后的图形形态如图 7-46 所示，然后按 Enter 键，确认图形的变形操作。

图 7-45　重复执行【风】命令后的效果

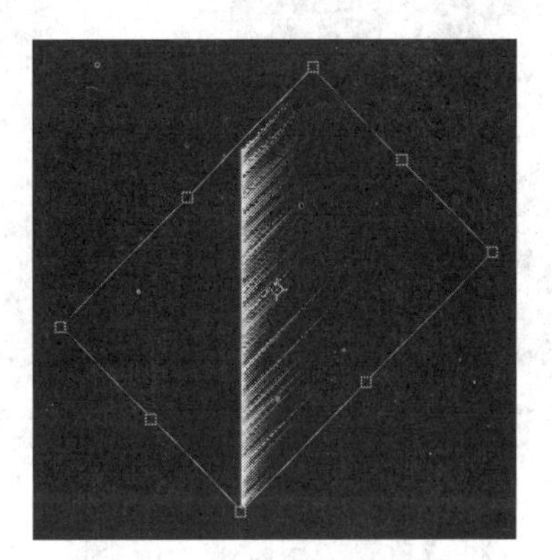

图 7-46　变形后的图形形态

8. 将“图层 1”复制生成为“图层 1 副本”，然后执行【编辑】/【变换】/【水平翻转】命令，将复制出的图形翻转。

9. 利用工具，将复制出的图形水平向左移动至如图 7-47 所示的位置，然后按 Ctrl+E 组合键，将“图层 1 副本”向下合并为“图层 1”。

10. 新建“图层 2”，利用工具，绘制如图 7-48 所示的椭圆形选区，然后为其填充白色。

11. 执行【选择】/【修改】/【收缩】命令，在弹出的【收缩选区】对话框中将【收缩量】的参数设置为“1 像素”，然后单击 确定 按钮。

12. 按键盘中的↑（上方向）键，将选区向上移动 1 个 像素，移动后的选区位置如图 7-49 所示。

图 7-47　图形放置的位置

图 7-48　绘制的选区

图 7-49　移动后的选区位置

13. 按 Delete 键，删除选择的内容，然后按 Ctrl+D 组合键，将选区去除，删除后的效果如图 7-50 所示。

14. 用与步骤 10～步骤 13 相同的方法，依次绘制出如图 7-51 所示的图形。

15. 选择工具，在【画笔设置】面板中将画笔的【大小】参数设置为“3 px”，然后按住 Shift 键，绘制出如图 7-52 所示的白色直线。

图 7-50 删除后的效果

图 7-51 制作出的图形

图 7-52 绘制的直线

16. 将“背景”层隐藏，按 Shift+Ctrl+E 组合键，将所有可见图层合并为“图层 1”，然后将“背景”层显示。

17. 按 Alt+Ctrl+T 组合键，将“图层 1”中的图形复制后添加自由变换框，并将其旋转中心移动至如图 7-53 所示的位置。

18. 将属性栏中 10 度的参数设置为“10”度，旋转后的图形形态如图 7-54 所示，然后按 Enter 键，确认图形的变换操作。

19. 按住 Shift+Ctrl+Alt 组合键，并依次按 T 键，依次重复旋转复制出如图 7-55 所示的图形。

图 7-53 旋转中心放置的位置

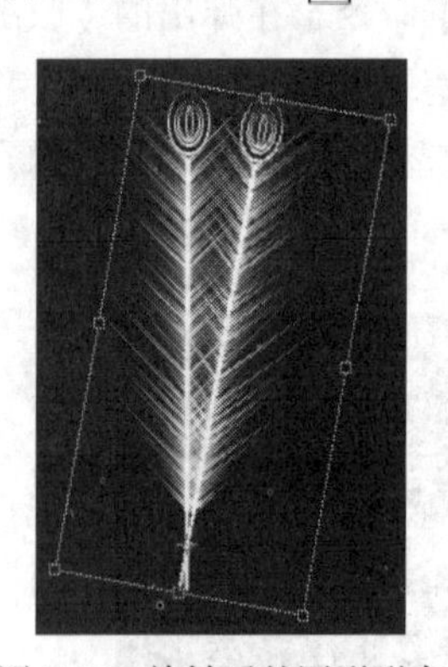
图 7-54 旋转后的图形形态

图 7-55 重复旋转复制出的图形

20. 将“背景”层隐藏，按 Shift+Ctrl+E 组合键，将所有可见图层合并为“图层 1”，然后将“背景”层显示。

21. 将“图层 1”复制生成为“图层 1 副本”，然后执行【编辑】/【变换】/【水平翻转】命令，将复制出的图形翻转。

22. 利用工具，将复制出的图形水平向左移动至如图 7-56 所示的位置，然后按 Ctrl+E 组合键，将“图层 1 副本”向下合并为“图层 1”。

23. 单击【图层】面板上方的按钮，锁定“图层 1”中的透明像素，然后选择工具，单击属性栏中的按钮，在弹出的【渐变样式】面板中选择如图 7-57 所示的“色谱”渐变样式。

24. 激活属性栏中的按钮，然后按住 Shift 键，为图形由下至上填充径向渐变色，效果如图 7-58 所示。

图 7-56　图形放置的位置

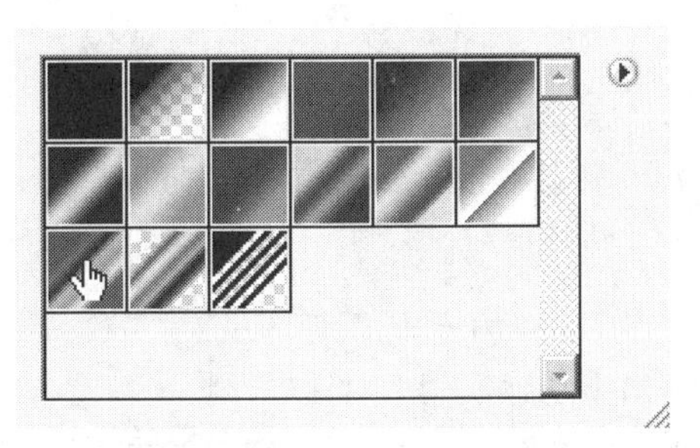

图 7-57 【渐变样式】面板

图 7-58　填充渐变色后的效果

25. 按 Ctrl+S 组合键，将文件命名为“绘制孔雀羽毛扇.psd”另存。

7.4.2　制作爆炸效果

目的：学习制作爆炸效果，并熟练掌握各种滤镜命令的综合应用。

内容：利用【添加杂色】、【动感模糊】、【径向模糊】、【极坐标】、【分层云彩】等滤镜命令，并结合各种图像编辑命令来制作如图 7-59 所示的爆炸效果。

图 7-59　爆炸效果

操作步骤

1. 新建一个【宽度】为“15 厘米”、【高度】为“10 厘米”、【分辨率】为“120 像素/英寸”、

【颜色模式】为“RGB 颜色”、【背景内容】为“白色”的文件。

2. 执行【滤镜】/【杂色】/【添加杂色】命令，在弹出的对话框中设置选项及参数，如图 7-60 所示，然后单击 确定 按钮。

3. 执行【图像】/【调整】/【阈值】命令，在弹出的【阈值】对话框中将【阈值色阶】参数设置为“180”，单击 确定 按钮，画面效果如图 7-61 所示。

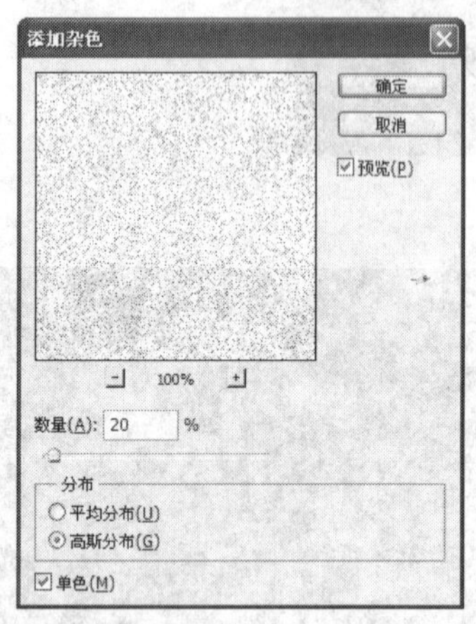

图 7-60 【添加杂色】对话框

图 7-61 画面效果

4. 执行【滤镜】/【模糊】/【动感模糊】命令，弹出【动感模糊】对话框，将【角度】的参数设置为“90”度，【距离】的参数设置为“500 像素”，单击 确定 按钮，效果如图 7-62 所示。

5. 按 Ctrl+I 组合键将画面反相显示，然后新建“图层 1”，并按 D 键将前景色和背景色设置为默认的黑色和白色。

6. 选择▣工具，在属性栏中激活▣按钮，且选择“前景到背景”的渐变样式。按住 Shift 键，在画面中由下至上填充从前景色到背景色的线性渐变色。

7. 将“图层 1”的图层混合模式设置为“滤色”，画面效果如图 7-63 所示，然后按 Ctrl+E 组合键将“图层 1”向下合并为“背景”层。

图 7-62 动感模糊效果

图 7-63 画面效果

8. 执行【滤镜】/【扭曲】/【极坐标】命令，在弹出的【极坐标】对话框中选择【平面坐标到极坐标】单选项，然后单击 确定 按钮，画面效果如图 7-64 所示。

9. 将背景色设置为黑色，然后执行【图像】/【画布大小】命令，弹出【画布大小】对话框，各选项及参数设置如图 7-65 所示。

图 7-64　极坐标效果

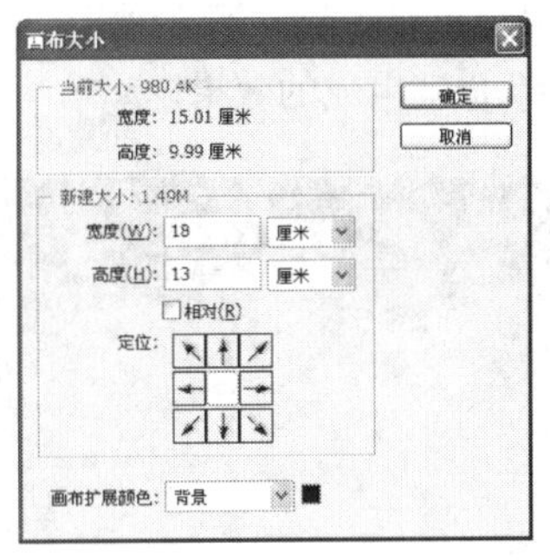

图 7-65 【画布大小】对话框

10. 单击 确定 按钮，调整画布大小后的画面效果如图 7-66 所示。

11. 执行【滤镜】/【模糊】/【径向模糊】命令，弹出【径向模糊】对话框，选择【缩放】单选项后，将【数量】的参数设置为“100”，单击 确定 按钮，然后再按 4 次 Ctrl+F 组合键重复执行模糊处理，效果如图 7-67 所示。

图 7-66　调整画布大小后的效果

图 7-67　径向模糊效果

12. 按 Ctrl+U 组合键，弹出【色相/饱和度】对话框，参数设置如图 7-68 所示。单击 确定 按钮，调整颜色后的效果如图 7-69 所示。

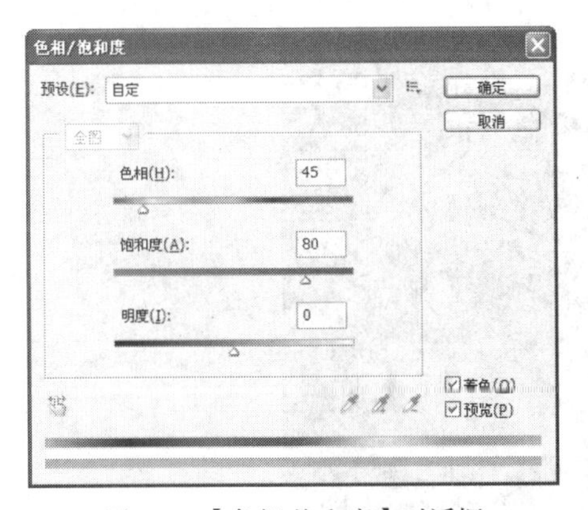

图 7-68 【色相/饱和度】对话框

图 7-69　调整颜色后的效果

13. 新建“图层 1”，并确认前景色和背景色分别为黑色和白色，然后执行【滤镜】/【渲染】/【云彩】命令，为“图层 1”添加由前景色与背景色混合而成的云彩效果。

14. 将“图层 1”的图层混合模式设置为“颜色减淡”，画面效果如图 7-70 所示。

15. 执行【滤镜】/【渲染】/【分层云彩】命令，使云彩发生变化，从而改变爆炸效果。此时根据效果也可以再按几次 Ctrl+F 组合键，直到出现理想的爆炸效果为止。图 7-71 所示为按了 3 次 Ctrl+F 组合键生成的效果。

图 7-70　更改图层混合模式后的效果

图 7-71　执行【分层云彩】命令后的效果

16. 按 Ctrl+E 组合键，将爆炸效果的图层合并，然后打开素材文件中“图库\第 07 章”目录下的“星球.jpg”文件。

17. 利用工具将爆炸效果移动复制到打开的“星球.jpg”文件中，然后利用【自由变换】命令将爆炸效果调整到与画面相同的大小，再将其图层混合模式设置为“滤色”，更改混合模式后完成爆炸效果制作，效果如图 7-59 所示。

18. 按 Shift+Ctrl+S 组合键，将此文件命名为“爆炸效果.psd”另存。

7.4.3　制作星空效果

目的：学习星空效果的制作，掌握各种滤镜命令的应用。

内容：利用【云彩】、【分层云彩】、【径向模糊】、【镜头光晕】等滤镜命令，并结合各种颜色调整命令和编辑命令来制作星空效果，效果如图 7-72 所示。

图 7-72　制作的星空效果

操作步骤

1. 新建一个【宽度】为“15 厘米”、【高度】为“12 厘米”、【分辨率】为“150 像素/英寸”、

【颜色模式】为“RGB 颜色”、【背景内容】为“白色”的文件。

2. 新建“图层 1”并填充黑色，执行【滤镜】/【渲染】/【分层云彩】命令，再利用【自由变换】命令将其在水平方向上向两边拉伸，如图 7-73 所示。

此处可多按几次 Ctrl+F 组合键重复执行【分层云彩】命令，得到分布较均匀的云彩纹理效果。

3. 按 Enter 键确认拉伸操作，然后利用工具和工具依次对云彩效果进行加深和减淡处理，最终效果如图 7-74 所示。

图 7-73　拉伸云彩纹理

图 7-74　修饰后的云彩

4. 按 Ctrl+U 组合键，在弹出的【色相/饱和度】对话框中勾选【着色】复选框，并设置【色相】参数为“347”、【饱和度】参数为“67”，单击 确定 按钮，调整颜色后的效果如图 7-75 所示。

5. 将“图层 1”复制为“图层 1 副本”，然后按 Ctrl+U 组合键，在弹出的【色相/饱和度】对话框中勾选【着色】复选框，设置【色相】参数为“240”、【饱和度】参数为“100”，单击 确定 按钮，调整颜色后的效果如图 7-76 所示。

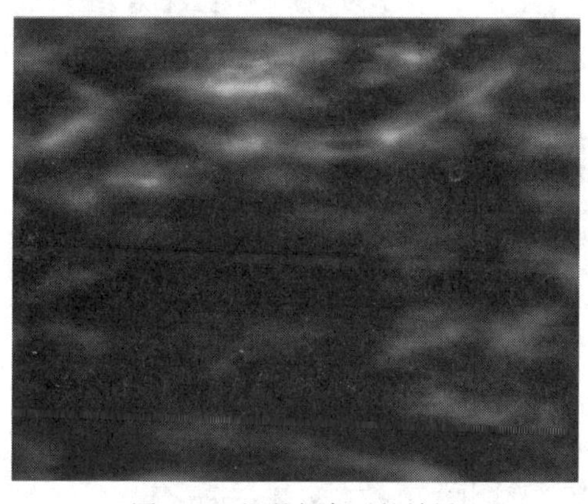

图 7-75　调整颜色后的效果

图 7-76　调整颜色后的效果

6. 在【图层】面板中单击按钮，为“图层 1 副本”添加图层蒙版，然后执行【滤镜】/【渲染】/【云彩】命令，效果如图 7-77 所示。

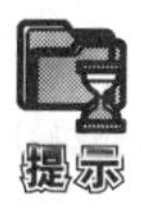

由于【云彩】命令是随机性的命令，即每执行一次生成的效果都各不相同，因此，如果读者的计算机中没有出现本例的效果，可利用工具对图层蒙版进行编辑，直到涂抹出类似的效果即可。

图 7-77　编辑后的云彩效果

7. 按 Ctrl+E 组合键，将“图层 1 副本”层合并到“图层 1”中，然后利用【自由变换】命令将其在垂直方向上稍微倾斜，如图 7-78 所示。

8. 按 Enter 键确认变形操作，然后利用工具和工具对画面进行加深和减淡处理，最终效果如图 7-79 所示。

图 7-78　云彩变形

图 7-79　修饰后的云彩效果

9. 选择工具，然后按 F5 键调出【画笔】面板，设置各项参数如图 7-80 所示。

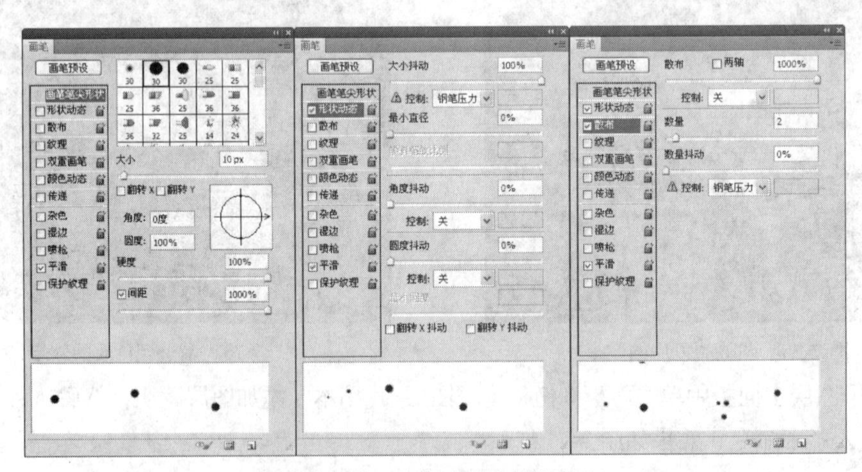

图 7-80 【画笔】选项及参数设置

10. 新建“图层 2”，利用工具在画面中描绘出如图 7-81 所示的白色“星星”。

11. 执行【图层】/【图层样式】/【外发光】命令，在弹出的【图层样式】对话框中设置参数，如图 7-82 所示。

图 7-81　喷绘的星星

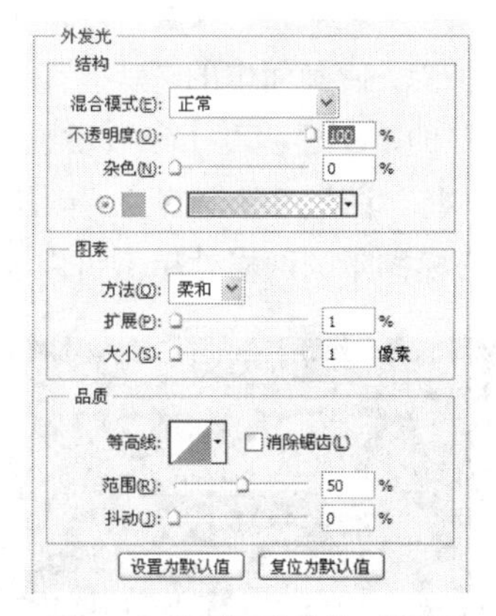

图 7-82 【图层样式】对话框

12. 单击 确定 按钮，添加外发光后的效果如图 7-83 所示。

13. 用与步骤 10～步骤 12 相同的方法，依次在新建的“图层 3”和“图层 4”中喷绘“星星”，其【外发光】效果的颜色分别为绿色和紫色，最终效果如图 7-84 所示。

图 7-83　添加外发光后的效果

图 7-84　喷绘的星星

14. 选择工具，设置合适的笔头大小，依次将“图层 2”、“图层 3”和“图层 4”中的部分“星星”擦除，使画面中的“星星”零星分布。然后将“图层 4”的【不透明度】参数设置为“50%”，“图层 2”的【不透明度】参数设置为“70%”，此时的画面效果如图 7-85 所示。

15. 将“图层 2”复制为“图层 2 副本”，然后执行【滤镜】/【模糊】/【径向模糊】命令，在【中心模糊】的网格处单击可以设置模糊的中心位置，其选项及参数设置如图 7-86 所示。

图 7-85 画面效果

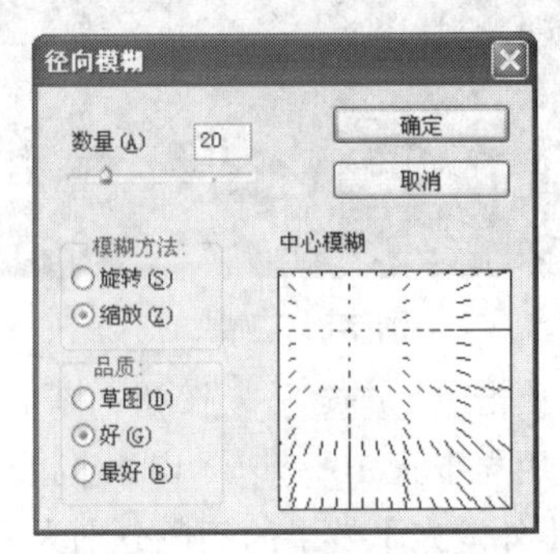

图 7-86 【径向模糊】对话框

16. 单击 确定 按钮，然后依次复制“图层 3”和“图层 4”并添加径向模糊效果，此时的画面效果如图 7-87 所示。

17. 新建“图层 5”并填充黑色，然后执行【滤镜】/【渲染】/【镜头光晕】命令，在弹出的【镜头光晕】对话框中设置选项及参数，如图 7-88 所示。

图 7-87 画面效果

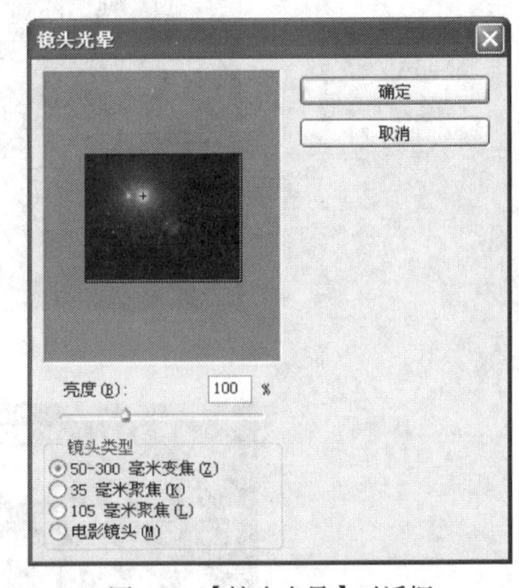

图 7-88 【镜头光晕】对话框

18. 单击 确定 按钮，并将“图层 5”的图层混合模式设置为“滤色”，生成的光晕效果如图 7-72 所示。

19. 至此，星空效果的制作完成，按 Ctrl+S 组合键，将此文件命名为“星空效果.psd”另存。

7.5 课后练习

1. 灵活运用【云彩】、【球面化】、【挤压】等滤镜命令以及图层和图层蒙版等来制作蘑菇云效果，如图 7-89 所示。用到的素材图片为“图库\第 07 章”目录下名为“天空.jpg”的文件。

图 7-89　制作的蘑菇云效果

2. 灵活运用【滤镜】菜单中的【颗粒】、【干画笔】、【波浪】、【水彩】、【高斯模糊】、【光照效果】和【染色玻璃】等命令，并结合【图层样式】及【定义图案】等命令，来制作一种质感非常强烈的蛇皮效果字，如图 7-90 所示。

图 7-90　制作的蛇皮效果字

第8章

画册设计

本章以设计房地产的画册为例，详细介绍图层及蒙版的应用，主要知识点包括定义图案操作、图层蒙版的使用方法及技巧以及各种工具和菜单命令的综合运用等。通过本章的学习，读者可以掌握画册的设计方法。本章设计的画册页面如图 8-1 所示。

图 8-1　设计的画册页面

8.1 设计封面和封底

首先来设计封面和封底画面。

操作步骤

1. 新建一个【宽度】为“20.6 厘米”、【高度】为“14.6 厘米”、【分辨率】为“200 像素/英寸”的白色文件。

2. 执行【视图】/【新建参考线】命令，在弹出的【新建参考线】对话框中设置参数，如图 8-2 所示。然后单击 确定 按钮，即可在画面中的垂直方向上添加一条参考线。

3. 用与步骤 2 相同的方法，在画面中的垂直方向上 10.3 厘米、20.3 厘米处；以及水平方向上 0.3 厘米和 14.3 厘米处各添加一条参考线，如图 8-3 所示。

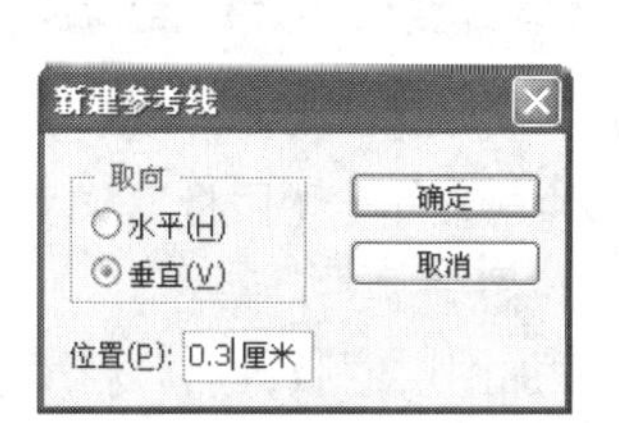

图 8-2　设置【新建参考线】参数

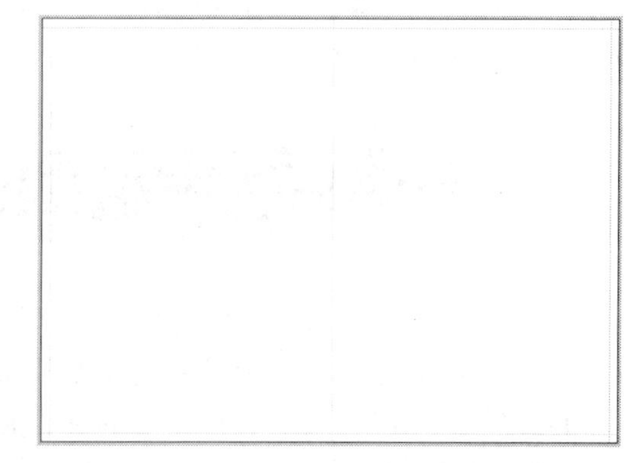

图 8-3　添加的参考线

4. 新建“图层 1”，选择工具，激活属性栏中的按钮，并将 粗细: 1px 的参数设置为“1 px”。按住 Shift 键，自左向右绘制出如图 8-4 所示的黑色直线。

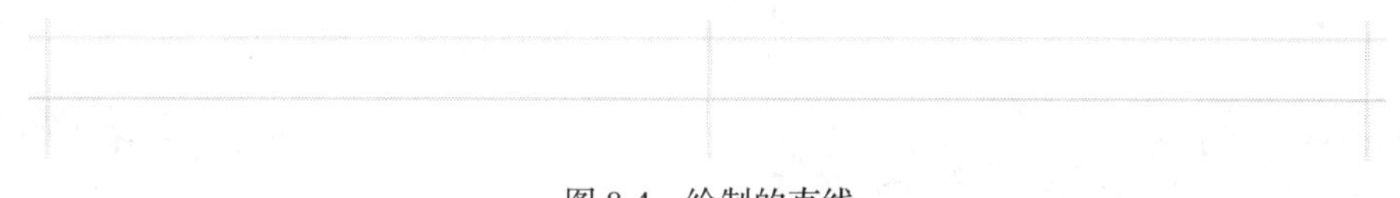

图 8-4　绘制的直线

5. 选择工具，根据绘制的直线图形绘制出如图 8-5 所示的矩形选区。

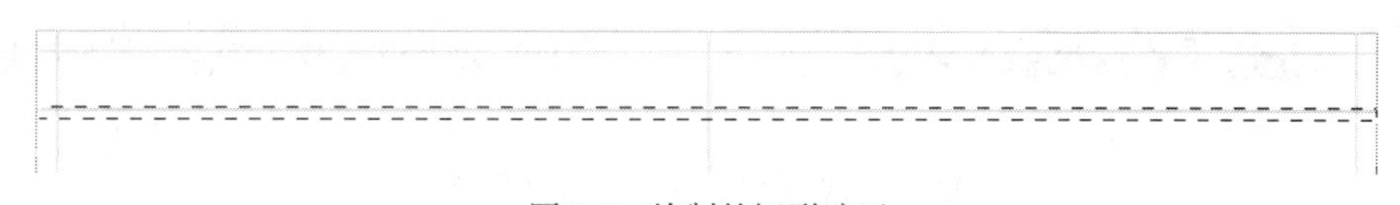

图 8-5　绘制的矩形选区

6．执行【编辑】/【定义图案】命令，在弹出的【图案名称】对话框中单击 确定 按钮，将选择的内容定义为图案。

7. 按 Delete 键，将选区内的直线删除，然后按 Ctrl+D 组合键，将选区删除。

8. 按 Shift+F5 组合键，在弹出的【填充】对话框中将【使用】选项设置为“图案”，再单击按钮，在弹出的【图案】选项面板中选择前面定义的图案，然后设置其他参数，如图 8-6 所示。

9. 单击 确定 按钮，填充图案后的效果如图 8-7 所示。

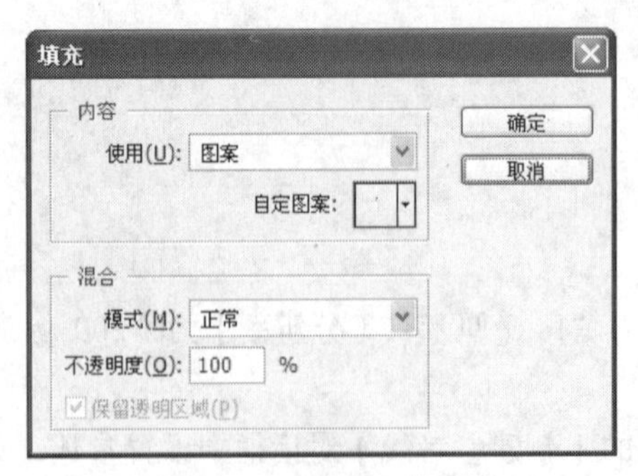

图 8-6　设置【填充】参数

图 8-7　填充图案后的效果

10. 单击【图层】面板上方的按钮，锁定“图层 1”中的透明像素，然后为其填充灰色（R:235,G:235,B:235）。

11. 新建“图层 2”，利用工具，在画面的下方依次绘制出如图 8-8 所示的深褐色（R:100,G:50,B:65）矩形。

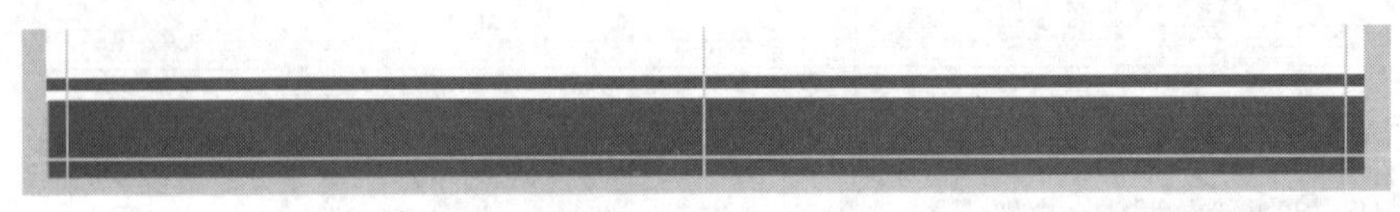
图 8-8　绘制的图形

12. 打开素材文件中“图库\第 08 章”目录下的“山脉.jpg”文件，然后将其移动复制到新建文件中，生成“图层 3”，调整大小后放置到如图 8-9 所示的位置。

13. 单击【图层】面板下方的按钮，为“图层 3”添加图层蒙版，然后利用工具描绘黑色来编辑蒙版，得到如图 8-10 所示的效果。

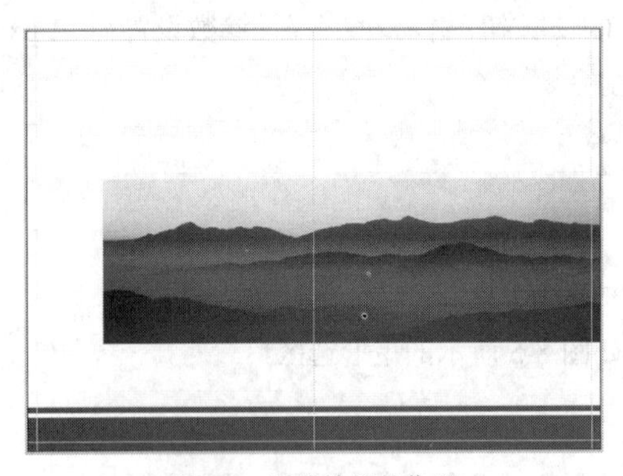
图 8-9　图片放置的位置

图 8-10　编辑蒙版后的效果

14. 打开素材文件中“图库\第 08 章”目录下的“别墅 01.jpg”文件，然后将其移动复制到新建文件中，生成“图层 4”，调整大小后放置到如图 8-11 所示的位置。

15. 单击【图层】面板下方的按钮，为“图层 4”添加图层蒙版，然后利用工具描绘黑色来编辑蒙版，得到如图 8-12 所示的效果。

16. 打开素材文件中“图库\第 08 章”目录下的“天鹅.psd”文件，然后将其移动复制到新建文件中，生成“图层 5”，调整大小后放置到如图 8-13 所示的位置。

17. 打开素材文件中“图库\第 08 章”目录下的“笔墨 01.jpg”文件，然后将其移动复制到新建文件中生成“图层 6”，如图 8-14 所示。

图 8-11　图片放置的位置

图 8-12　编辑蒙版后的效果

图 8-13　图片放置的位置

图 8-14　复制入的图片

18．利用工具，在笔墨图形的白色背景区域处单击添加选区，并按 Delete 键删除选择的内容，然后将选区去除。

19．按 Ctrl+T 组合键，为笔墨图形添加自由变换框，并将其调整至如图 8-15 所示的大小，然后按 Enter 键，确认图形的变换操作。

20．按 Ctrl+M 组合键，在弹出的【曲线】对话框中调整曲线形态，如图 8-16 所示，然后单击 确定 按钮。

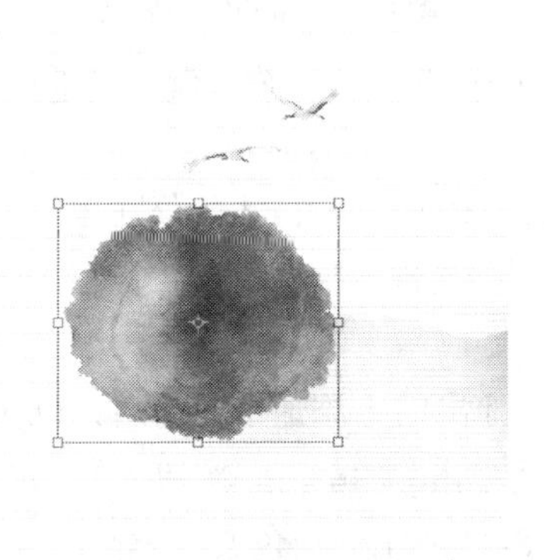

图 8-15　调整后的图形形态

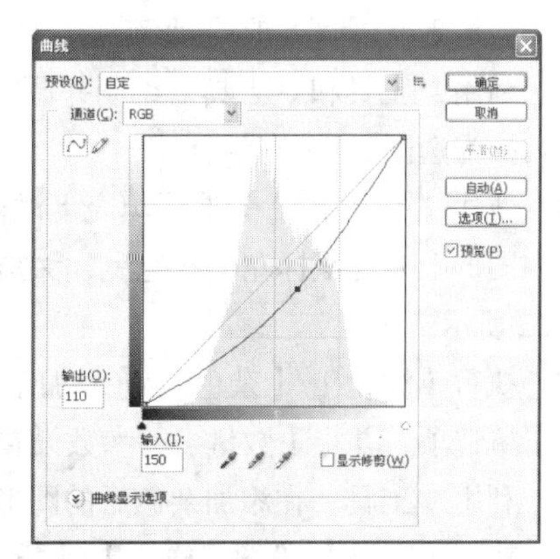

图 8-16 【曲线】对话框

21．按住 Ctrl 键，单击“图层 6”左侧的图层缩略图添加选区，然后单击【图层】面板下方的按钮，在弹出的菜单中选择【色相/饱和度】命令，在弹出的【调整】面板中设置参数，如

图 8-17 所示，调整后的效果如图 8-18 所示。

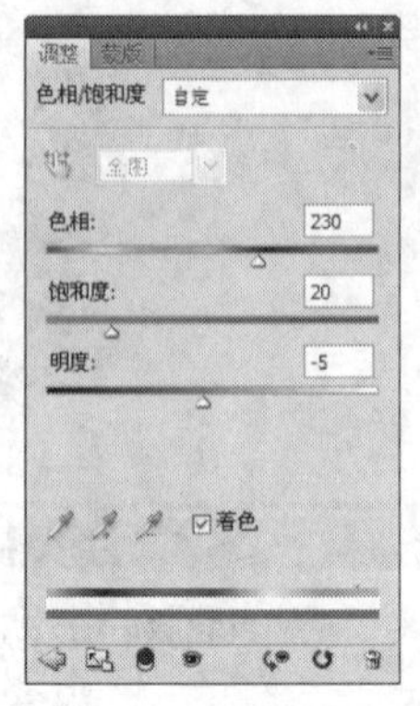

图 8-17 【调整】面板

图 8-18　调整后的效果

22. 打开素材文件中“图库\第 08 章”目录下的“人物 01.jpg”文件，然后将其移动复制到新建文件中生成“图层 7”。

23. 按 Ctrl+T 组合键，为移动复制入的图片添加自由变换框，然后将其调整至如图 8-19 所示的大小，再按 Enter 键，确认图像的变换操作。

24. 单击【图层】面板下方的 按钮，为“图层 7”添加图层蒙版，然后利用 工具绘制黑色来编辑蒙版，得到如图 8-20 所示的效果。

图 8-19　调整后的图片形态

图 8-20　编辑蒙版后的效果

25. 利用 工具和 工具，绘制并调整出如图 8-21 所示的路径，然后按 Ctrl+Enter 组合键，将路径转换为选区。

26. 新建“图层 8”，为选区填充上浅褐色（R:185,G:135,B:100），然后分别运用 工具和 工具，在图形上按住鼠标左键并拖曳，涂抹出图形的暗部和亮部区域，制作出图形的立体效果，如图 8-22 所示。

27. 执行【滤镜】/【杂色】/【添加杂色】命令，在弹出的【添加杂色】对话框中选择【平均分布】单选项，并将【数量】的参数设置为“7”，然后单击 确定 按钮。

28. 利用 工具，在添加杂色后的图形上输入如图 8-23 所示的白色文字。

29. 执行【图层】/【图层样式】/【投影】命令，在弹出的【图层样式】对话框中设置参数，如图 8-24 所示。

30. 单击 确定 按钮，添加投影样式后的文字效果如图 8-25 所示。

图 8-21　绘制的路径　　图 8-22　涂抹后的效果　　图 8-23　输入文字

31. 打开素材文件中“图库\第 08 章”目录下的“笔墨 02.jpg”文件，然后将其移动复制到新建文件中，生成“图层 9”，将其调整至“图层 8”的下方位置。

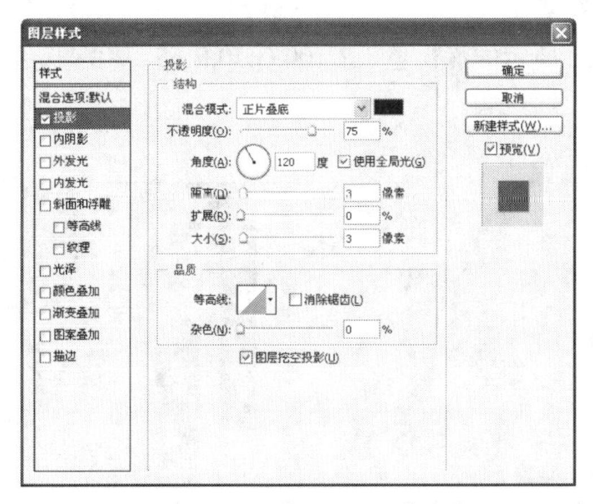

图 8-24　设置【图层样式】参数

图 8-25　添加投影样式后的效果

32. 将笔墨图形调整大小后放置到如图 8-26 所示的位置，再单击【图层】面板下方的按钮，为“图层 9”添加图层蒙版，然后利用工具绘制黑色来编辑蒙版，得到如图 8-27 所示的效果。

图 8-26　图形放置的位置

图 8-27　编辑蒙版后的效果

33. 新建“图层 10”，利用工具绘制出如图 8-28 所示的深褐色（R:100,G:50,B:65）圆形。

34. 利用移动复制操作，将圆形依次向下移动复制，如图 8-29 所示，然后将选区去除。

35. 利用工具，依次输入如图 8-30 所示的文字。

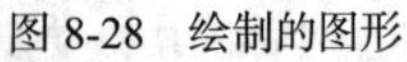
图 8-28　绘制的图形

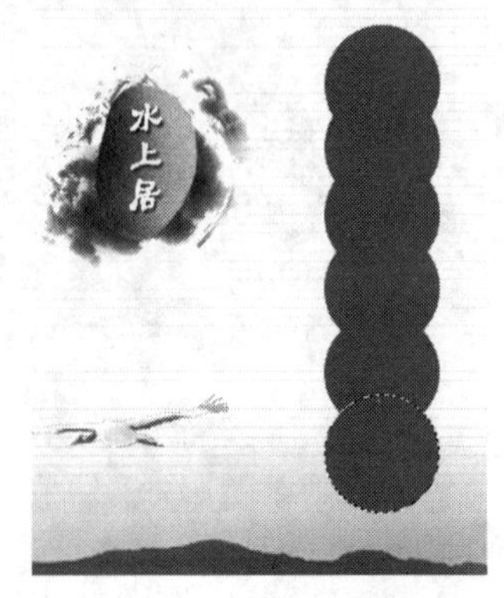

图 8-29　复制出的图形

图 8-30　输入的文字

36. 将“图层 10”复制生成为“图层 10 副本”层，然后将复制出的图形移动至如图 8-31 所示的位置。

37. 依次新建图层，利用工具绘制出如图 8-32 所示的深褐色（R:100,G:50,B:65）和深灰色（R:73,G:73,B:73）的矩形。

38. 利用工具，依次输入如图 8-33 所示的白色文字。

图 8-31　复制图形放置的位置

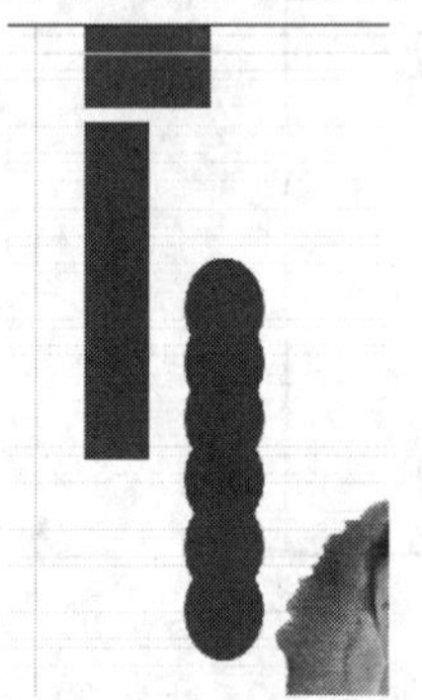
图 8-32　绘制的图形

图 8-33　输入的文字

39. 继续利用工具输入如图 8-34 所示的文字，完成画册封面和封底的设计。

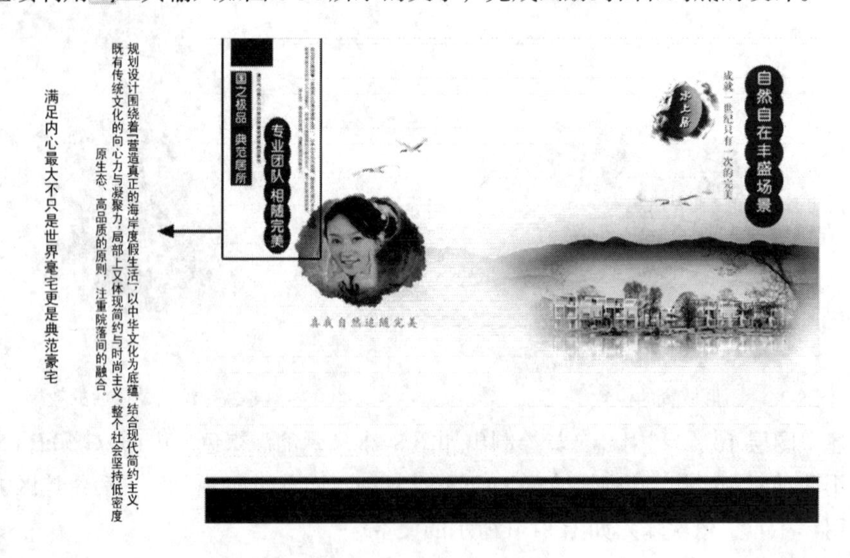

图 8-34　输入的文字

40. 按Ctrl+S组合键，将文件命名为“画册封面及封底.psd”另存。

8.2 设计内一页

接下来设计画册的内一页。

操作步骤

1. 新建一个【宽度】为“20.6 厘米”、【高度】为“14.6 厘米”、【分辨率】为“200 像素/英寸”的白色文件，然后为“背景”层填充上浅灰色（R:230,G:225,B:225）。

2. 用与第 8.1 小节中步骤 2～步骤 3 相同的方法，依次添加参考线，然后用与前面制作“封面和封底”的线形背景相同的方法制作出线形背景。

3. 打开素材文件中“图库\第 08 章”目录下的“太湖美景.jpg”文件，然后将其移动复制到新建文件中生成“图层 2”，调整大小后放置到如图 8-35 所示的位置。

4. 单击【图层】面板下方的 按钮，为“图层 3”添加图层蒙版，然后利用工具绘制黑色来编辑蒙版，得到如图 8-36 所示的效果。

图 8-35　图片调整后放置的位置

图 8-36　编辑蒙版后的效果

5. 打开素材文件中“图库\第 08 章”目录下的“木桥.psd”文件，然后将其移动复制到新建文件中，生成“图层 3”，调整大小后放置到如图 8-37 所示的位置。

6. 打开素材文件中“图库\第 08 章”目录下的“人物 02.jpg”文件，然后将其移动复制到新建文件中，生成“图层 4”，调整大小后放置到如图 8-38 所示的位置。

图 8-37　木桥放置的位置

图 8-38　人物图片放置的位置

7. 利用工具和工具，绘制并调整出如图 8-39 所示的路径，将人物选择，然后按Enter键将路径转换为选区。

8. 按 Shift+Ctrl+I 组合键，将选区反选，再按 Delete 键删除选择的内容，只保留人物图像，然后将选区去除。

9. 将“图层 4”复制为“图层 4 副本”，然后按 Ctrl+T 组合键，为复制出的图像添加自由变换框，并将其调整至如图 8-40 所示的形态，再按 Enter 键，确认图像的变换操作。

图 8-39　绘制的路径

图 8-40　调整后的图像形态

10. 按住 Ctrl 键，单击“图层 4 副本”左侧的图层缩略图添加选区，然后按 Delete 键，删除选择的内容，效果如图 8-41 所示。

11. 将前景色设置为黑色，再选择工具，为选区由左下至右上填充从前景到透明的线性渐变色，效果如图 8-42 所示，然后将选区去除。

12. 执行【滤镜】/【模糊】/【高斯模糊】命令，在弹出的【高斯模糊】对话框中，将【半径】的参数设置为“5 像素”，单击 确定 按钮，执行【高斯模糊】命令后的效果如图 8-43 所示。

图 8-41　删除后的效果

图 8-42　填充渐变色后的效果

图 8-43　模糊后的效果

13. 将“画册封面和封底”文件“图层 8”、“图层 9”和“水上居”文字层中的内容移动复制到新建文件中，并将其放置到如图 8-44 所示的位置。

14. 利用工具，依次输入如图 8-45 所示的黑色文字。

15. 将“图层 5”复制为“图层 5 副本”，然后按 Ctrl+T 组合键，为复制出的图形添加自由变换框，并将其调整至如图 8-46 所示的形态及位置，再按 Enter 键，确认图形的变换操作。

16. 选择工具，将属性栏中 羽化: 5 px 的参数设置为“5 px”，然后绘制出如图 8-47 所示的椭圆形选区。

图 8-44　图形放置的位置

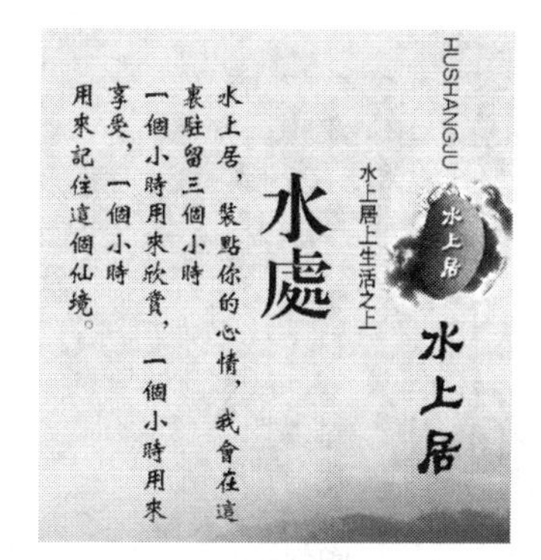

图 8-45　输入的文字

17. 在“图层 5 副本”的下方新建“图层 7”，然后为选区填充上黑色，再将选区去除。

18. 按 Ctrl+T 组合键，为“图层 7”中的内容添加自由变换框，并按住 Ctrl 键，将其调整至如图 8-48 所示的透视形态，按 Enter 键确认图形的变换操作。

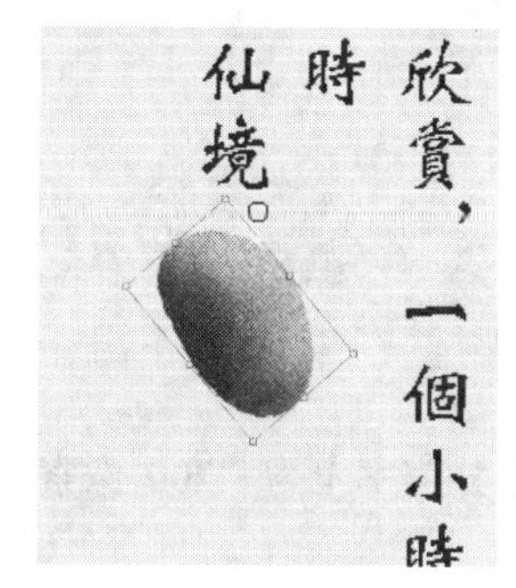

图 8-46　调整后的图形形态

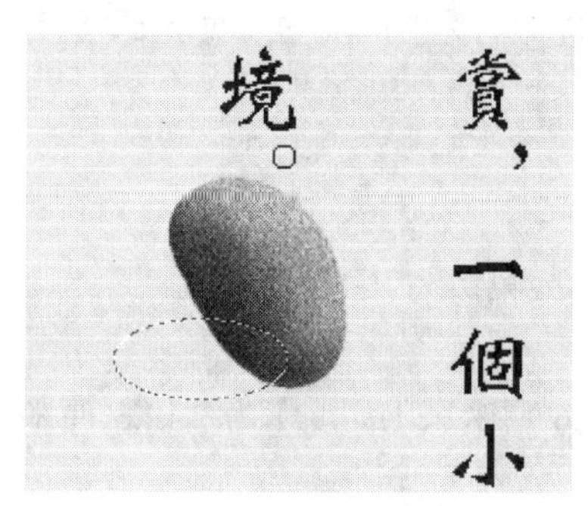

图 8-47　绘制的选区

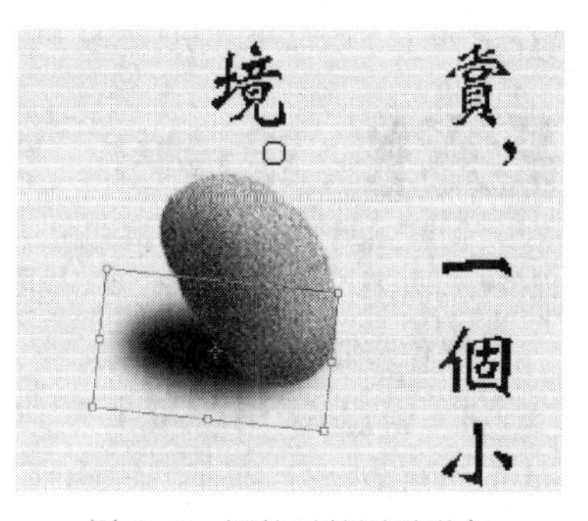

图 8-48　调整后的图形形态

19. 利用 工具，输入如图 8-49 所示的黑色文字，然后将输入法设置为“智能 ABC 输入法”，单击输入法右侧的 按钮，此时工作界面中将弹出“PC 键盘”。

20. 在 按钮上单击鼠标右键，在弹出的列表中选择“特殊符号”命令，然后在弹出的相应键盘中单击如图 8-50 所示的符号，输入的符号如图 8-51 所示。

图 8-49　输入的文字

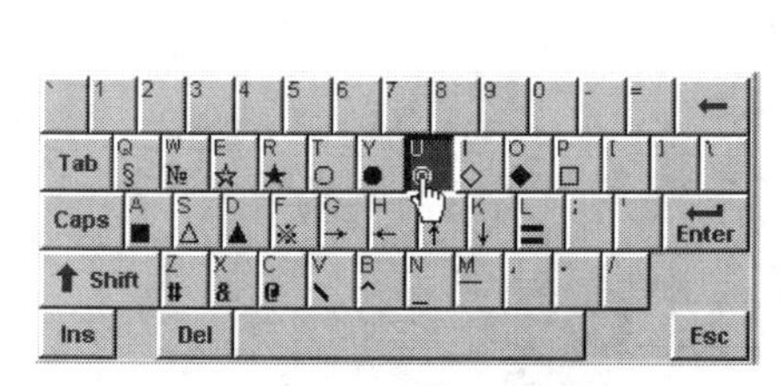

图 8-50　选择的特殊符号

图 8-51　输入的符号

21. 继续利用 工具，输入如图 8-52 所示的黑色文字。

22. 新建“图层 8”，选择 工具，激活属性栏中的 按钮，并将 粗细: 2px 的参数设置为“2 px”，然后按住 Shift 键，依次绘制出如图 8-53 所示的黑色直线，完成画册内一页的设计。

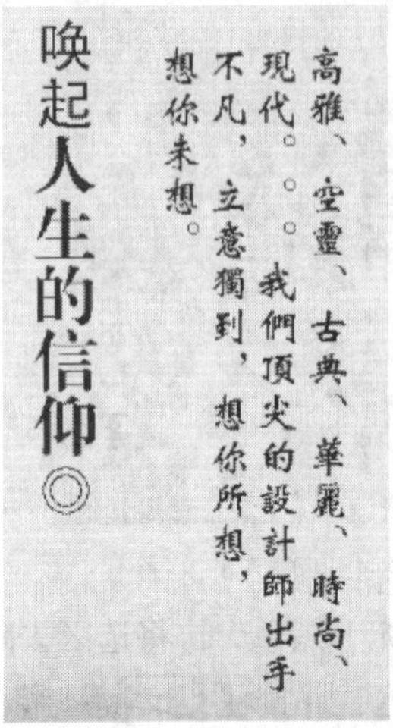

唤起人生的信仰◎
高雅、空靈、古典、華麗、時尚、
現代。。。我們頂尖的設計師出手
不凡，立意獨到，想你所想，
想你未想。

图 8-52　输入的文字

唤起人生的信仰◎
高雅、空靈、古典、華麗、時尚、現代。。。我們頂尖的設計師出手不凡，立意獨到，想你所想，想你未想。
HUSHANGJU
水上居上生活之上
水上居
水處
水上居，裝點你的心情，我會在這裏駐留三個小時，一個小時用來欣賞，一個小時用來享受，一個小時用來記住這個仙境。

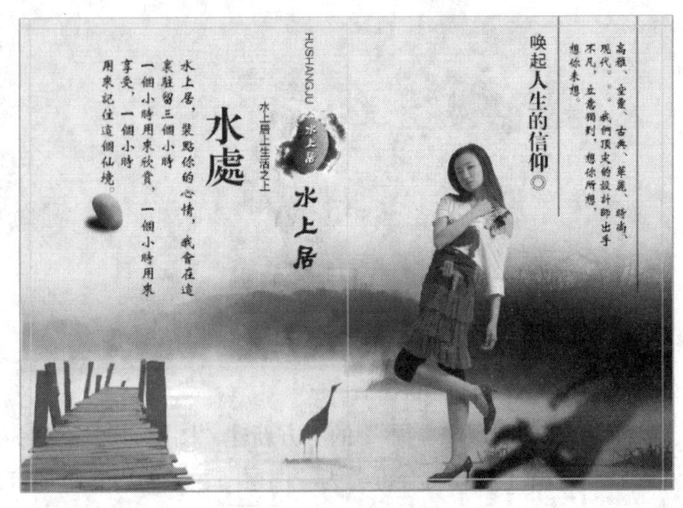

图 8-53　绘制的直线

23. 按 Ctrl+S 组合键，将文件命名为“画册内一页.psd”另存。

8.3 设计内二页

下面来设计画册第二个内页的效果。

操作步骤

1. 新建一个【宽度】为“20.6 厘米”、【高度】为“14.6 厘米”、【分辨率】为“200 像素/英寸”的白色文件。

2. 用与第 8.1 节中步骤 2～步骤 3 相同的方法，依次添加参考线，然后将素材文件中“图库\第 08 章”目录下名为“仙境.jpg”的图片打开，并将其移动复制到新建文件中，生成“图层 1”，如图 8-54 所示。

3. 新建“图层 2”，用与前面制作“封面和封底”的线形背景相同的方法制作出线形背景。

4. 新建“图层 3”，利用工具，绘制出如图 8-55 所示的矩形选区。

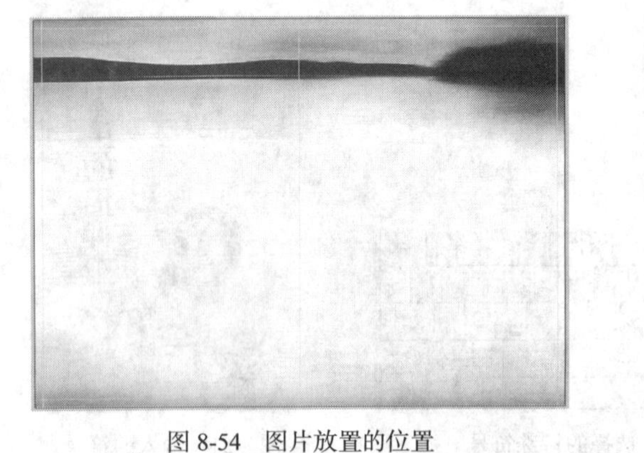

图 8-54　图片放置的位置

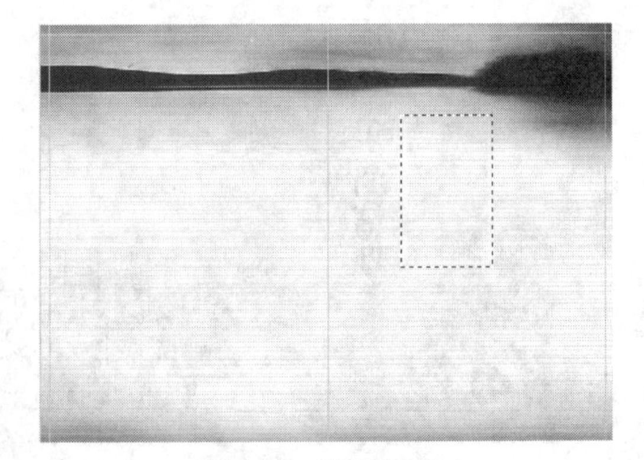

图 8-55　绘制的选区

5. 执行【编辑】/【描边】命令，在弹出的【描边】对话框中设置参数，如图 8-56 所示。

6. 单击 确定 按钮，描边后的效果如图 8-57 所示，然后将选区去除。

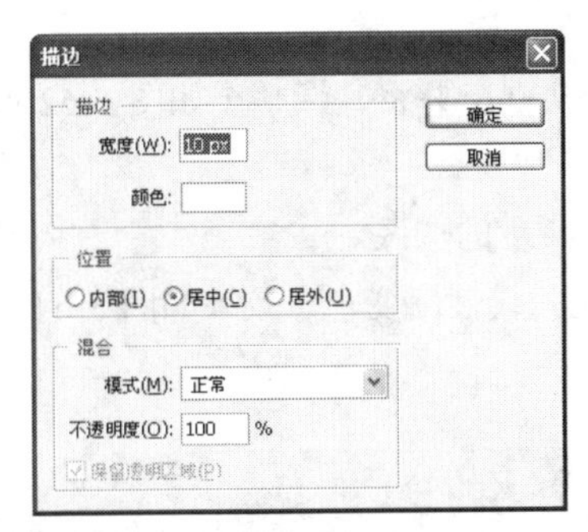

图 8-56　设置【描边】参数

图 8-57　描边后的效果

7. 执行【图层】/【图层样式】/【混合选项】命令，在弹出的【图层样式】对话框中设置参数，如图 8-58 所示。

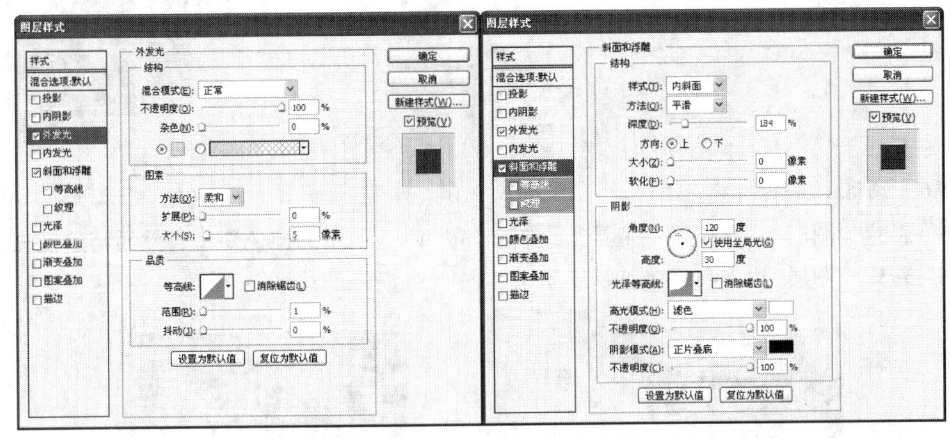

图 8-58　设置【图层样式】参数

8. 单击 确定 按钮，添加图层样式后的效果如图 8-59 所示。

9. 将"图层 3"复制为"图层 3 副本"层，然后将复制出的图形垂直向下移动至如图 8-60 所示的位置。

10. 单击【图层】面板下方的 按钮，为"图层 3 副本"添加图层蒙版，然后利用工具，为其由下至上填充从黑色到透明的线性渐变色编辑蒙版，效果如图 8-61 所示。

图 8-59　添加图层样式后的效果

图 8-60　图形放置的位置

图 8-61　编辑蒙版后的效果

11. 将素材文件中"图库\第 08 章"目录下名为"黄昏美景.jpg"的图片打开，移动复制到新建文件中生成“图层 4”，并将其调整至“图层 3”的下方位置。

12. 按 Ctrl+T 组合键，为复制入的图片添加自由变换框，并将其调整至如图 8-62 所示的形态及位置，然后按 Enter 键，确认图像的变换操作。

13. 新建“图层 5”，利用工具，绘制出如图 8-63 所示的选区。

14. 利用工具，为选区由上至下填充从黑色到白色的线性渐变色，效果如图 8-64 所示，然后将选区去除。

图 8-62 调整后的图像形态

图 8-63 绘制的选区

图 8-64 填充渐变色后的效果

15. 新建“图层 6”，利用工具，绘制出如图 8-65 所示的白色矩形，然后将选区去除。

16. 新建“图层 7”，利用工具绘制出如图 8-66 所示的选区。

图 8-65 绘制的矩形

图 8-66 绘制的选区

17. 执行【编辑】/【描边】命令，在弹出的【描边】对话框中设置参数，如图 8-67 所示。

18. 单击 确定 按钮，描边后的效果如图 8-68 所示，然后将选区去除。

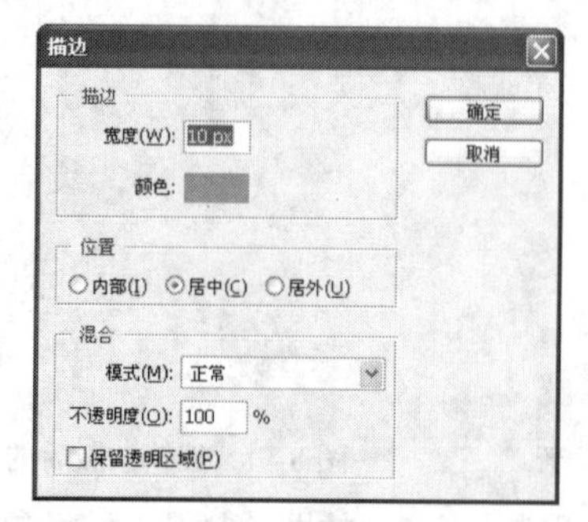

图 8-67 设置【描边】参数

图 8-68 描边后的效果

19. 将“图层 7”调整至“图层 4”的下方，然后执行【滤镜】/【模糊】/【高斯模糊】命令，在弹出的【高斯模糊】对话框中设置参数，如图 8-69 所示。

20. 单击 确定 按钮，执行【高斯模糊】命令后的效果如图 8-70 所示。

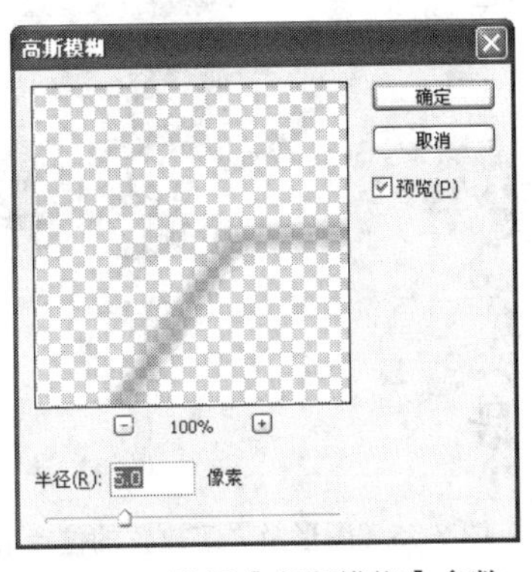

图 8-69　设置【高斯模糊】参数

图 8-70　执行【高斯模糊】命令后的效果

21. 将素材文件中“图库\第 08 章”目录下名为“人物 03.jpg”的图片打开，然后将其移动复制到新建文件中生成“图层 8”，再将其调整大小后放置到如图 8-71 所示的位置。

22. 用与第 8.2 小节中步骤 7～步骤 8 相同的方法，将图片的背景去除，效果如图 8-72 所示，然后将“图层 8”复制为“图层 8 副本”。

23. 执行【编辑】/【变换】/【垂直翻转】命令，将复制出的图像翻转，再将其垂直向下移动位置，然后将其【不透明度】的参数设置为“50%”，降低不透明度后的效果如图 8-73 所示。

图 8-71　图片放置的位置

图 8-72　删除背景后的效果

图 8-73　降低不透明度后的效果

24. 用与第 8.2 小节中步骤 9～步骤 13 相同的方法，制作出人物的投影效果，如图 8-74 所示。

25. 将“画册内一页.psd”文件“图层 5”、“图层 6”和“水上居”等文字层中的内容移动复制到新建文件中，并将其放置到如图 8-75 所示的位置。

26. 利用 T 工具，依次输入如图 8-76 所示的黑色文字。

27. 新建“图层 11”，然后用与第 8.2 小节中步骤 23 相同的方法，绘制黑色直线，再将第 8.2 小节“图层 5 副本”及“图层 7”中的内容移动复制到新建文件中，放置的位置如图 8-77 所示。

图 8-74　制作出的投影效果

图 8-75　图形及文字放置的位置

图 8-76　输入的文字

图 8-77　制作出的图形效果

28. 利用T工具，输入如图 8-78 所示的黑色文字，然后将输入法设置为“智能 ABC 输入法”标准，单击输入法右侧的按钮，此时工作界面中将弹出“PC 键盘”。

29. 在按钮上单击鼠标右键，在弹出的列表中选择“标点符号”命令，然后在弹出的相应键盘中单击如图 8-79 所示的符号，输入的符号如图 8-80 所示。

图 8-78　输入的文字

图 8-79　选择的标点符号

图 8-80　输入的标点符号

30. 继续利用T工具，输入如图 8-81 所示的黑色文字，完成画册内二页的设计。

图 8-81　设计完成的画册内二页

31. 按 Ctrl+S 组合键，将文件命名为“画册内二页.psd”另存。

8.4 设计内三页

最后，我们来设置画册的第三个内页效果。

操作步骤

1. 新建一个【宽度】为“20.6 厘米”、【高度】为“14.6 厘米”、【分辨率】为“200 像素/英寸”的白色文件，然后为“背景”层填充上浅灰色（R:230,G:225,B:225）。

2. 用与 8.1 小节中步骤 2～步骤 3 相同的方法，依次添加参考线，然后用与前面制作“封面和封底”的线形背景相同的方法制作出线形背景。

3. 将素材文件中“图库\第 08 章”目录下名为“湖水.jpg”的图片打开，并将其移动复制到新建文件中生成“图层 1”。

4. 按 Ctrl+T 组合键，为笔墨图形添加自由变换框，然后将其调整至如图 8-82 所示的形态，再按 Enter 键，确认图形的变换操作。

5. 利用 工具，在图片的蓝色背景区域处单击添加选区，并按 Delete 键删除选择的内容，效果如图 8-83 所示，然后将选区去除。

图 8-82　调整后的图片形态

图 8-83　删除后的效果

6. 新建“图层 3”，利用⬚工具，绘制出如图 8-84 所示的矩形选区，然后为其填充黄灰色（R:230,G:212,B:180），再将选区去除。

7. 执行【滤镜】/【杂色】/【添加杂色】命令，在弹出的【添加杂色】对话框中设置参数，如图 8-85 所示，然后单击 确定 按钮。

图 8-84　绘制的矩形

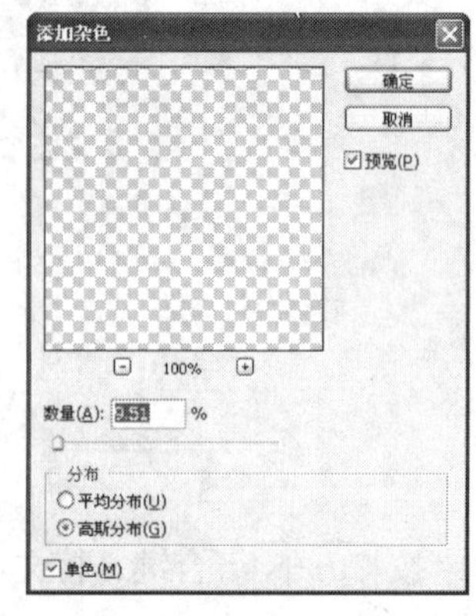

图 8-85　设置【添加杂色】参数

8. 单击【图层】面板下方的 ◘ 按钮，为“图层 3”添加图层蒙版，然后利用✎工具描绘黑色来编辑蒙版，得到如图 8-86 所示的效果。

图 8-86　编辑蒙版后的效果

9. 将素材文件中“图库\第 08 章”目录下名为“山.jpg”的图片打开，然后将其移动复制到新建文件中生成“图层 4”，调整大小后放置到如图 8-87 所示的位置。

10. 单击【图层】面板下方的 ◘ 按钮，为“图层 4”添加图层蒙版，然后利用✎工具绘制黑色来编辑蒙版，得到如图 8-88 所示的效果。

图 8-87　图片放置的位置

图 8-88　编辑蒙版后的效果

11. 将“图层 4”的图层混合模式设置为“明度”，更改混合模式后的效果如图 8-89 所示。

12. 新建“图层 5”，利用工具，绘制出如图 8-90 所示的选区，并为其填充上浅褐色（R:168,G:120,B:90），然后将选区去除。

图 8-89　更改混合模式后的效果

图 8-90　绘制的选区

13. 单击【图层】面板下方的按钮，为“图层 5”添加图层蒙版，然后利用工具绘制黑色来编辑蒙版，得到如图 8-91 所示的效果。

14. 新建“图层 6”，然后将前景色设置为深褐色（R:90,G:45,B:0），背景色设置为浅褐色（R:190,G:130,B:68）。

15. 选择工具，按住 Shift 键绘制圆形选区，然后利用工具，为其由下至上填充从前景到背景的线性渐变色，效果如图 8-92 所示。

图 8-91　编辑蒙版后的效果

图 8-92　填充渐变色后的效果

16. 执行【滤镜】/【杂色】/【添加杂色】命令，在弹出的【添加杂色】对话框中设置参数，如图 8-93 所示。

17. 单击 确定 按钮，执行【添加杂色】命令后的效果如图 8-94 所示。

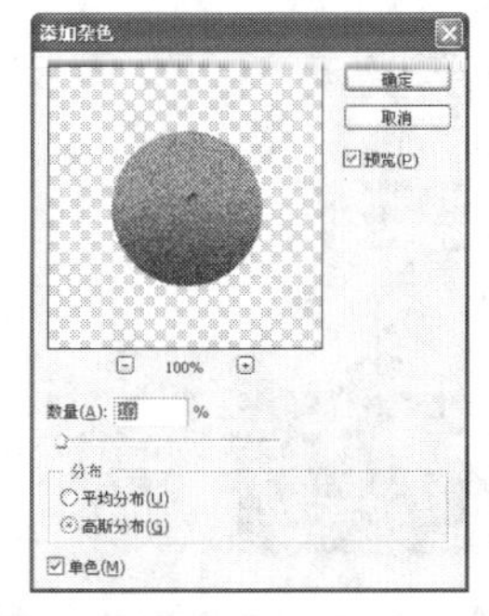

图 8-93　设置【添加杂色】参数

图 8-94　执行【添加杂色】命令后的效果

18．按住Ctrl+Alt组合键，将圆形依次复制，然后将复制出的图形调整大小后分别放置到如图 8-95 所示的位置。

19．利用T工具，依次输入如图 8-96 所示的白色文字。

图 8-95　图形放置的位置

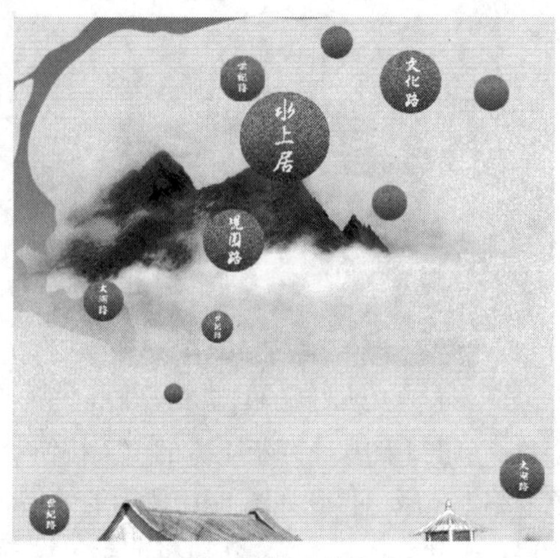

图 8-96　输入的文字

20．利用T工具，依次输入如图 8-97 所示的黑色文字。

图 8-97　输入的文字

21．将“画册内一页.psd”文件“图层 5”、“图层 6”及“水上居”文字层中的内容移动复制到新建文件中，调整大小后放置到如图 8-98 所示的位置，完成画册内三页的设计。

图 8-98　设计完成的内三页

22. 按 Ctrl+S 组合键，将文件命名为“画册内三页.psd”另存。

需要注意的是，在设计画册时可以按照这样的方式进行设计，但在实际的输出过程中，并不是直接把设计的内容打印出来，而是要重新排版，这些工作输出公司会进行处理。如果需要设计公司来进行输出排版，读者就要根据实际打印出来的效果重新排版。此例设计，即先打印封面和封底，然后反面要打印内页一的左侧页面和内页三的右侧页面；打印第二张纸时，要排内页一的右侧页面和内页三的左侧页面，然后反面打印整体的内页二。这样输出后，折叠再中缝装订才能出现预期的效果。

8.5 课堂实训

下面灵活运用图层、蒙版及各工具和菜单命令，来设计宣传单页和折页效果。

8.5.1 宣传单页设计

目的：学习图层、蒙版在实际广告设计中的应用。

内容：设计房地产广告宣传单页，效果如图 8-99 所示。

操作步骤

1. 新建一个【宽度】为“15 厘米”、【高度】为“20 厘米”、【分辨率】为“170 像素/英寸”、【颜色模式】为“RGB 颜色”、【背景内容】为“白色”的文件，然后为背景层填充蓝色（R:0,G:99,B:153）。

2. 打开素材文件中“图库\第 08 章”目录下名为“远山.jpg”的文件，然后将其移动复制到新建的文件中生成“图层 1”，并将其图层混合模式设置为“柔光”，如图 8-100 所示。

图 8-99　设计的宣传单页

图 8-100　设置图层模式后的效果

3. 单击按钮，为“图层 1”添加图层蒙版，然后利用工具在蒙版中描绘黑色来编辑蒙版，完成的效果如图 8-101 所示。

4. 新建“图层 2”，利用工具绘制出如图 8-102 所示的白色圆形。

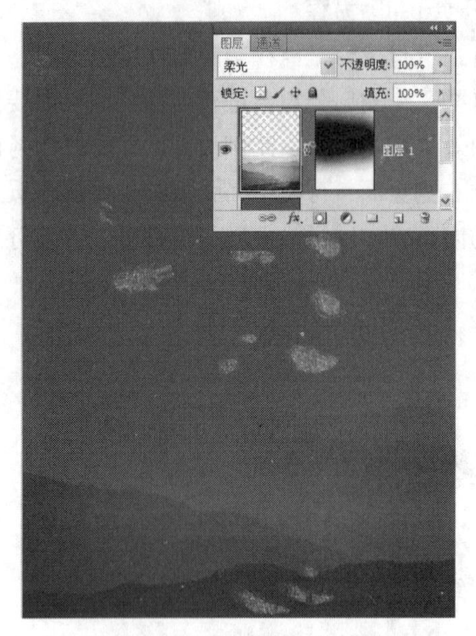

图 8-101　编辑蒙版后的效果

图 8-102　绘制的白色圆形

5. 双击“图层 2”，弹出【图层样式】对话框，选项及参数设置如图 8-103 所示，叠加的颜色为蓝色（R:0,G:145,B:200）。

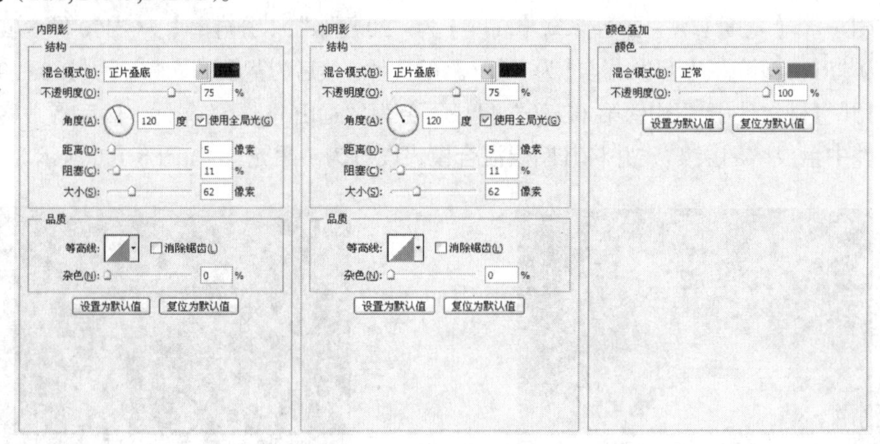

图 8-103　图层样式选项及参数设置

6. 单击 确定 按钮，得到如图 8-104 所示的效果。

7. 再次利用工具绘制出如图 8-105 所示的椭圆形选区，然后新建“图层 3”，利用工具为选区自上向下填充由白色到透明的线性渐变，效果如图 8-106 所示。

图 8-104　添加图层样式后的效果

图 8-105　绘制的椭圆形选区

图 8-106　填充的渐变

8. 打开素材文件中“图库\第 08 章”目录下名为“房地产效果图.jpg”的文件，然后将其移动复制到新建的文件中生成“图层 4”，如图 8-107 所示。

9. 单击按钮，为“图层 4”添加图层蒙版，然后利用工具在蒙版中描绘黑色来编辑蒙版，编辑蒙版后的【图层】面板及效果如图 8-108 所示。

图 8-107　移动到画面中的位置

图 8-108　编辑蒙版后的【图层】面板及效果

10. 利用工具和工具，绘制如图 8-109 所示的路径，然后选择工具，并在【画笔】设置面板中选择如图 8-110 所示的笔头。

11. 新建“图层 5”，打开【路径】面板，在“路径 1”层上右击，在弹出的快捷菜单中选择【描边路径】命令，再弹出的对话框中勾选【模拟压力】复选框。

12. 单击 确定 按钮，得到如图 8-111 所示的描边效果。

图 8-109　绘制的路径

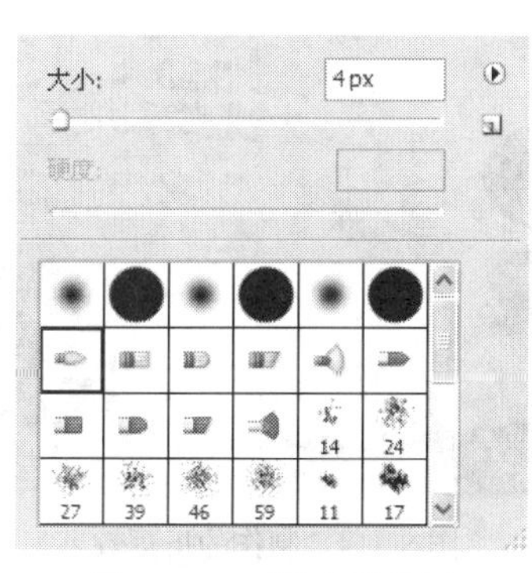

图 8-110　画笔参数设置

图 8-111　描边的效果

13. 运用同样的绘制路径后描绘路径的方法，得到如图 8-112 所示的效果，然后将图层的【不透明度】参数设置为“50”。

14. 打开素材文件中“图库\第 08 章”目录下名为“飞鹤.psd”的文件，然后将其移动到新建的文件中生成“图层 6”，并将其图层混合模式设置为“叠加”，效果如图 8-113 所示。

图 8-112　描绘的线形

图 8-113　叠加后的效果

15. 利用 T 工具，分别在画面的上方和下方输入白色的文字，即可完成宣传单页的设计，效果如图 8-99 所示。

16. 按 Ctrl+S 组合键，将此文件命名为“单页设计.psd”另存。

8.5.2　折页设计

目的：学习折页的制作方法。

内容：利用各种工具及菜单命令制作出折页的平面图效果，然后灵活运用【自由变换】命令将其制作为立体的折页效果，如图 8-114 所示。

图 8-114　制作的折页效果

操作步骤

1. 新建一个【宽度】为“42.6 厘米”、【高度】为“21.6 厘米”、【分辨率】为“120 像素/英寸”、【颜色模式】为“RGB 颜色”、【背景内容】为“白色”的文件。

2. 执行【视图】/【新建参考线】命令，依次在距页面各边 3mm 处及垂直 143mm 和 283mm 处添加参考线。

3. 选择▣工具，为背景添加如图 8-115 所示的由蓝灰色（C:80,M:25,Y:45）到白色的线性渐变色。

4. 将素材文件中“图库\第 08 章”目录下名为“宝盒.jpg”的文件打开，然后将“宝盒”选择移动复制到新建的文件中，调整大小后放置到如图 8-116 所示的位置。

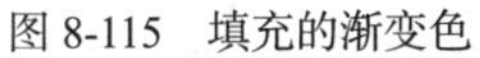

图 8-115　填充的渐变色

图 8-116　宝盒图形放置的位置

5. 将素材文件中“图库\第 08 章”目录下名为“瀑布.jpg”的文件打开，然后将其移动复制到新建的文件中，调整大小后放置到如图 8-117 所示的位置。

6. 将“图层 2”的图层混合模式设置为“明度”，然后加载“图层 1”的选区，并单击下方的▣按钮，为“图层 2”添加图层蒙版。

7. 选择✎工具，设置合适的笔头大小后在画面中描绘黑色编辑蒙版，效果如图 8-118 所示。

图 8-117　图片调整后的大小及位置

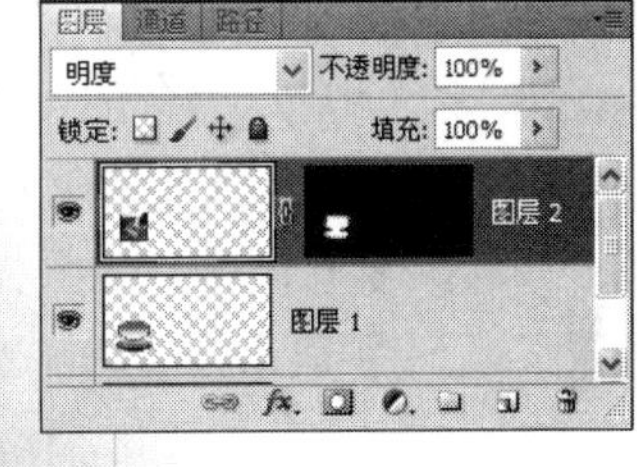

图 8-118　编辑蒙版后的效果

8. 复制“图层 2”为“图层 2 副本”，然后将复制图层的图层混合模式设置为“柔光”。

9. 再次复制“图层 2 副本”为“图层 2 副本 2”层，然后将复制图层的图层混合模式设置为“正常”。

10. 单击“图层 2 副本 2”的图层蒙版缩览图，将其设置为工作状态，然后为其填充白色。

11. 利用⬚工具绘制出如图 8-119 所示的矩形选区，然后按 Delete 键将选区内的图像删除，再将选区去除。

12. 利用【自由变换】命令将剩余的图像水平放大至如图 8-120 所示的形态，然后加载“图层 1”的选区，并单击“图层 2 副本 2”的图层蒙版缩览图，将其设置为工作状态。

13. 按 Shift+Ctrl+I 组合键将选区反选，然后为选区填充黑色。

14. 选择✎工具，设置合适的笔头大小后，在画面中根据宝盒的边缘描绘黑色编辑蒙版，效果如图 8-121 所示。

图 8-119　绘制的选区

图 8-120　放大后的效果

图 8-121　编辑蒙版后的效果

15. 新建“图层 3”，并将其调整至“图层 1”的下方，然后利用◯工具绘制椭圆形选区，并为其填充黑色，如图 8-122 所示。

16. 按 Ctrl+D 组合键将选区取消，然后执行【滤镜】/【模糊】/【高斯模糊】命令，弹出【高斯模糊】对话框，将【半径】的参数设置为“8 像素”，单击 确定 按钮。

17. 执行【滤镜】/【模糊】/【动感模糊】命令，弹出【动感模糊】对话框，将【角度】设置为“0”，【距离】设置为“250 像素”，单击 确定 按钮，效果如图 8-123 所示。

图 8-122　绘制的黑色图形

图 8-123　模糊后的效果

18. 将素材文件中“图库\第 08 章”目录下名为“效果图.jpg”的文件打开，然后将其移动复制到新建的文件中生成“图层 4”，并将其调整至所有图层的上方，再调整大小后放置到如图 8-124 所示的位置。

19. 为生成的“图层 4”添加图层蒙版，然后利用工具在图像的边缘描绘黑色编辑蒙版，制作出如图 8-125 所示的效果。

图 8-124　图像调整后的大小及位置

20. 将素材文件中“图库\第 08 章”目录下名为“风景.jpg”的文件打开，然后将其移动复制到新建的文件中，调整大小后放置到如图 8-126 所示的位置，并按 Enter 键确认。

图 8-125　添加蒙版后的效果

图 8-126　图像调整后的位置

21. 按 Ctrl+B 组合键，弹出【色彩平衡】对话框，设置【中间调】的参数如图 8-127 所示，然后单击 确定 按钮。

22. 为“图层 5”添加图层蒙版，利用工具在图像的边缘描绘黑色编辑蒙版，制作出如图 8-128 所示的效果。

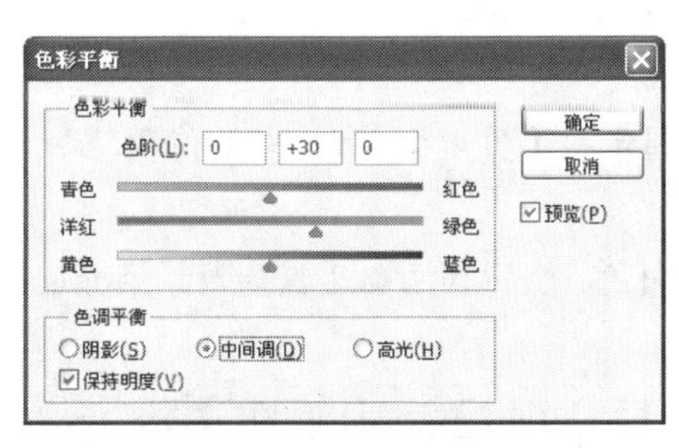

图 8-127　设置的参数

图 8-128　编辑蒙版后的效果

23. 利用工具，在画面的左上角位置输入如图 8-129 所示的黑色文字，然后灵活运用工具再输入如图 8-130 所示的文字。

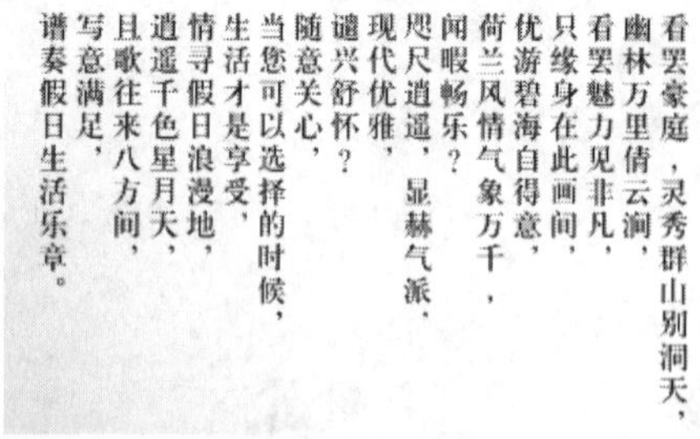

看罢豪庭，灵秀群山别洞天，
幽林万里倩云涧，
看罢魅力见非凡，
只缘身在此画间，
优游碧海自得意，
荷兰风情气象万千，
闲暇畅乐？
咫尺逍遥，显赫气派，
现代优雅，
谴兴舒怀？
随意关心，
当您可以选择的时候，
生活才是享受，
情寻假日浪漫地，
逍遥千色星月天，
且歌往来八方间，
写意满足，
谱奏假日生活乐章。

图 8-129　输入的文字

永恒
城市生活缔造者—科达荷兰假日
HOLLAND HOLIDAY
THE PERSON WHO CREATES THE CITY LIFE

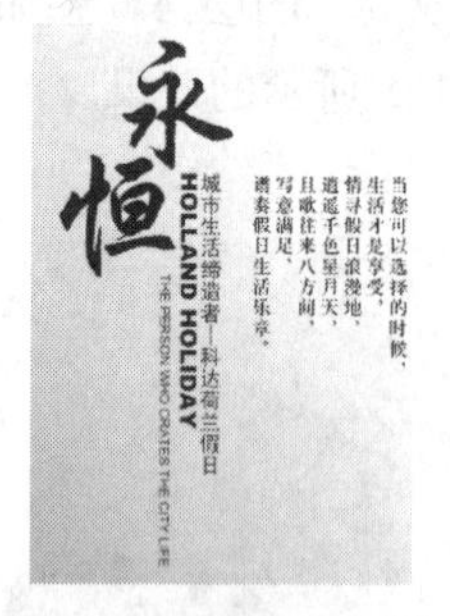

图 8-130　输入的文字

24. 新建“图层 6”，利用工具，在输入文字的右上角拖曳鼠标绘制不规则选区，并为其填充深红色（R:167,G:30,B:40），如图 8-131 所示。

25. 按 Ctrl+D 组合键去除选区，然后利用工具输入如图 8-132 所示白色文字。

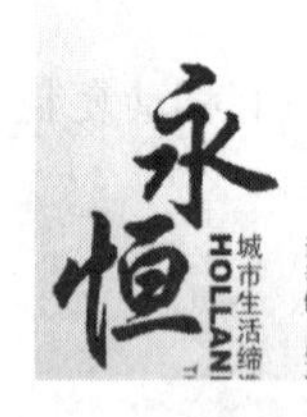

图 8-131　绘制的图形

科
达

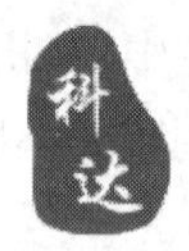

图 8-132　输入的文字

26. 继续利用工具依次在画面的中间位置和右侧输入如图 8-133 所示的文字，即可完成折页画面的设计。

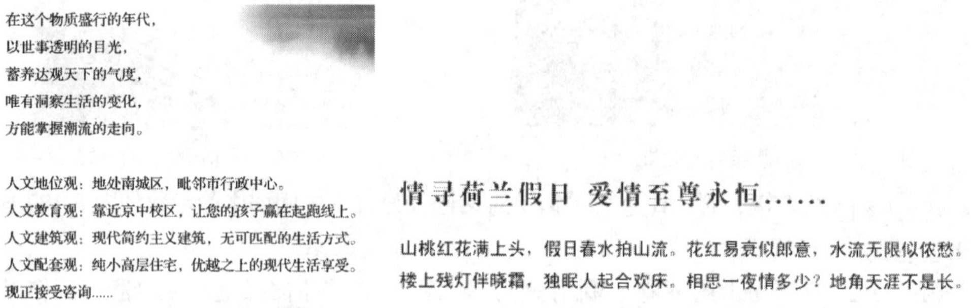

在这个物质盛行的年代，
以世事透明的目光，
蓄养达观天下的气度，
唯有洞察生活的变化，
方能掌握潮流的走向。
人文地位观：地处南城区，毗邻市行政中心。
人文教育观：靠近京中校区，让您的孩子赢在起跑线上。
人文建筑观：现代简约主义建筑，无可匹配的生活方式。
人文配套观：纯小高层住宅，优越之上的现代生活享受。
现正接受咨询……
情寻荷兰假日 爱情至尊永恒……
山桃红花满上头，假日春水拍山流。花红易衰似郎意，水流无限似侬愁。
楼上残灯伴晓霜，独眠人起合欢床。相思一夜情多少？地角天涯不是长。

图 8-133　输入的文字

27. 按 Ctrl+S 组合键，将此文件命名为“地产三折页.psd”另存。

接下来，来制作立体效果。

28. 新建一个【宽度】为“12 厘米”、【高度】为“8 厘米”、【分辨率】为“200 像素/英寸”、【模式】为“RGB 颜色”、【内容】为“白色”的文件。

29. 按 D 键，将前景色和背景色设置为默认的黑色和白色，然后利用工具为背景填充如图 8-134 所示的渐变色。

30. 将“地产三折页.psd”文件设置为工作状态，然后按 Shift+Ctrl+Alt+E 组合键，将所有图层复制并合并，再利用工具，根据添加的参考线，将左侧页面选中，并移动复制到新建文件中。

31. 按 Ctrl+T 组合键，将图像调整至如图 8-135 所示的透视形态，然后按 Enter 键确认。

图 8-134　填充的渐变色

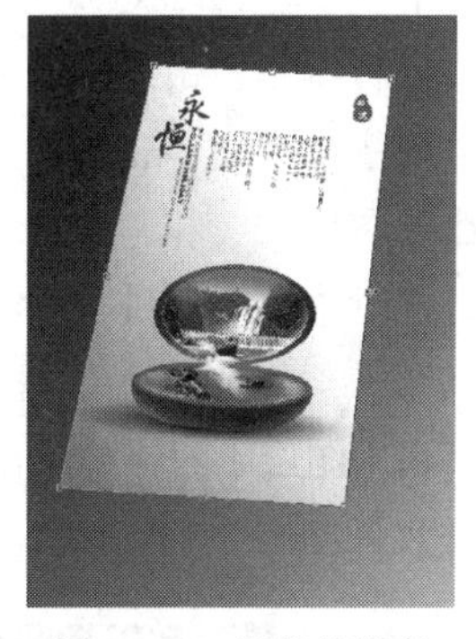

图 8-135　调整的形态

32. 再次将“地产三折页.psd”文件设置为工作状态，然后利用工具选择中间的页面，并移动复制到新建的文件中。

33. 按 Ctrl+T 组合键，将图像调整至如图 8-136 所示的透视形态，然后按 Enter 键确认。

34. 按住 Ctrl 键单击“图层 2”的图层缩览图加载选区，然后新建“图层 3”。

35. 将前景色设置为黑色，选择工具，再单击属性栏中右侧的倒三角按钮，在弹出的【渐变样式】选项面板中选择“前景到透明”的渐变样式。

36. 确认属性栏中激活了按钮，将【不透明度】的参数设置为“20%”，然后将鼠标光标移动到选区中，按住鼠标左键自左向右拖曳，添加如图 8-137 所示的渐变色，再按 Ctrl+D 组合键去除选区。

图 8-136　选择的渐变样式

图 8-137　添加渐变色后的效果

37. 用与步骤 32～步骤 36 相同的方法，将“地产三折页.psd”文件中右侧的页面移动到新建的文件中进行调整，最终效果如图 8-138 所示。

38. 按住 Ctrl 键单击“图层 1”，加载“图层 1”中图像的选区，然后按住 Shift+Ctrl 组合键依次单击“图层 2”和“图层 4”，为选区进行加选。

39. 执行【选择】/【羽化】命令，在弹出的【羽化选区】对话框中将【羽化半径】的参数设置为“10”像素，单击 确定 按钮。

40. 在【图层】面板中单击“背景”层，将其设置为工作层，然后新建“图层 6”，并为其填充黑色，效果如图 8-139 所示。

图 8-138　制作的最右侧页面效果

图 8-139　制作的阴影效果

41. 至此，折页效果制作完成，按 Ctrl+S 组合键，将此文件命名为“三折页效果.psd”另存。

8.6 课后练习

1. 灵活运用文字工具及图层和图层蒙版设计地产广告宣传单，效果如图 8-140 所示。用到的素材图片为“图库\第 08 章”目录下名为“象征图像.psd”、“发射光线.psd”、“平面布置图.psd”、

“效果图 01.jpg”、“效果图 02.jpg”、“效果图 03.jpg”、“效果图 04.jpg”、“科达集团标志.psd” 和 “地图.jpg” 的文件。

2. 灵活运用图层、图层蒙版及文字工具和【自由变换】命令设计房地产的宣传折页，如图 8-141 所示，制作的画面效果如图 8-142 所示。用到的素材图片为 “图库\第 08 章” 目录下名为 “层叠的山.jpg”、“飞鹤.psd”、“草地.jpg”、“房子.psd”、“小树.psd”、和 “蝴蝶.psd” 的文件。

图 8-140　设计的宣传单

图 8-141　制作的折页效果

图 8-142　设计的折页画面效果

第9章 包装和手提袋设计

本章以设计包装盒和手提袋为例，详细介绍制作立体图形的方法，主要知识点包括各种工具和菜单命令的综合运用以及【自由变换】命令的使用等。通过本章的学习，读者应该掌握包装盒和手提袋的设计方法。

9.1 设计包装盒

本节灵活运用各工具按钮和菜单命令来设计包装盒。

9.1.1 设计包装盒正面效果

首先来设计包装盒的主要画面效果，如图 9-1 所示。

图 9-1 设计的主画面效果

操作步骤

1. 新建一个【宽度】为“80 厘米”、【高度】为“36 厘米”、【分辨率】为“100 像素/英寸”的白色文件。

2. 灵活运用【视图】/【新建参考线】命令，为文件添加参考线，然后利用工具绘制出如图 9-2 所示的绿色（R:90,G:160,B:30）图形。

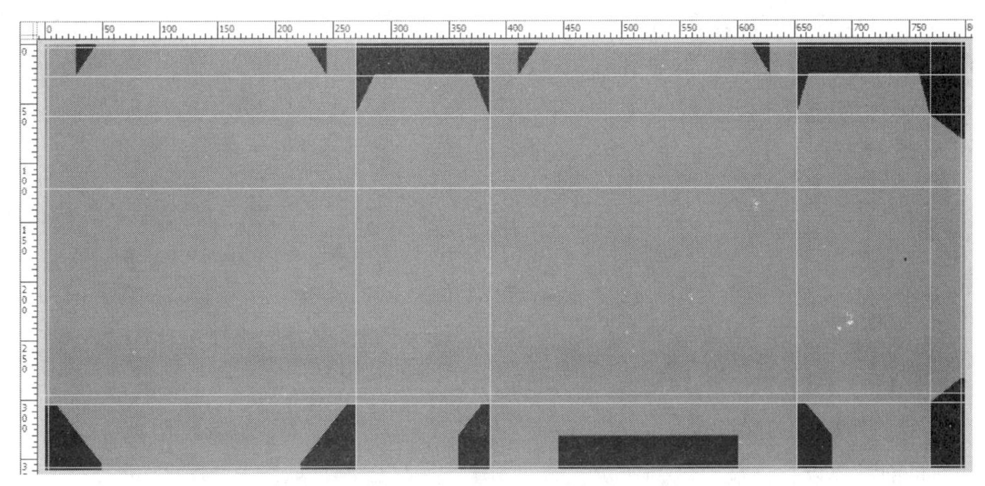

图 9-2　添加的参考线及绘制的图形

3. 灵活运用工具和工具根据添加的参考线绘制路径，并将其转换为选区，如图 9-3 所示，然后在新建的“图层 1”中为其填充如图 9-4 所示的渐变色。

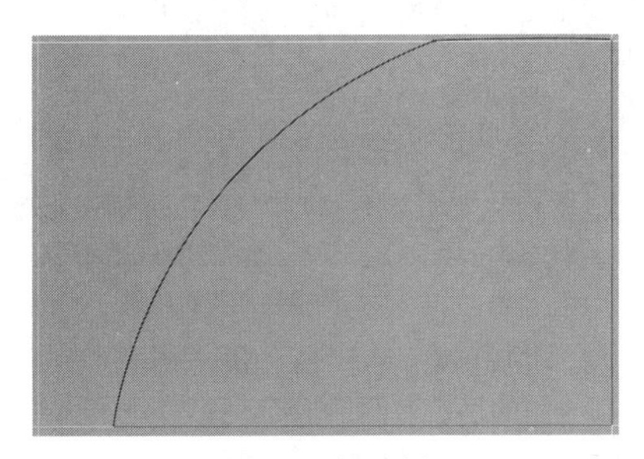

图 9-3　绘制的路径

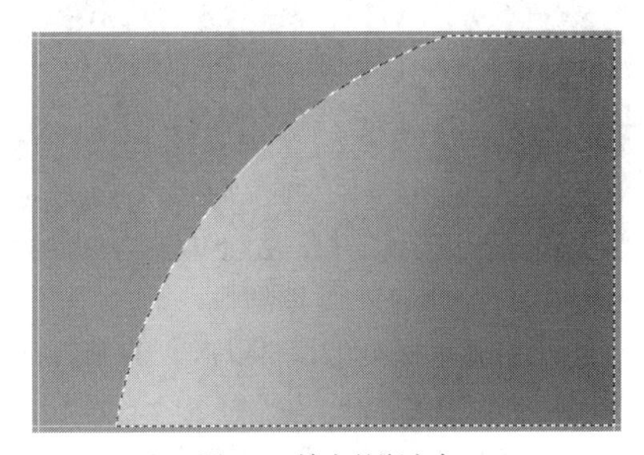

图 9-4　填充的渐变色

4. 继续利用工具和工具绘制路径，转换为选区后在新建的“图层 2”中填充绿色，然后将“图层 2”调整至“图层 1”的下方，如图 9-5 所示。

5. 新建“图层 3”，将其调整至“图层 2”的下方，然后利用工具绘制矩形选区，并为其填充如图 9-6 所示的渐变色。

图 9-5　绘制的图形

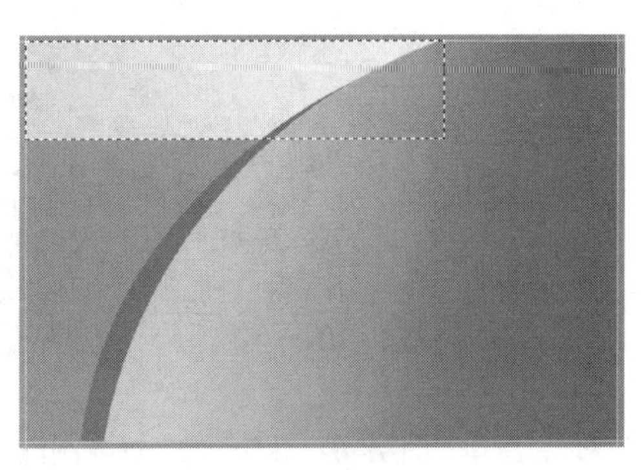

图 9-6　绘制的图形

6. 将“图层 3”复制为“图层 3 副本”，然后将其调整至所有图层的上方，并将其向右移动，使其右侧与正面图形右侧的参考线对齐。

7. 按住 Alt+Shift+Ctrl 组合键单击“图层 1”的图层缩览图，修改选区的形态，然后按 Shift+Ctrl+I 组合键将选区反选，再按 Delete 键删除选区中的图形。

8. 再次按 Shift+Ctrl+I 组合键，将选区反选，为其填充如图 9-7 所示的渐变色。

9. 选择工具，并在【自定形状】选择面板中选择如图 9-8 所示的形状图形。

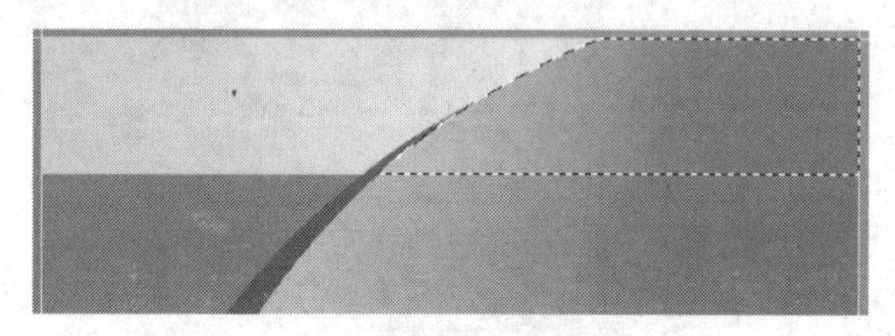

图 9-7　填充的渐变色

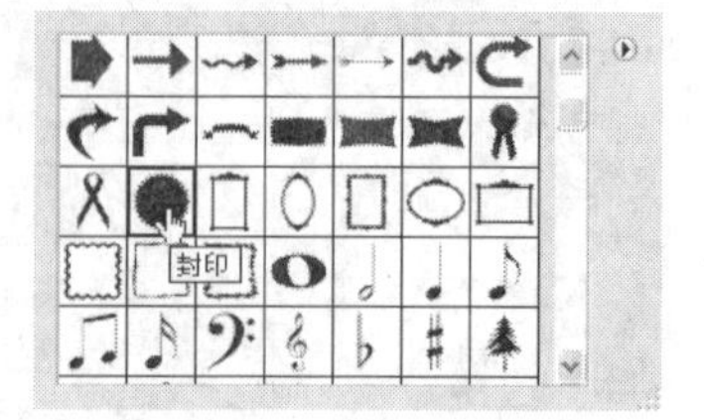

图 9-8　选择的图形

10. 将前景色设置为橘黄色，在新建的“图层 4”中绘制出如图 9-9 所示的图形。

11. 利用【图层样式】命令，为橘黄色图形添加如图 9-10 所示的【描边】和【投影】效果。

图 9-9　绘制的图形

图 9-10　添加的描边和投影效果

12. 打开素材文件中“图库\第 09 章”目录下名为“蘑菇.psd”的文件，然后将其移动到新建文件中生成“图层 5”，并调整至合适的大小后放置到绘制的橘黄色图形上面。

13. 利用【图层样式】命令为蘑菇图形填充如图 9-11 所示的【投影】效果。

14. 利用工具，输入黑色的“野山菇”文字，然后利用【图层样式】命令为其添加白色的描边效果，如图 9-12 所示。

图 9-11　图形调整后的形态

图 9-12　输入的文字

15. 新建“图层 6”，利用工具绘制红色的矩形图形，并添加黑色的描边效果，然后利用工具在其上方输入如图 9-13 所示的白色文字。

16. 利用工具和工具根据画面图形的形态，绘制路径，路径转换为选区后的形态如图 9-14 所示。

图 9-13　绘制的图形及输入的文字

图 9-14　创建的选区

17. 将背景层设置为当前层，新建“图层 7”，并为选区填充绿色，再去除选区。

18. 打开素材文件中“图库\第 09 章”目录下名为“野山菇.jpg”的文件，然后将其移动到新建文件中生成“图层 8”，并调整至合适的大小。

19. 执行【图层】/【创建剪贴蒙版】命令，将野山菇图片根据下方的绿色图形区域显示，如图 9-15 所示。

20. 单击按钮，为“图层 8”添加图层蒙版，然后利用工具在画面下方短距离拖曳，为图层蒙版添加由黑色到白色的线性渐变色，编辑蒙版后的效果如图 9-16 所示。

图 9-15　创建剪贴蒙版后的效果

图 9-16　编辑蒙版后的效果

21. 在所有图层的上方新建“图层 9”，然后灵活运用工具、工具和工具及【图层】/【图层样式】/【斜面和浮雕】命令，绘制出如图 9-17 所示的标志图形。

22. 利用工具在标志图形的下方依次输入如图 9-18 所示的文字和字母。

图 9-17　绘制的标志图形

图 9-18　输入的文字

23. 继续利用T工具输入文字，并利用工具和工具绘制相应的图形，如图 9-19 所示。

图 9-19 输入的文字及绘制的图形

至此，包装盒的主要画面设计完成。

24. 按 Ctrl+S 组合键，将此文件命名为“包装盒平面展开图.psd”另存。

9.1.2 设计包装盒平面展开图

接下来制作包装盒的平面展开图效果，最终效果如图 9-20 所示。

图 9-20 设计的包装盒平面展开图

操作步骤

1. 接上例。

2. 在【图层】面板中，将“背景”层隐藏，然后按 Alt+Shift+Ctrl+E 组合键，将可见层分别复制并合并为一个图层。

3. 将“背景”层在画面中显示，将复制并合并后的图层向右移动到如图 9-21 所示的位置。

4. 将“图层 5”复制为“图层 5 副本”层，然后将其调整至所有图层的上方，再在画面中将复制出的图像调小，移动至如图 9-22 所示的位置。

5. 利用T工具和工具及【图层】/【图层样式】/【描边】命令，依次输入文字并绘制图形，效果如图 9-23 所示。

6. 用移动复制图形的操作及T工具，再制作出另一侧面的画面，效果如图 9-24 所示。

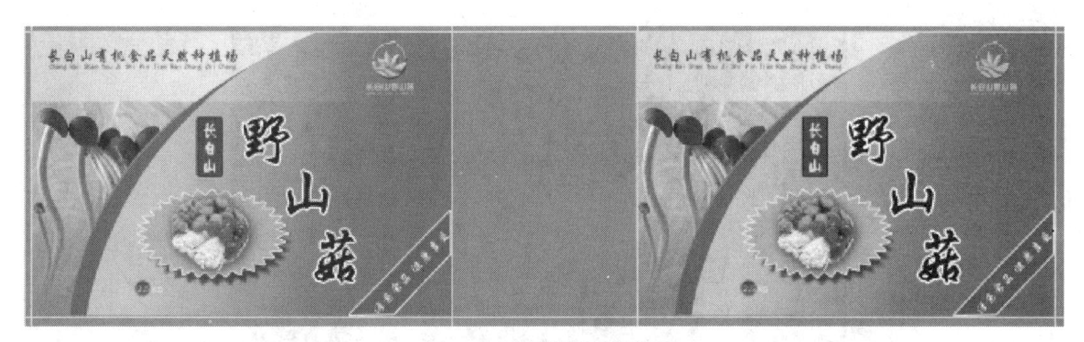

图 9-21　图形放置的位置

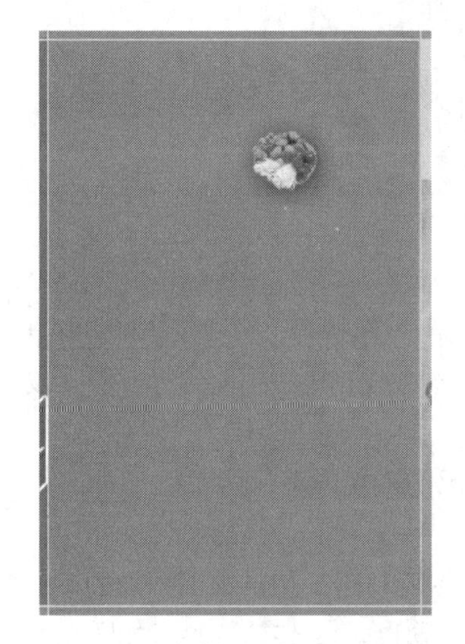

图 9-22　复制图形放置的位置

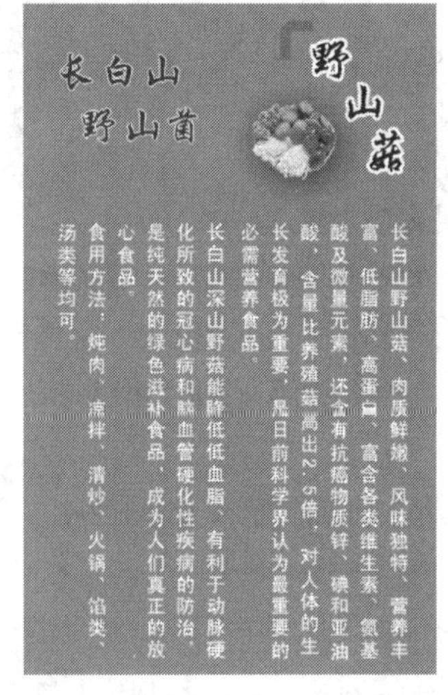

图 9-23　输入的文字及绘制的图形

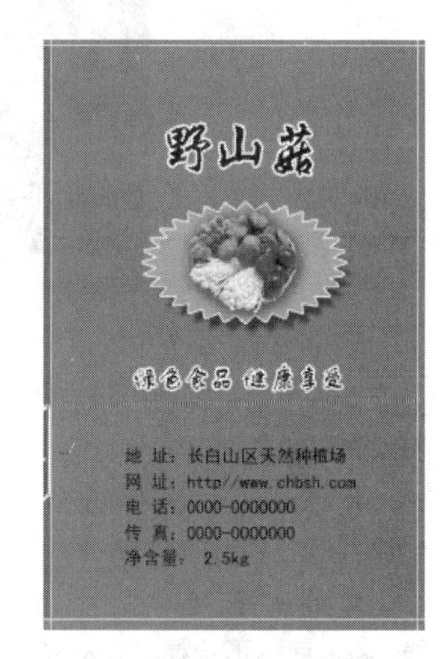

图 9-24　制作的另一侧面效果

7. 继续利用 T 工具及【图层】/【图层样式】/【描边】命令，在顶面位置依次输入如图 9-25 所示的文字，即可完成平面展开图的设计。

图 9-25　输入的文字

8. 按 Ctrl+S 组合键，将此文件保存。

9.1.3　制作包装盒的立体效果

在制作包装盒平面展开图的基础上，下面来制作包装盒的立体效果，如图 9-26 所示。

操作步骤

1. 新建一个【宽度】为“20 厘米”、【高度】为“20 厘米”、【分辨率】为“120 像素/英寸”的白色文件。

2. 确认前景色为黑色，背景色为白色，利用 工具为背景由左上方向右下方拖曳，为其填充由黑色到白色的线形渐变色。

图 9-26　制作的包装盒立体效果

3. 将 9.1.2 小节中完成的“包装盒平面展开图.psd”文件设置为工作状态，然后按 Alt+Shift+Ctrl+E 组合键，复制出一个合并层，然后利用工具根据添加的参考线，将主画面选择并移动复制到新建的文件中。

4. 利用【自由变换】命令，将主画面调整至如图 9-27 所示的透视形态，然后按 Enter 键确认。

5. 再次将“包装盒平面展开图.psd”文件设置为工作状态，然后利用工具根据添加的参考线，将侧面图形选择并移动复制到新建的文件中，并利用【自由变换】命令，将其调整至如图 9-28 所示的透视形态。

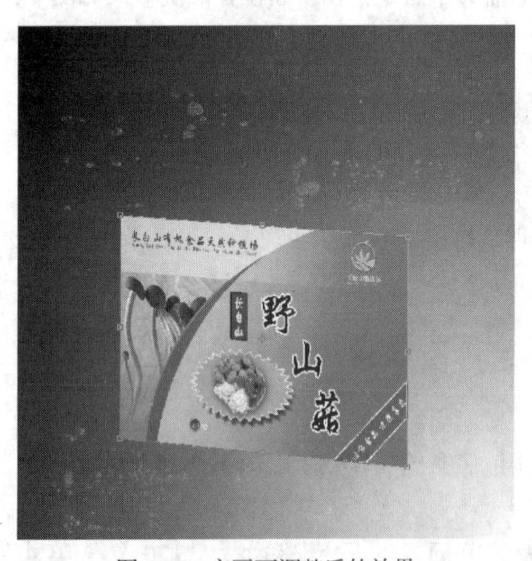

图 9-27　主画面调整后的效果

图 9-28　侧面图形调整后的形态

6. 用与步骤 4 相同的方法，将顶面图形移动复制到新建文件中并进行调整，然后将“图层 3”调整至“图层 1”的下方，效果如图 9-29 所示。

7. 新建“图层 4”，利用工具绘制不规则图形，并为其填充深绿色，如图 9-30 所示。

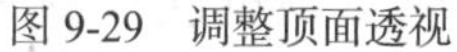

图 9-29　调整顶面透视　　　　图 9-30　绘制的图形

8. 继续利用工具，依次在新建的图层中绘制图形，制作包装盒的穿插效果，如图 9-31 所示。

图 9-31　绘制的图形

9. 选择工具，将“图层 3”设置为工作层，在图形的右侧拖曳鼠标光标，加深此区域，以制作上面图形对此产生的阴影效果，然后用相同的方法，对“图层 7”图形的下方区域进行涂抹，制作的阴影效果如图 9-32 所示。

图 9-32　制作的阴影效果

至此，包装盒的立体效果就制作完成了，下面来制作整体图形的投影效果。

10. 将“图层 1”复制生成“图层 1 副本”层，然后执行【编辑】/【变换】/【垂直翻转】命令，将复制的图像垂直翻转，并利用【自由变换】命令调整至如图 9-33 所示的形态。

11. 单击按钮，为“图层 1 副本”层添加图层蒙版，然后利用工具编辑蒙版，得到如图 9-34 所示的投影效果。

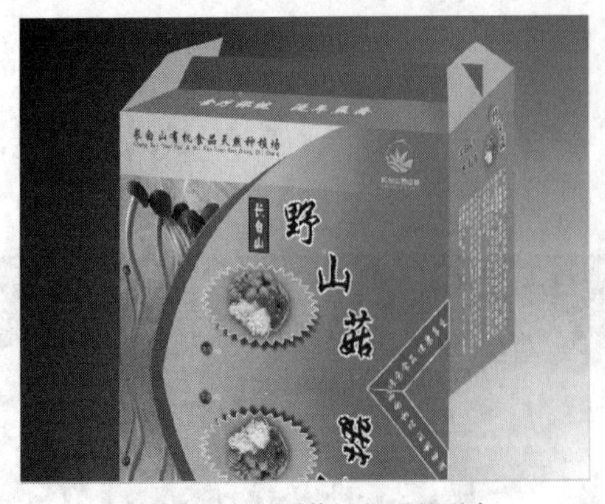

图 9-33　复制图像调整后的形态

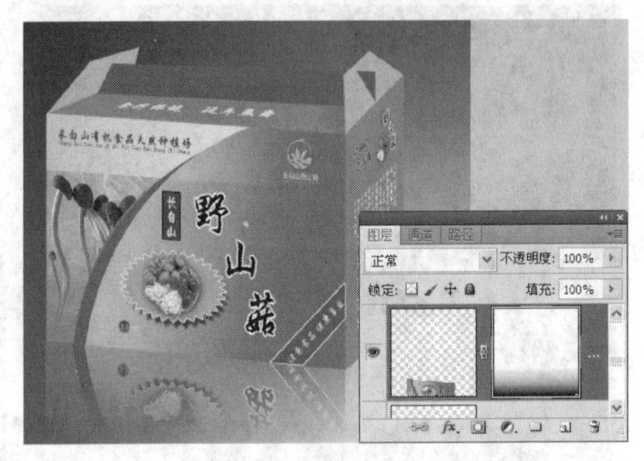

图 9-34　制作的投影效果

12. 用与步骤 10～步骤 11 相同的方法，将侧面图形复制并制作投影效果，即可完成包装盒立体效果的制作。

13. 按 Ctrl+S 组合键，将此文件命名为“包装盒立体效果图.psd”另存。

9.2 制作手提袋效果

用与制作包装盒相同的方法，制作出如图 9-35 所示的手提袋效果。

图 9-35　制作的手提袋效果

操作步骤

1. 新建一个【宽度】为“40 厘米”、【高度】为“13.3 厘米”、【分辨率】为“180 像素/英寸”的白色文件，然后为背景填充绿色。

2. 灵活运用【视图】/【新建参考线】命令，为文件添加参考线，然后利用⬚工具绘制出如图 9-36 所示的黄色图形。

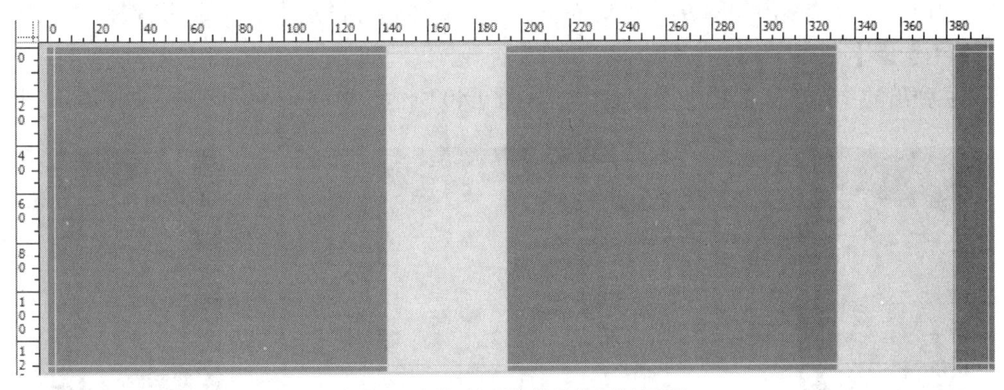

图 9-36　添加的参考线及绘制的图形

3. 用与 9.1 小节中制作包装盒平面展开图相同的方法，制作出如图 9-37 所示的手提袋平面图效果。

4. 按 Ctrl+S 组合键，将此文件命名为“手提袋平面展开图.psd”另存。

图 9-37　制作的手提袋平面图效果

接下来，来制作手提袋的立体效果。

5. 新建一个【宽度】为“28 厘米”、【高度】为“18 厘米”、【分辨率】为“150 像素/英寸”的白色文件，然后为背景填充渐变色。

6. 用与 9.1.3 小节中制作包装盒的方法，将手提袋平面展开图中的正面和侧面图形分别移动复制到新建文件中，并调整至如图 9-38 所示的形态。

图 9-38　调整的透视形态

7. 利用工具绘制出如图 9-39 所示的选区，然后单击【图层】下方的按钮，在弹出的命令菜单中选择【亮度/对比度】命令。

8. 在弹出的【调整】面板中设置参数，如图 9-40 所示，调整亮度后的效果如图 9-41 所示。

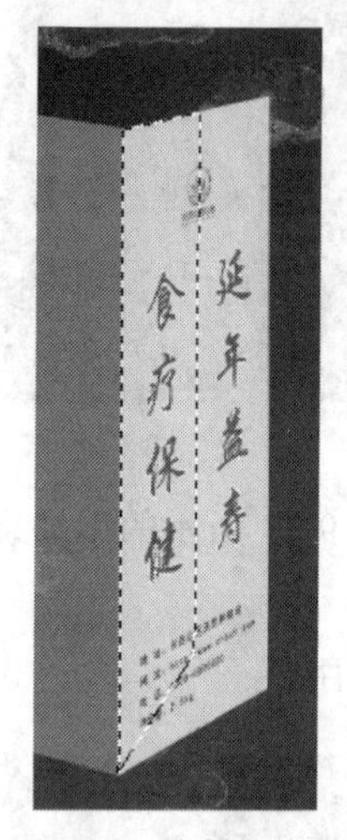

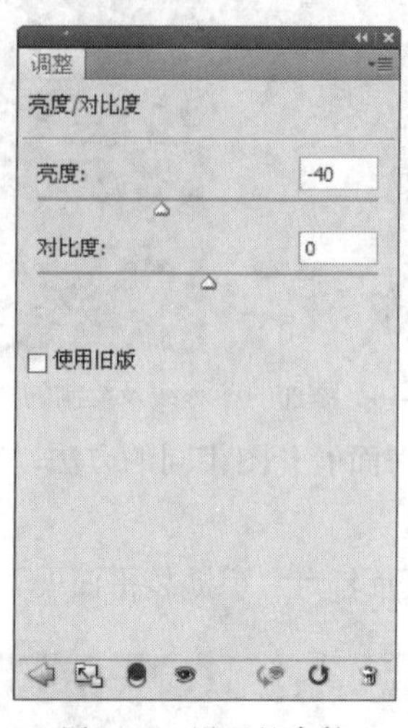

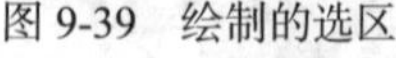

图 9-39　绘制的选区　　图 9-40　设置的参数　　图 9-41　调整后的效果

9. 单击“图层 2”将其设置为工作层，然后继续利用工具绘制出如图 9-42 所示的选区，并为其添加【亮度/对比度】调整层。

10. 在【调整】面板中将【亮度】的参数设置为“-20”，效果如图 9-43 所示。

11. 在【图层】面板中复制“图层 1”为“图层 1 副本”，然后将其调整至“图层 1”的下方，并将“图层 1”隐藏。

12. 将复制出的图像向后移动位置，然后利用工具选取上方的白点图形并向上移动位置，如图 9-44 所示。

图 9-42　绘制的选区　　图 9-43　调整亮度后的效果　　图 9-44　编辑后的效果

13. 显示“图层 1”，然后利用工具绘制出如图 9-45 所示选区，并按 Delete 键将其删除。

14. 按住 Ctrl 键单击“图层 1 副本”的图层缩览图加载选区，然后单击按钮，在弹出的命令菜单中选择【亮度/对比度】命令。

15. 在【调整】面板中将【亮度】的参数设置为“-20”，效果如图 9-46 所示。

图 9-45　绘制的选区

图 9-46　调整亮度后的效果

16. 新建“图层 3”，利用工具绘制出另一侧的图形，如图 9-47 所示。

17. 在所有图层的上方新建“图层 4”，然后利用工具、工具和工具及路径的描绘功能，制作出如图 9-48 所示的绳子提手效果。

图 9-47　绘制的另一侧图形

图 9-48　制作的绳子提手效果

18. 至此，手提袋效果制作完成，然后用与 9.1.3 小节中制作包装盒投影相同的方法，制作出手提袋的投影效果，如图 9-35 所示。

19. 按 Ctrl+S 组合键，将此文件命名为“手提袋立体效果图.psd”另存。

9.3 课堂实训

包装的范围很大，除了前面设计的纸质包装盒和手提袋外，还包括容器类的包装、塑料袋包装、化妆品包装以及各类容器的标贴等，另外，有关书籍装帧的工作也属于包装设计。下面就来为书籍设计一个光盘并为奶茶包装设计一个标贴。

9.3.1 光盘设计

本节来介绍光盘的设计方法，制作的光盘效果如图 9-49 所示。

图 9-49　制作的光盘效果

操作步骤

1. 新建一个【宽度】为“11.8 厘米”、【高度】为“11.8 厘米”、【分辨率】为“300 像素/英寸”、【颜色模式】为“CMYK 颜色”、【背景内容】为“透明”的文件。

2. 按 Ctrl+R 组合键将标尺显示在画面中，然后按住 Shift 键依次在水平和垂直 5.9 厘米处添加参考线。

3. 将前景色设置为白色，选择工具，并激活属性栏中的按钮，然后将鼠标光标放置到参考线的交点位置，按下鼠标左键并拖曳，在没释放鼠标左键之前按住 Shift+Alt 组合键，以中心向四周扩散绘制出如图 9-50 所示的圆形。

4. 激活属性栏中的按钮，然后用与步骤 3 相同的方法绘制圆形，两个圆形相减后生成的效果如图 9-51 所示。

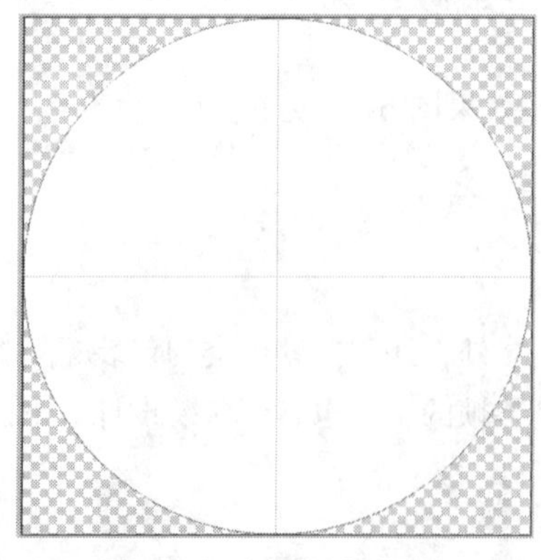

图 9-50　绘制的圆形图形

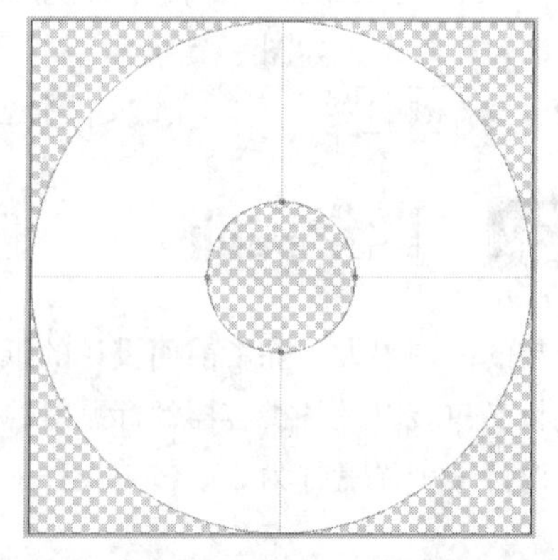

图 9-51　修剪后的效果

5. 激活属性栏中的按钮，继续用与步骤 3 相同的方法绘制圆形，效果如图 9-52 所示。

6. 再次激活属性栏中的按钮，并再次绘制圆形，效果如图 9-53 所示。

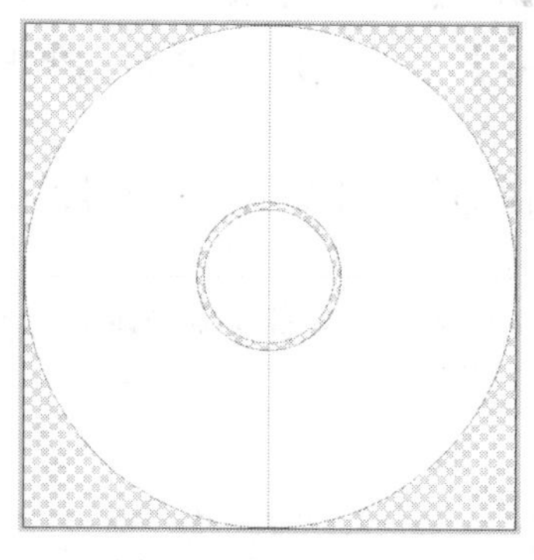

图 9-52　绘制的圆形

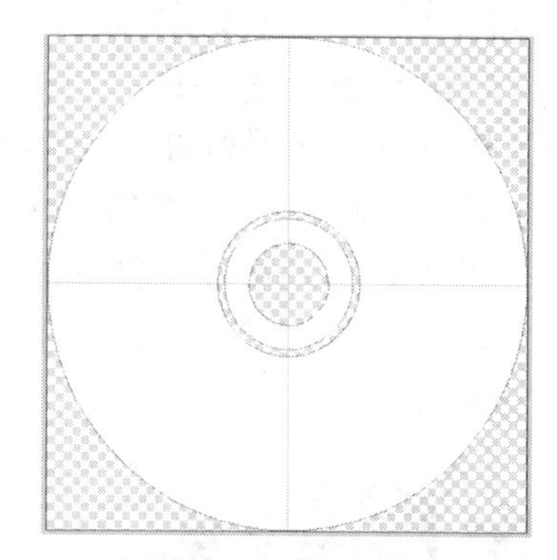

图 9-53　修剪后的效果

在绘制以上圆形时，如果没按照步骤 3 中以中心向四周扩散的方法绘制，绘制后可利用工具将圆形同时选择，并依次单击属性栏中的和按钮，将选中的圆形以中心对齐即可。

7. 将素材文件中“图库\第 09 章”目录下名为“底纹.jpg”的文件打开，然后利用工具选择如图 9-54 所示的图像。

8. 执行【图层】/【创建剪贴蒙版】命令，用“形状 1”中的图形显示“图层 1”中的内容，效果如图 9-55 所示。

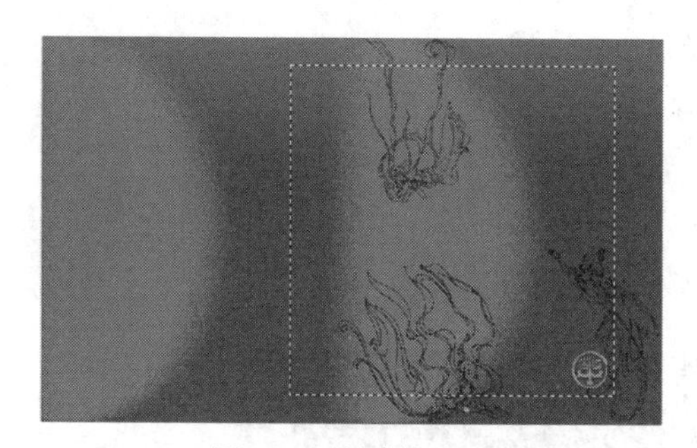

图 9-54　创建的选区

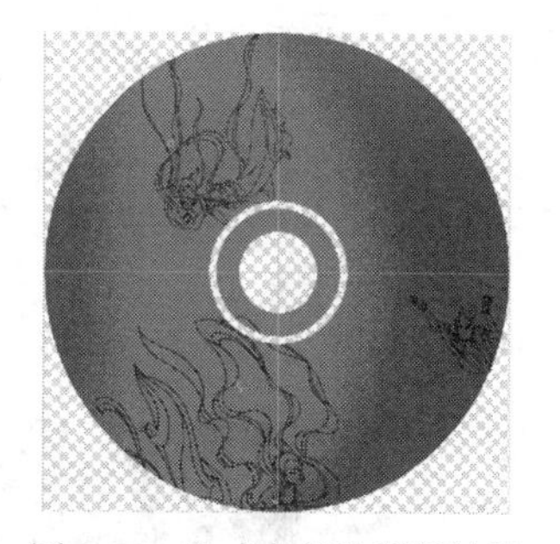

图 9-55　生成的剪贴蒙版效果

9. 打开素材文件中“图库\第 09 章”目录下名为“油画.jpg”的文件，然后利用工具选择如图 9-56 所示的图像，并将其移动复制到新建文件中，调整至如图 9-57 所示的形态。

图 9-56　选择的图像

图 9-57　调整后的形态

10. 执行【图层】/【图层样式】/【描边】命令，为图形以【外部】的形式描绘【大小】为“15 像素”的白色边缘，然后执行【图层】/【创建剪贴蒙版】命令，用“形状 1”中的图形显示“图层 2”中的内容，效果如图 9-58 所示。

11. 打开素材文件中“图库\第 09 章”目录下名为“图章.psd”的文件，然后将其移动复制到新建文件中并调整至合适的大小及位置。

12. 利用【图层样式】命令，为图章添加如图 9-59 所示的效果，具体参数可参见作品，读者也可自行设置。

图 9-58 生成的剪贴蒙版效果

图 9-59 添加图层样式后的效果

灵活运用 T 工具在光盘面上依次添加相应的文字，即可完成光盘的设计。

13. 按 Ctrl+S 组合键，将此文件命名为“光盘.psd”保存。

9.3.2 制作包装贴

本节来介绍奶茶包装贴的设计方法，制作的效果如图 9-60 所示。

图 9-60 制作的包装贴效果

操作步骤

1. 新建一个【宽度】为“20 厘米”、【高度】为“15 厘米”、【分辨率】为“200 像素/英寸”、

【颜色模式】为“CMYK 颜色”的白色文件，为背景填充黑色。

2. 灵活运用【视图】/【新建参考线】命令，为文件添加参考线，然后利用工具在新建的“图层 1”中绘制出如图 9-61 所示的白色图形。

3. 执行【图层】/【图层样式】/【渐变叠加】命令，在弹出的【图层样式】对话框中设置各项参数，如图 9-62 所示，然后单击 确定 按钮，为白色图形叠加渐变色。

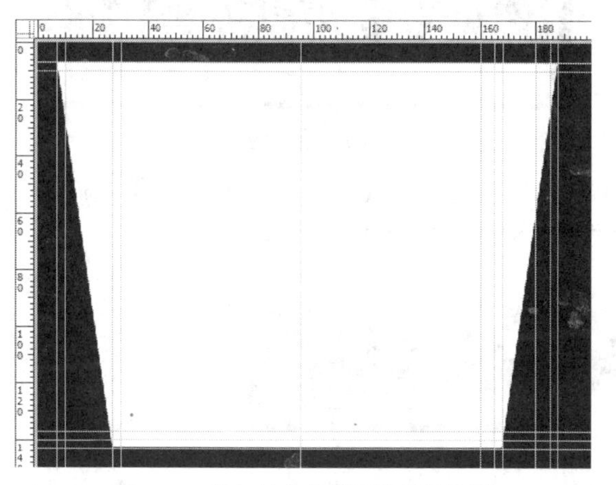

图 9-61　添加的参考线及绘制的图形

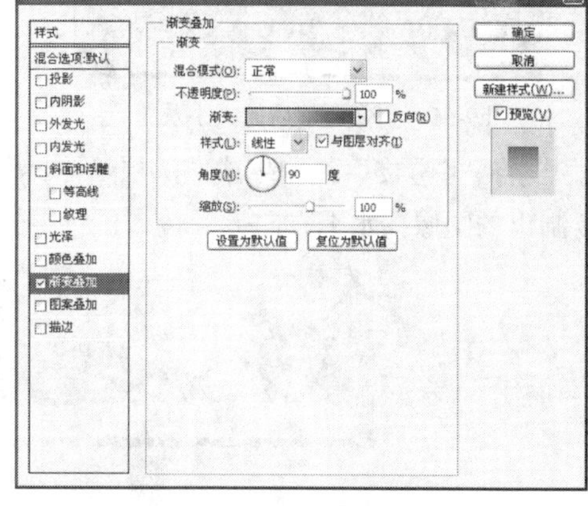

图 9-62　设置的渐变叠加颜色

4. 新建“图层 2”，利用工具，根据下方图形绘制出如图 9-63 所示的白色图形。

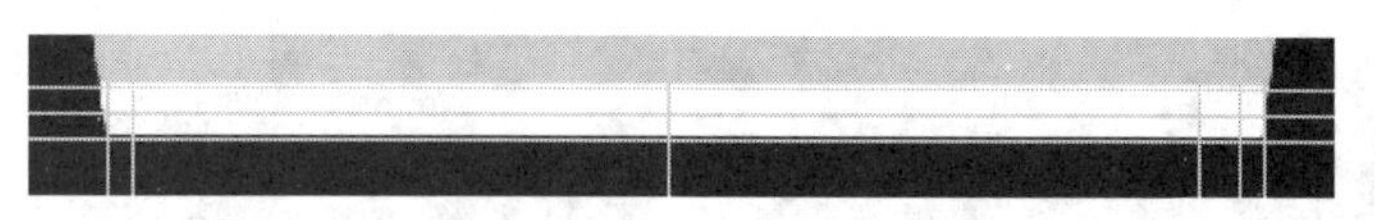

图 9-63　绘制的白色图形

5. 新建“图层 3”，利用工具和工具依次绘制并调整出如图 9-64 所示的钢笔路径，然后将其转换为选区。

6. 为选区填充白色，然后在【图层】面板中将“图层 3”的【不透明度】参数设置为“30%”，降低不透明度后的图像效果如图 9-65 所示。

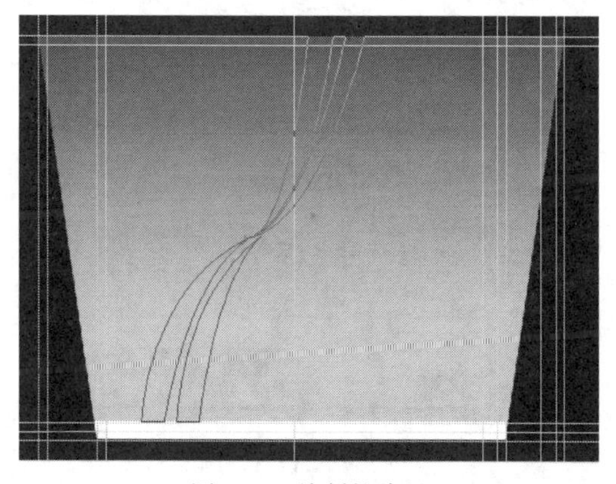

图 9-64　绘制的路径

图 9-65　填充颜色后的效果

7. 将素材文件中“图库\第 09 章”目录下名为“矢量人物.psd”的文件打开，然后将其移动复制到新建文件中，生成“图层 4”，再将其调整至合适的大小后放置到如图 9-66 所示的位置。

8. 新建“图层 5”，利用工具绘制出如图 9-67 所示的红色图形。

图 9-66　图像调整后的大小及位置

图 9-67　绘制的图形

9. 将“图层 5”复制生成“图层 5 副本”，然后执行【编辑】/【变换】/【水平翻转】命令，将复制出的图像在水平方向上翻转，再将翻转后的图像移动至如图 9-68 所示的位置。

图 9-68　复制图形调整后的位置

10. 新建“图层 6”，用与步骤 8～步骤 9 相同的方法，在画面的下方位置绘制出如图 9-69 所示的紫色图形。

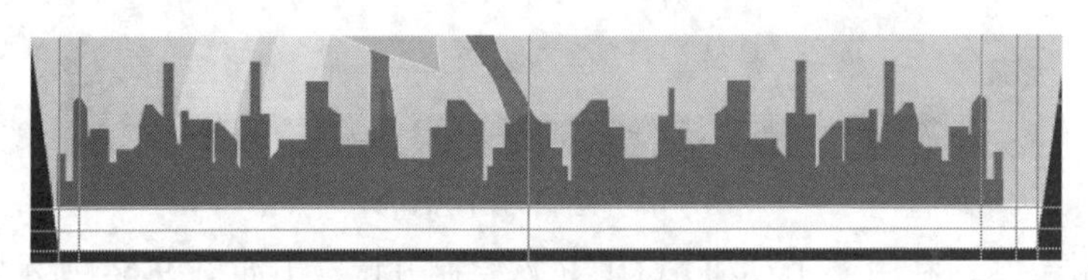

图 9-69　绘制并复制出的图形

11. 新建“图层 7”，利用工具根据图形的边缘绘制出如图 9-70 所示的白色图形。

12. 新建“图层 8”，选择工具，按住 Shift 键绘制白色圆形。然后利用【图层】/【图层样式】/【渐变叠加】命令，为其叠加如图 9-71 所示的渐变色。

图 9-70　绘制的图形

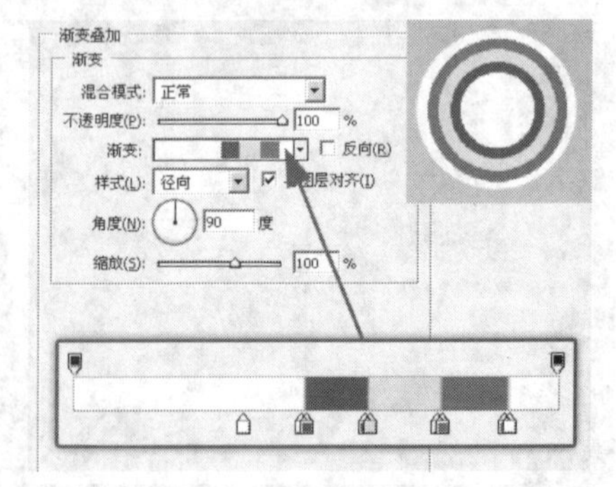

图 9-71　设置的渐变色

13. 新建“图层 9”，然后按 Ctrl+E 组合键，将“图层 9”向下合并为“图层 8”。

此处新建图层后向下合并，是为了将“图层 8”转换为普通层。否则，在下面的移动复制并缩放图形的过程中，“图层 8”中的图层样式将发生变化。

14. 按住 Ctrl 键，单击"图层 8"的图层缩览图，将其作为选区载入，然后用移动复制图形及以中心等比例缩小图形的方法，依次复制圆形，去除选区后的效果如图 9-72 所示。

图 9-72　复制出的图形

提示

在复制圆形时，要按照从大到小的原则，确保每个圆形不放大调整只作缩小处理，否则图像的品质会下降。

15. 利用 T 工具输入如图 9-73 所示的黑色文字，然后分别将后面的 3 个文字选中，利用【字符】面板将文字设置为不同的大小及位置。

16. 利用【图层样式】命令为文字添加【渐变叠加】、【描边】和【投影】效果，如图 9-74 所示。

图 9-73　输入的文字

图 9-74　添加图层样式后的效果

17. 选择 工具，激活属性栏中的 按钮，然后依次在文字上的空白区域处单击，添加选区，如图 9-75 所示。

18. 新建"图层 9"，并将其调整至文字层的下方，然后为选区填充白色，效果如图 9-76 所示。

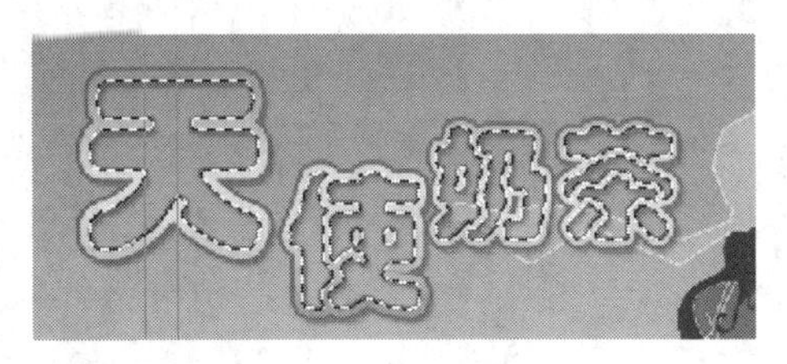

图 9-75　创建的选区

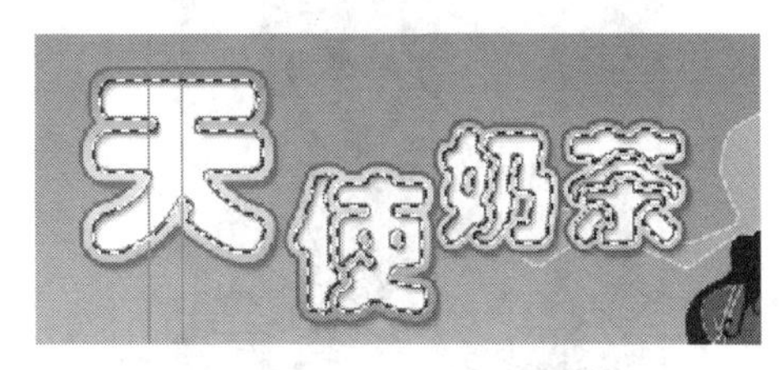

图 9-76　填充白色后的效果

19. 新建“图层 10”，利用工具及移动复制图形和缩小图形的方法，依次绘制并复制出如图 9-77 所示的白色圆形。

20. 利用工具输入“草莓味”3 个字，然后分别为其添加【渐变叠加】和【描边】样式，效果如图 9-78 所示。

图 9-77　复制出的圆形图形

图 9-78　输入的文字

21. 单击属性栏中的按钮，弹出【变形文字】对话框，设置各选项及参数，如图 9-79 所示，然后单击 确定 按钮。

22. 按 Ctrl+T 组合键，为文字添加自由变换框，然后将其旋转至合适的角度后放置到如图 9-80 所示的位置。

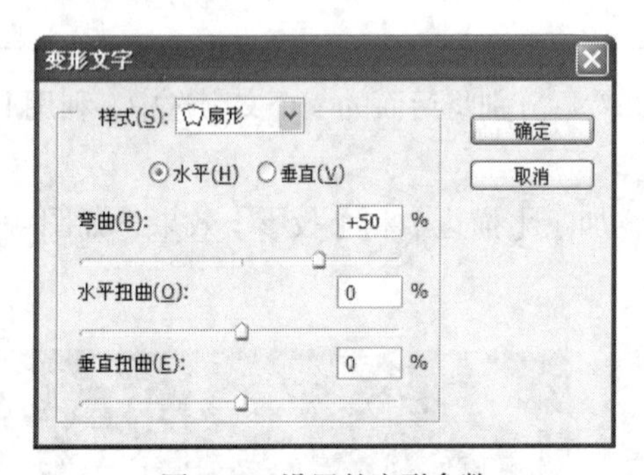

图 9-79　设置的变形参数

图 9-80　调整后的形态及位置

23. 将素材文件中“图库\第 09 章”目录下名为“康乐儿标志.psd”的文件打开，然后将其移动复制到新建文件中，生成“图层 11”，并将其调整至合适的大小后放置到画面的左上角位置。

24. 利用【图层样式】命令依次为其添加【投影】、【内发光】和【描边】样式，效果如图 9-81 所示。

25. 利用工具和【自由变换】命令，在画面中依次输入并调整出如图 9-82 所示的白色文字和英文字母。其中英文字母所在层的【不透明度】参数为“40%”。

图 9-81　添加的图层样式

图 9-82　输入的文字

26．新建“图层 12”，并将前景色设置为洋红色。

27．选择工具，并激活属性栏中的按钮，然后在画面中绘制一个圆角矩形，并为其描绘宽度为“4 px”的白色边缘，效果如图 9-83 所示。

28．新建“图层 13”，利用工具在圆角矩形上绘制一条白色直线，然后利用工具依次输入如图 9-84 所示的白色文字。

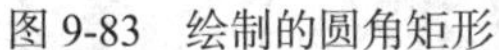

图 9-83　绘制的圆角矩形

图 9-84　绘制的直线及输入的文字

29．依次新建“图层 14”、“图层 15”和“图层 16”，然后利用工具、工具、工具和复制图层操作，分别在画面的右侧绘制出如图 9-85 所示的图形。

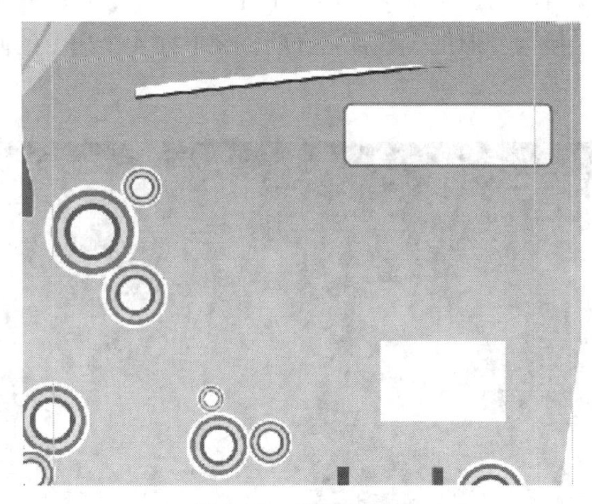

图 9-85　绘制的图形

30．将素材文件中“图库\第 09 章”目录下名为“卫生标志.psd”的文件打开。

31．将“卫生标志”图片移动复制到新建文件中，锁定透明像素后为其填充白色，然后调整至合适的大小后放置到白色矩形的左侧。

32．选择工具，在画面中依次输入如图 9-86 所示的黑色和白色文字。

33．新建“图层 18”，然后利用工具根据添加的参考线绘制出黑色裁切线。

34．至此，奶茶包装的平面展开图已经设计完成，按 Ctrl+S 组合键，将此文件命名为“天使奶茶 01.psd”保存。

由于奶茶的成品为纸桶效果，因此，包装的平面展开图应为弧形效果，下面利用【编辑】/【自由变换】命令，将设计的包装平面展开图调整为弧形。

35．将“背景层”隐藏，再按 Shift+Ctrl+E 组合键，将所有可见图层合并，然后将“背景层”显示。

图 9-86　输入的文字

36. 执行【编辑】/【自由变换】命令，为合并后的图像添加自由变换框，再单击属性栏中的按钮，将自由变换框转换为变形框，然后通过调整变形框 4 个角上的调节点，将平面展开图调整至如图 9-87 所示的形态。

图 9-87　调整的图形形态

37. 按 Enter 键确认图像的变形操作，然后按 Shift+Ctrl+S 组合键，将此文件命名为“天使奶茶 02.psd”另存。

9.4 课后练习

1. 综合运用各种工具及菜单命令设计月饼包装，其平面展开图及立体效果图如图 9-88 所示。用到的素材图片为“图库\第 09 章”目录下名为“故宫.jpg”、“图案.psd”、“小孩.psd”和“花纹和祥云.psd”的文件。

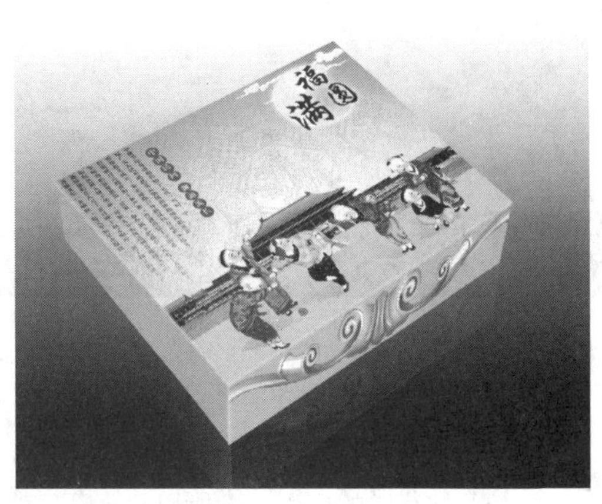

图 9-88　月饼盒包装的平面展开图及立体效果图

2. 综合运用各种工具及菜单命令设计茶叶包装，其平面展开图及立体效果图如图 9-89 所示。用到的素材图片为“图库\第 09 章”目录下名为“树及远山.jpg”、“文字.psd”、“茶具.psd”、“热气效果.psd”、“茶叶.psd”和“标志.psd”的文件。

图 9-89　茶叶包装的平面展开图及立体效果图

第10章 网站及网页广告设计

随着网络技术的发展，网络已经应用到千家万户，登录各大网站后看到最多的可能就是各种花样的广告了，所以众多商家都通过网络这一快速有效地媒体来宣传企业形象或商品。本章将以设计综合的网站主页及单独的网页广告为例，来详细介绍制作综合网站的方法。通过本章的学习，读者可以掌握网站的设计方法。

10.1 设计网站主页

读者在查找网页时，往往看到第一页，就能对所浏览的站点有一个整体的感觉，而是否能够促使浏览者继续点击进入，是否能够吸引浏览者留在站点上继续查看，要全凭网站主页。因此主页的设计和制作是一个网站成功与否的关键。

本节来设计“美华”酒店的网站主页，如图 10-1 所示。

图 10-1　设计的酒店网站主页

操作步骤

1. 将素材文件中“图库\第 10 章”目录下名为“客厅.jpg”的文件打开。

2. 将背景色设置为黑色，然后执行【图像】/【画布大小】命令，在弹出的【画布大小】对话框中设置参数，如图 10-2 所示。

3. 单击 确定 按钮，调整后的画布形态如图 10-3 所示。

图 10-2 【画布大小】对话框

图 10-3　调整后的画布形态

4. 新建“图层 1”，利用工具，绘制出如图 10-4 所示的矩形选区，然后为其填充上黑色。

5. 将“图层 1”的【不透明度】参数设置为“70%”，降低不透明度后的图形效果如图 10-5 所示，然后按 Ctrl+D 组合键，将选区去除。

图 10-4　绘制的矩形选区

图 10-5　降低不透明度后的图形效果

6. 新建“图层 2”，利用工具绘制出如图 10-6 所示的矩形选区，然后为其填充上浅褐色（R:140,G:100,B:30）。

图 10-6　绘制的矩形选区

7. 将“图层 2”的【不透明度】参数设置为“70%”，降低不透明度后的图形效果如图 10-7 所示，然后按 Ctrl+D 组合键，将选区去除。

图 10-7　降低不透明度后的图形效果

8. 新建“图层 3”，用与步骤 4～步骤 5 相同的方法，绘制出如图 10-8 所示的暗褐色（R:45,G:30,B:0）矩形，然后按 Ctrl+D 组合键，将选区去除。

图 10-8　绘制的矩形

9. 新建“图层 4”，然后将前景色设置为白色。

10. 选择工具，激活属性栏中的按钮，并将【粗细】的参数设置为“2 px”，然后按住 Shift 键，依次绘制出如图 10-9 所示的直线。

图 10-9　绘制的直线

11. 新建“图层 5”，利用工具，在画面的下方位置绘制出如图 10-10 所示的矩形选区，然后为其填充上黑色。

图 10-10　绘制的矩形

12. 将“图层 5”的【不透明度】参数设置为“30%”，降低不透明度后的图形效果如图 10-11 所示，然后按Ctrl+D组合键，将选区去除。

图 10-11　降低不透明度后的图形效果

13. 利用T工具，依次输入如图 10-12 所示的白色和黑色文字。

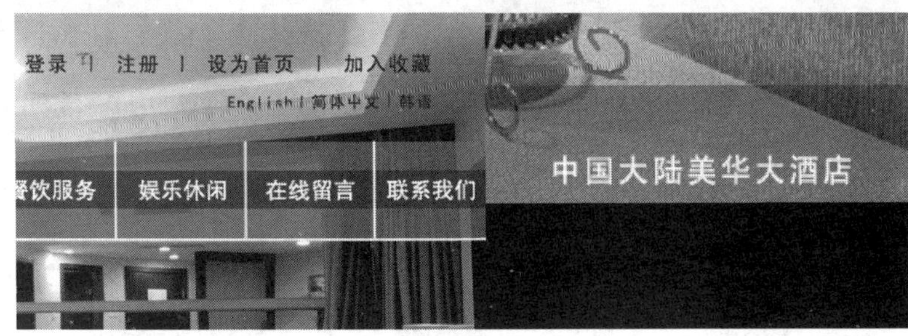

图 10-12　输入的文字

14. 新建“图层 6”，然后将前景色设置为白色。

15. 选择工具，激活属性栏中的按钮，并单击属性栏中【形状】选项右侧的按钮，在弹出的【自定形状】面板中单击右上角的按钮。

16. 在弹出的下拉菜单中选择【全部】命令，然后在弹出的【Adobe Photoshop】询问面板中单击确定按钮，用“全部”的形状图形替换【自定形状】面板中的形状图形。

17. 拖动【自定形状】面板右侧的滑块，选择如图 10-13 所示的“三角形”形状图形，然后按住Shift键，在画面中绘制出如图 10-14 所示的三角形。

图 10-13 【自定形状】面板

图 10-14　绘制的图形

18. 执行【编辑】/【变换】/【旋转 90 度（逆时针）】命令，将三角形图形逆时针旋转。

19. 按住Ctrl键，单击"图层 6"左侧的图层缩览图添加选区，然后选择工具，按住Alt键，将鼠标光标放置到选区内，按住鼠标左键并向右拖曳，移动复制三角形，复制出的图形如图 10-15 所示。

20. 执行【编辑】/【变换】/【水平翻转】命令，将复制出的三角形图形水平翻转，然后按Ctrl+D组合键，将选区去除。

21. 利用工具，依次绘制出如图 10-16 所示的白色矩形。

图 10-15　复制出的图形

图 10-16　绘制的图形

22. 选择T工具，在画面中依次输入如图 10-17 所示的深黄色（R:255,G:168）和白色文字。

图 10-17　输入的文字

23. 将白色文字所在的图层设置为当前层，然后执行【图层】/【图层样式】/【投影】命令，在弹出的【图层样式】对话框中设置参数，如图 10-18 所示。

24. 单击 确定 按钮，添加投影样式后的文字效果如图 10-19 所示。

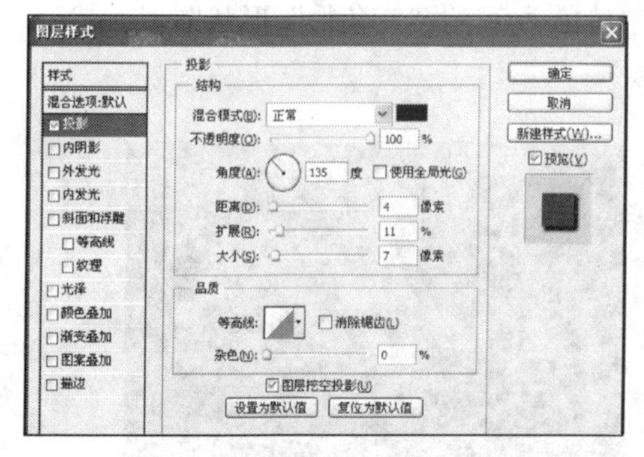

图 10-18 【图层样式】对话框

图 10-19　添加投影样式后的文字效果

25. 将素材文件中“图库\第 10 章”目录下名为“美食.jpg”的文件打开，然后将其移动复制到新建文件中生成“图层 7”。

26. 按 Ctrl+T 组合键，为“图层 7”中的图片添加自由变换框，并将其调整至如图 10-20 所示的形态，然后按 Enter 键，确认图片的变换操作。

27. 执行【图层】/【图层样式】/【描边】命令，在弹出的【图层样式】对话框中设置参数，如图 10-21 所示。

图 10-20　调整后的图片形态

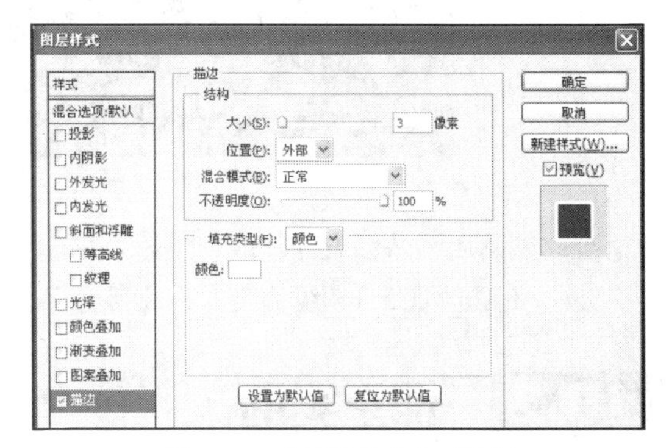

图 10-21 【图层样式】对话框

28. 单击 确定 按钮，添加描边样式后的图像效果如图 10-22 所示。

29. 将素材文件中“图库\第 10 章”目录下名为“游泳池.jpg”的文件打开，并将其移动复制到新建文件中生成“图层 8”，然后用与步骤 26～步骤 28 相同的方法，制作出如图 10-23 所示的图像效果。

图 10-22　添加描边样式后的图像效果

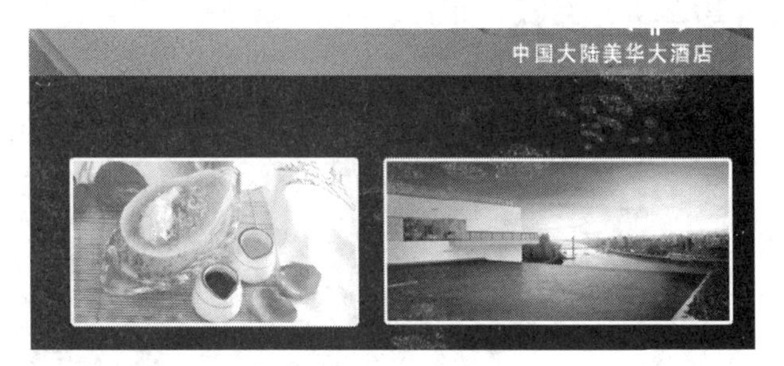

图 10-23　制作出的图像效果

30. 新建“图层 9”，利用工具，绘制出如图 10-24 所示的矩形，并为其填充上沙黄色（R:218,G:165,B:120），然后按 Ctrl+D 组合键，将选区去除。

31. 选择工具，激活属性栏中的按钮，并将【粗细】的参数设置为“2 px”，然后按住 Shift 键，绘制出如图 10-25 所示的沙黄色（R:218,G:165,B:120）直线。

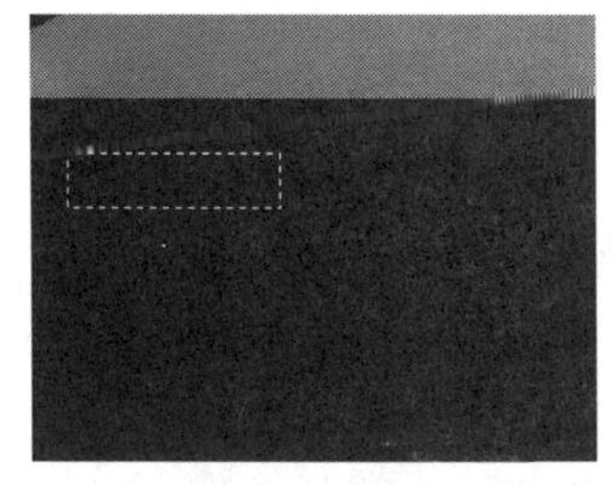

图 10-24　绘制的矩形选区

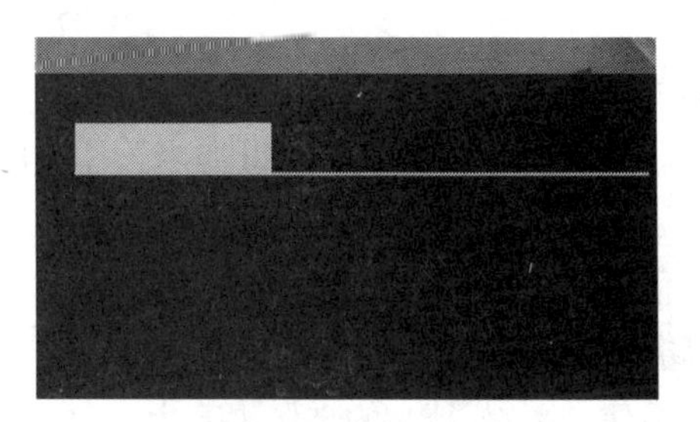

图 10-25　绘制的直线

32. 利用 T 工具，依次输入如图 10-26 所示的文字。

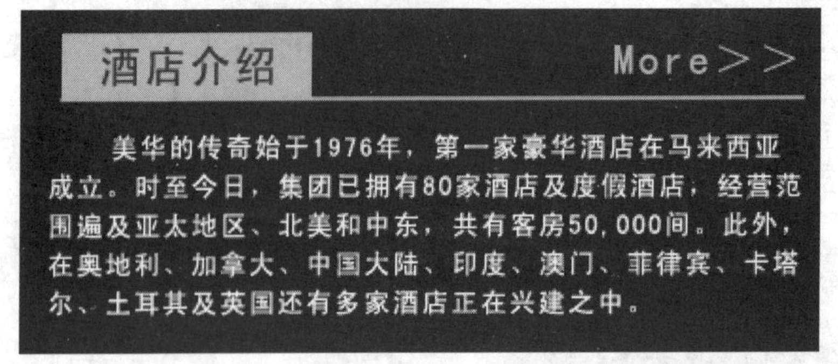

图 10-26 输入的文字

至此，酒店网站已设计完成，整体效果如图 10-1 所示。

33. 按 Shift+Ctrl+S 组合键，将文件命名为“酒店网站设计.psd”另存。

10.2 课堂实训

包装的范围很大，除了前面设计的纸质包装盒和手提袋外，还包括容器类的包装、塑料袋包装、化妆品包装以及各类容器的标贴等。另外，有关书籍装帧的工作也属于包装设计。本节以美食广告和淘宝广告为例，对其在网络广告宣传中的样式进行设计。

10.2.1 美食广告设计

本节来介绍网站中推广的美食广告，如图 10-27 所示。

图 10-27 设计的美食广告

操作步骤

1. 新建一个【宽度】为“20 厘米”、【高度】为“10 厘米”、【分辨率】为“200 像素/英寸”的白色文件，然后为背景层填充上酒绿色（R:165,G:195,B:30）。

2. 利用 工具和 工具，绘制并调整出如图 10-28 所示的钢笔路径，然后按 Ctrl+Enter 组合键，将路径转换为选区。

3. 新建“图层 1”，为选区填充上白色，然后按 Ctrl+D 组合键，将选区去除。

4. 继续利用工具和工具，绘制并调整出如图 10-29 所示的钢笔路径，然后按 Ctrl+Enter 组合键，将路径转换为选区。

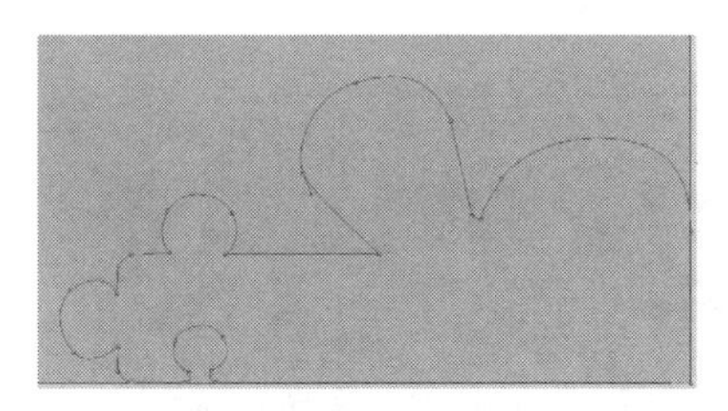
图 10-28　绘制的路径

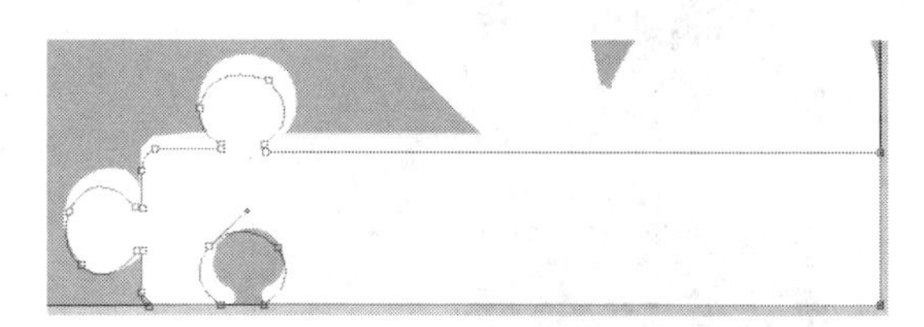
图 10-29　绘制的路径

5. 新建“图层 2”，为选区填充上绿色（R:0,G:140,B:35），然后按 Ctrl+D 组合键，将选区去除。

6. 打开素材文件中“图库\第 10 章”目录下名为“牛肉饭.jpg”的文件，并将其移动复制到新建的文件中，放置到如图 10-30 所示的位置。

7. 执行【图层】/【创建剪贴蒙版】命令，使用“图层 2”层中的内容覆盖“图层 3”中的内容，然后将“图层 3”的图层混合模式设置为“变暗”，更改混合模式后的效果如图 10-31 所示。

图 10-30　图片放置的位置

图 10-31　更改混合模式后的效果

8. 打开素材文件中“图库\第 10 章”目录下名为“牛肉饭 01.jpg”的文件，然后将其移动复制到新建的文件中生成“图层 4”，并将其放置到画面的右下角位置。

9. 利用工具和工具，沿碗的边缘绘制并调整出如图 10-32 所示的钢笔路径，然后按 Ctrl+Enter 组合键，将路径转换为选区。

10. 按 Delete 键，删除选择的内容，效果如图 10-33 所示，然后按 Ctrl+D 组合键，将选区去除。

11. 按 Ctrl+T 组合键，为“图层 4”中的内容添加自由变换框，然后将其调整至如图 10-34 所示的形态，按 Enter 键，确认图形的变换操作。

图 10-32　绘制的路径

图 10-33　删除后的效果

图 10-34　调整后的图片形态

12. 打开素材文件中“图库\第 10 章”目录下名为“可乐.psd”文件，然后将其移动复制到新建的文件中生成“图层 5”，调整大小后放置到如图 10-35 所示的位置。

13. 利用T工具，输入如图 10-36 所示的红色（R:230,G:5,B:10）文字。

图 10-35 图像放置的位置

图 10-36 输入的文字

14. 执行【图层】/【图层样式】/【投影】命令，在弹出的【图层样式】对话框中设置参数，如图 10-37 所示。

15. 单击 确定 按钮，添加投影样式后的文字效果如图 10-38 所示。

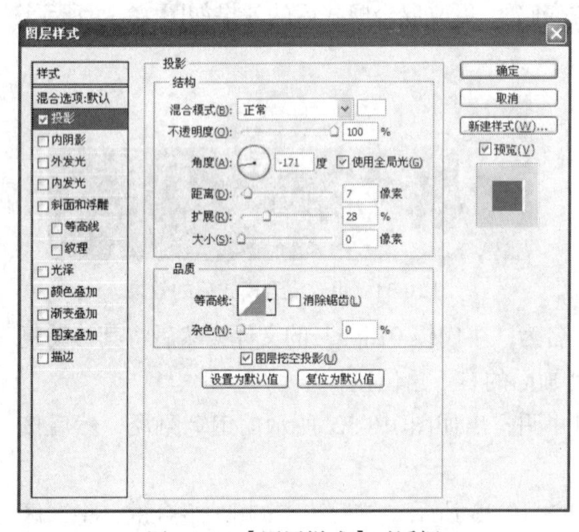

图 10-37 【图层样式】对话框

图 10-38 添加投影样式后的效果

16. 利用T工具再输入如图 10-39 所示的绿色（R:15,G:115,B:35）文字。

17. 按 Ctrl+T 组合键，为文字添加自由变换框，然后将其调整至如图 10-40 所示的形态，按 Enter 键，确认文字的变换操作。

18. 继续利用T工具，输入如图 10-41 所示的紫色（R:123,G: 5,B:153）文字。

图 10-39 输入的文字

图 10-40 调整后的文字形态

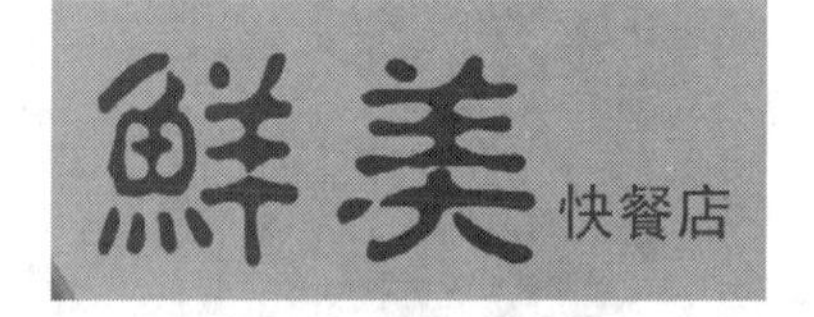

图 10-41 输入的文字

19. 执行【图层】/【栅格化】/【文字】命令，将文字层转换为普通层，然后按住 Ctrl 键，单击文字的图层缩览图添加选区。

20. 选择工具，激活属性栏中的按钮，然后在“快餐店”文字周围绘制选区与原选区进行相减，相减后的选区形态如图 10-42 所示，即只为“鲜美”两个字添加选区。

21. 将前景色设置为黑色，背景色设置为紫色（R:123,G:5,B:153）。

22. 选择工具，在选区内由左上至右下拖曳鼠标光标，为文字填充线性渐变色，效果如图 10-43 所示，然后按 Ctrl+D 组合键，将选区去除。

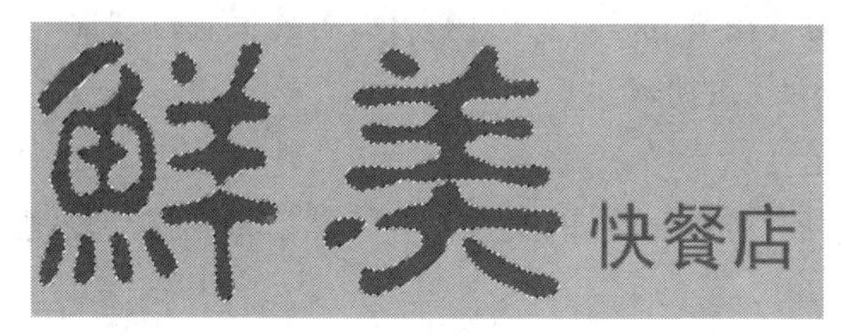

图 10-42　相减后的选区形态

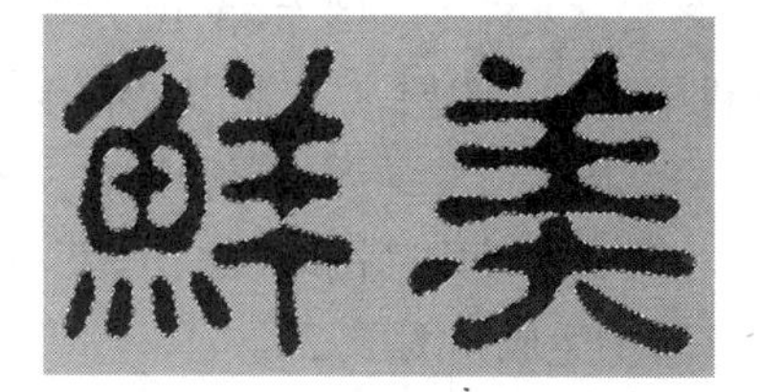

图 10-43　填充渐变色后的效果

23. 利用工具，绘制矩形选区将“美”字选中，然后将其移动至如图 10-44 所示的位置。

24. 用与步骤 23 相同的方法，将“快餐店”3 字移动至如图 10-45 所示的位置。

图 10-44　文字放置的位置

图 10-45　文字放置的位置

至此，美食广告设计完成，整体效果如图 10-27 所示。

25. 按 Ctrl+S 组合键，将文件命名为“美食广告设计.psd”另存。

10.2.2　淘宝广告设计

本节来介绍网站中的淘宝广告，效果如图 10-46 所示。

图 10-46　设计的淘宝广告

操作步骤

1. 新建一个【宽度】为“20 厘米”、【高度】为“20 厘米”、【分辨率】为“150 像素/英寸”的白色文件，然后为背景层填充上灰色（R:200,G:200,B:200）。

2. 将素材文件中“图库\第 10 章”目录下名为“花瓣.jpg”的文件打开，并将其移动复制到新建文件中生成“图层 1”，将其调整至如图 10-47 所示的形态。

3. 将“图层 1”的图层混合模式设置为“柔光”。

4. 将素材文件中“图库\第 10 章”目录下名为“美女.jpg”的文件打开，然后将其移动复制到新建文件中生成“图层 2”。

5. 按 Ctrl+T 组合键，为“图层 2”中的图像添加自由变换框，并将其调整至如图 10-48 所示的形态，然后按 Enter 键，确认图像的变换操作。

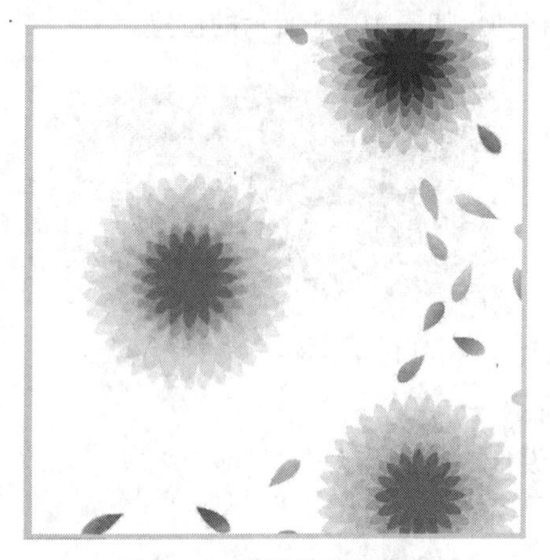

图 10-47　图片放置的位置

图 10-48　调整后的图像形态

6. 利用工具将图像中的白色背景去除，然后按 Ctrl+D 组合键，去除选区。

7. 利用 T 工具，依次输入如图 10-49 所示的黑色文字。

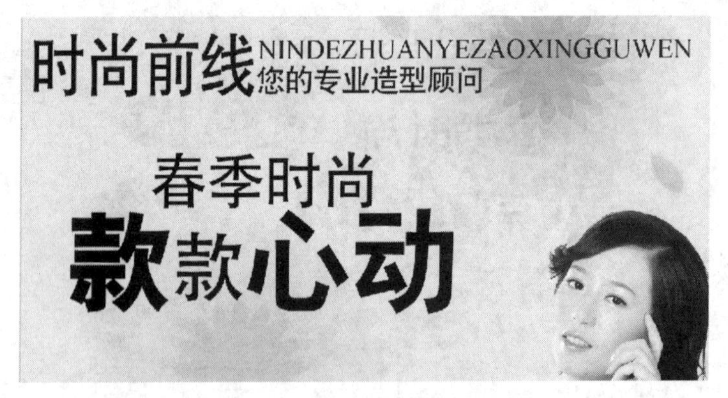

图 10-49　输入的文字

8. 将“时尚前线”文字层设置为当前层，然后执行【图层】/【栅格化】/【文字】命令，将文字层转换为普通层。

9. 利用工具绘制出如图 10-50 所示的矩形选区，将“时”字的钩笔画选中。

10. 按 Delete 键，将选择的笔画删除，效果如图 10-51 所示，然后按 Ctrl+D 组合键，将选区去除。

图 10-50　绘制的选区

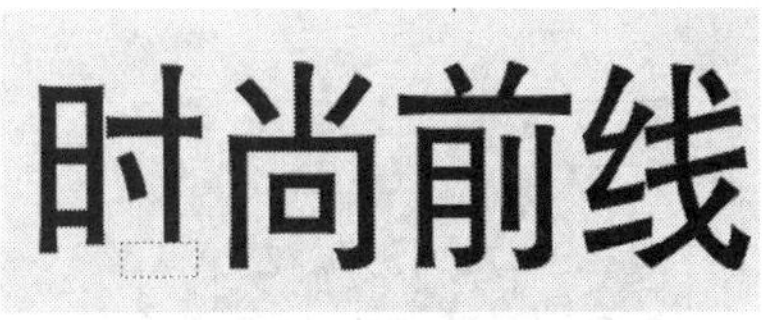

图 10-51　删除后的效果

11. 利用工具，绘制出如图 10-52 所示的选区。

12. 新建“图层 3”，为选区填充黑色，效果如图 10-53 所示；然后按Ctrl+D组合键，将选区去除。

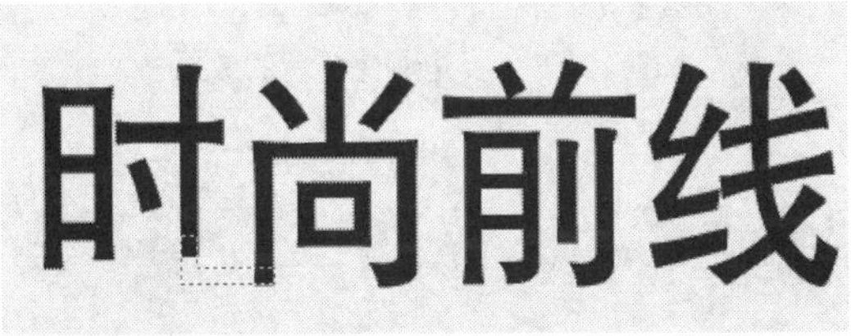

图 10-52　绘制的选区

图 10-53　填充颜色后的效果

13. 用与步骤 9～步骤 12 相同的方法，制作出如图 10-54 所示的艺术字。

图 10-54　制作出的艺术字

14. 利用工具，输入如图 10-55 所示的灰色（R:120,G:120,B:120）英文字母。

15. 新建“图层 4”，选择工具，按住Shift键，绘制出如图 10-56 所示的洋红色（R:240,G:93,B:140）圆形。

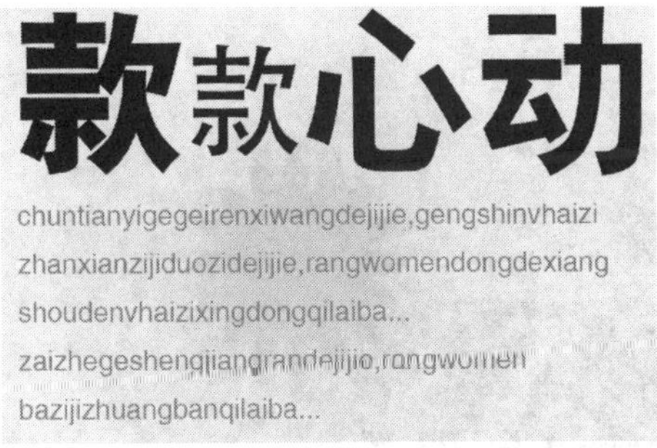

图 10-55　输入的文字

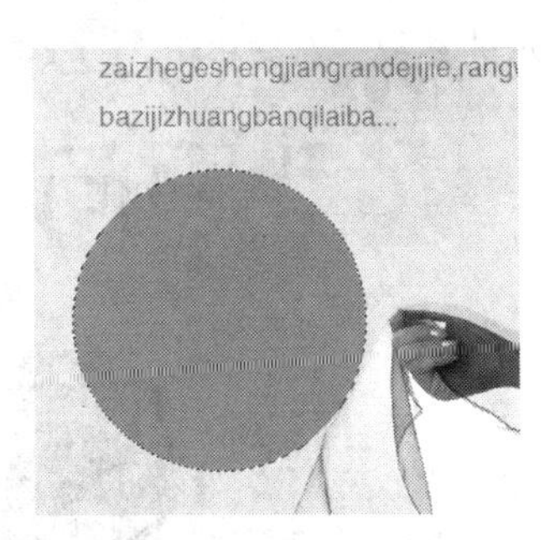

图 10-56　绘制的图形

16. 执行【选择】/【变换选区】命令，为圆形选区添加自由变换框，并将其调整至如图 10-57 所示的形态，然后按Enter键，确认选区的变换操作。

17. 新建“图层 5”，利用工具，为选区由上至下填充从白色到透明的线性渐变色，效果如图 10-58 所示。然后按Ctrl+D组合键，将选区去除。

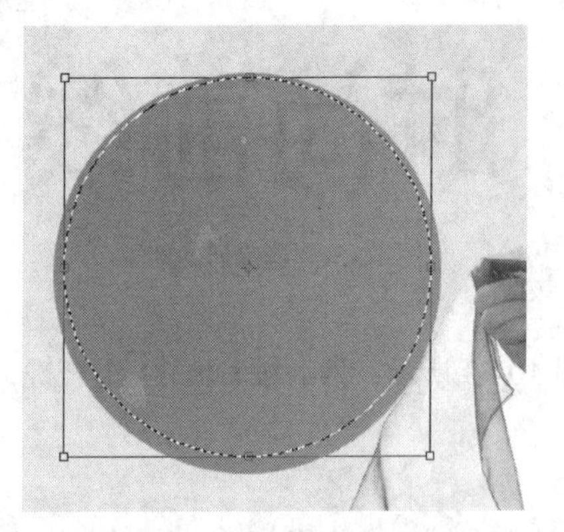

图 10-57　调整后的选区形态

图 10-58　填充渐变色后的效果

18. 利用 T 工具，依次输入如图 10-59 所示的文字。

图 10-59　输入的文字

19. 新建“图层 6”，然后将前景色设置为黑色。

20. 选择工具，激活属性栏中的按钮，并将【半径】的参数设置为“130 px”，然后绘制出如图 10-60 所示的圆角矩形。

21. 执行【图层】/【图层样式】/【描边】命令，在弹出的【图层样式】对话框中设置如图 10-61 所示的参数，然后单击 确定 按钮。

图 10-60　绘制的圆角矩形

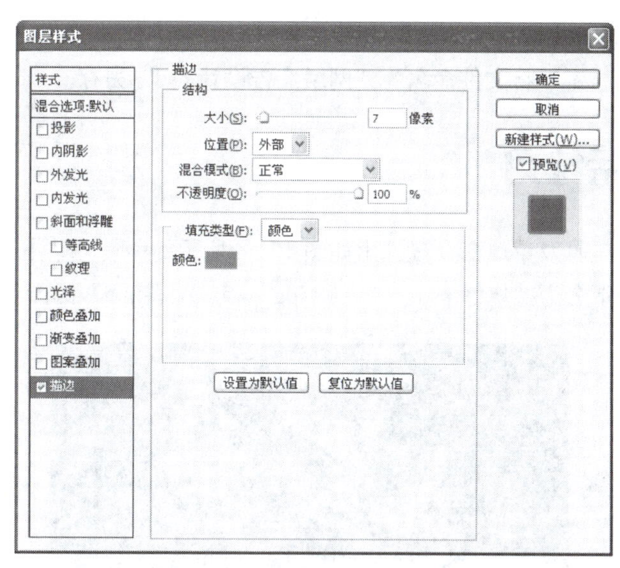

图 10-61 【图层样式】对话框

22. 新建“图层 7”，利用工具，绘制出如图 10-62 所示的黄灰色（R:135,G:130,B:115）圆形，然后按 Ctrl+D 组合键，将选区去除。

23. 利用 T 工具，依次输入如图 10-63 所示的白色文字。

图 10-62　绘制的圆形

图 10-63　输入的文字

至此，网络广告设计完成，整体效果如图 10-46 所示。

24. 按 Ctrl+S 组合键，将文件命名为“网络广告设计.psd”另存。

10.3 课后练习

1. 综合运用各种工具及菜单命令设计出如图 10-64 所示的美食网站主页。用到的素材图片为“图库\第 10 章”目录下名为“烧烤.psd”、“人物.jpg”和“配料.jpg”的图片文件。

图 10-64　设计的美食网站主页

2. 综合运用各种工具及菜单命令设计出如图 10-65 所示的教育网站主页。用到的素材图片为“图库\第 10 章”目录下名为“草地.jpg”、“天空.jpg”、“建筑.psd”、“油菜花.jpg”、“向日葵.psd”、“素材.psd”和“图标.psd”的图片文件。

图 10-65　设计的教育网站主页